Aus Freude am Lesen

Mondregenbogen und Narrenschiffe, Korallen und See-
ungeheuer bevölkern das Universum von James Hamilton-
Patersons Texten. Der Autor durchleuchtet das Meer in all
seinen Facetten und liefert so erhellende wie unterhaltsame
Erklärungen zu zahlreichen maritimen Phänomenen – von
Naturerscheinungen und Tieren über Inseln und Schiffe
bis hin zu Mythen und Fabelwesen. Scharfsinnig, persönlich
und immer wieder überraschend schildert Hamilton-Paterson
seine vielfältigen Begegnungen mit dem Meer, das er schützen möchte wie eine Geliebte und er staunt: »Ich selbst kann
mir im Grunde nicht erklären, warum das Meer eine solche
Faszination auf mich ausübt. Es spricht zu mir, mit leiser,
ernster Stimme, und jeder neue Aspekt, den ich an ihm entdecke, versetzt meinen Geist in sympathetische Schwingungen, so wie die zarten Borstenhaare einer Krabbe noch
die feinste Bewegung des Wassers registrieren.« Erstmals
sind in diesem Band James Hamilton-Patersons hochgelobte
Texte zum Meer versammelt.

JAMES HAMILTON-PATERSON, 1941 in London geboren,
Oxfordabsolvent und Mitglied der Royal Geographical
Society, renommierter Journalist, Sachbuchautor, Lyriker
und Romancier, lebt als freier Schriftsteller in Italien und auf
den Philippinen. Zuletzt erschienen von ihm die hochko-
mischen und vielgelobten Romane »Kochen mit Fernet-
Branca« und »Heilige der Trümmer«.

JAMES HAMILTON-PATERSON BEI BTB:
Kochen mit Fernet-Branca. Roman (73565)
Heilige der Trümmer. Roman (74059)

James Hamilton-Paterson

Vom Meer

Über die Romantik von Sonnenuntergängen,
die Mystik des grünen Blitzes
und die dunkle Seite von Delfinen

*Aus dem Englischen
von Thomas Bodmer*

btb

MIX
Papier aus verantwor-
tungsvollen Quellen
FSC® C083411
FSC
www.fsc.org

Verlagsgruppe Random House FSC-DEU-0100
Das für dieses Buch verwendete
FSC®-zertifizierte Papier *Lux Cream*
liefert Stora Enso, Finnland.

1. Auflage
Genehmigte Taschenbuchausgabe Juni 2012,
btb Verlag in der Verlagsgruppe Random House GmbH, München.
Copyright © 2010 by mare Verlag GmbH & Co. KG, Hamburg
Copyright © 2010 by James Hamilton-Paterson
Umschlaggestaltung: semper smile, München
Umschlagmotiv: © Poisson d´Avril / photocuisine / Corbis
Druck und Einband: CPI – Clausen & Bosse, Leck
MM · Herstellung: BB
Printed in Germany
ISBN 978-3-442-74297-4

www.btb-verlag.de

Besuchen Sie auch unseren LiteraturBlog www.transatlantik.de.

Inhalt

Ansichten vom Meer

Meerestiefen

Als es darum ging, einige meiner journalistischen Arbeiten und Essays für diesen Band zusammenzustellen, befürchtete ich, in gebündelter Form könnten sie den Anschein erwecken, ich sei ein politisch korrekter Vertreter umweltschützerischer Anliegen. Dieses Risiko besteht, wenn man über die Welt der Natur schreibt, und das nicht erst heute: Bereits vor fast vierzig Jahren begann Francis Wyndham seine Besprechung von Mary McCarthys Roman *Birds of America (Ein Sohn der Neuen Welt)* mit der Bemerkung, dass eine dem 20. Jahrhundert entsprechende Version von Flauberts bissigem *Dictionnaire des idées reçues (Wörterbuch der Gemeinplätze)* unbedingt ein paar jener Klischees enthalten müsste, »die der modischen Angst vor Umweltverschmutzung und dem damit verbundenen Kult des Naturschutzes entstammen«. Mit anderen Worten: Bereits damals waren die Anliegen des Umweltschutzes verbreitet genug, um entsprechende Gemeinplätze hervorgebracht zu haben. Mir graute deshalb vor der möglichen Feststellung, meine Gedanken über das Meer hätten etwas Klischeehaftes und Modisches an sich, da mir sonnenklar war, dass, wer immer sich mit diesem Thema länger auseinandersetzt, sich zwangsläufig als Kind seiner Zeit zu erkennen gibt.

Ich muss hier festhalten, dass ich weder im beruflichen noch im journalistischen Sinne ein Umweltschützer bin. Ich weiß nicht einmal genau, was ein »Umweltschützer« (im Gegensatz zu einem Ökologen) ist, außer dass damit ein Mensch gemeint ist, der gern Kampagnen führt. Kampagnen zu führen, ist meinem Wesen jedoch fremd. Als Pessimist neige ich eher dazu, etwas zu beklagen, als für etwas zu kämpfen, oder ich lege Passivität an den Tag. Im Hinblick auf viele

Anliegen glaube ich, dass Resignation weniger intellektuellen Schaden anrichtet als Aktivismus. Wenn es ums Meer geht, sollte man die Dinge ohnehin langfristig betrachten, denn – egal was wir ihm antun – das Meer wird uns alle mühelos überleben, wenn auch nicht ohne sich verändert zu haben. Veränderungen sind nicht das Ende der Welt, aber vielleicht das Ende der Welt, wie wir sie gern hätten. Der Anspruch, die Evolution solle während unserer kollektiven Lebenszeit gefälligst aussetzen, hat etwas allzu Egoistisches. Wir neigen dazu, den Planeten, so wie wir ihn geerbt haben, zu idealisieren, wir glauben, er sei bis vor Kurzem (wann genau, ist nie klar) der Inbegriff der Vollkommenheit gewesen und es stehe jetzt fatalerweise in unserer Macht, ihn endgültig kaputt zu machen. Doch zweifellos hatten auch die Dinosaurier am Ende der Kreidezeit das Gefühl, in der besten aller möglichen Welten zu leben. Im Laufe der Zeit erweist sich eben jede auf diesem Planeten lebende Spezies als entbehrlich; und vielleicht bemänteln wir mit den Sorgen, die wir uns gegenwärtig der Erde wegen machen, nichts anderes als die panische Angst um uns selbst. Doch dieses Täuschungsmanöver wird uns nichts nützen, denn weder das Land noch das Meer lassen sich von ihren Bewohnern trennen, sodass wir sie auf Distanz halten könnten. Insbesondere das Meer ist nicht einfach ein träges Medium, in dem verschiedene Geschöpfe einen Lebensraum gefunden haben. Seine chemische Struktur ist wie diejenige des Bodens und der Atmosphäre seit vier Milliarden Jahren eng verquickt mit der Entstehung von Leben. Uns verbindet ein gemeinsamer Blutkreislauf, der sich im Laufe dieser Zeit entwickelt hat.

Wir bilden uns ein, unsere gegenwärtigen Sorgen wegen der Zerstörung und Veränderung der Umwelt seien ein vergleichsweise neues Phänomen, und legen unserem Planeten gegenüber in der Tat eine tugendhafte neue Empfindsamkeit an den Tag. Doch tatsächlich sind diese Sorgen mehr als ein Jahrhundert alt und spätestens Ende des 19. Jahrhunderts aufgekommen. Damals hatten sich die Biologie und die Geowissenschaften, wie wir sie heute kennen, in Deutschland, Frankreich, Russland, den USA und in Großbritannien so weit entwickelt, dass man bereits globale ökologische Zusammenhänge sah. Schon damals machten sich Zoologen und Pflanzenkundler Gedanken über eine umfassende Energiekette, die sich von der chemischen Beschaffenheit des Bodens über Pflanzen und Pflanzenfresser zu den Fleischfressern erstreckte und bei der es darum ging, wer was fraß und von wem dieser seinerseits gefressen wurde. Bereits damals betrachteten die Wissenschaften den *Homo sapiens* als bloßes Rädchen im biologischen Lebenszyklus des Planeten und begannen andererseits die Geografen, die Erde beinahe als lebenden Organismus zu begreifen. 1905 bezeichnete der britische Anthropogeograf A. J. Herbertson die Interaktion physikalischer und organischer Elemente auf der Erdoberfläche als »Makroorganismus«. Mit diesem ganzheitlichen Ansatz erweist sich Herbertson als intellektueller Vorläufer von James Lovelock. Dessen Gaia-Hypothese ist also nicht urplötzlich aus dem Nichts entstanden, und schon gar nicht ist sie eine Folge des »Wassermannzeitalters«. Ebenfalls um die Jahrhundertwende sagten ökologisch denkende Geografen wie Ernst Fischer in den USA voraus, dass unreguliertes Wirtschaftswachstum die natürlichen Ressourcen der Erde aufzehren und die Umwelt verschmutzen werde.

Fischers Befürchtungen betreffend die Umweltverschmutzung und das Versiegen der Rohstoffe machen uns heute am meisten zu schaffen. Was hingegen das Meer betrifft, sind dessen Ressourcen als lebender Organismus dermaßen riesig, dass hier das Problem der Verschmutzung weniger drängend und lebensbedrohlich erscheint als das Problem der galoppierenden Überfischung und der mutwilligen Zerstörung, die damit so oft einhergeht. Dass Jahr für Jahr viele Millionen Tonnen Biomasse aus dem Meer gerissen werden, wovon ein großer Teil auf Spitzenprädatoren wie Kabeljau, Lachs, Thun- und Schwertfisch entfällt, hat natürlich Folgen, weil dadurch die örtlichen Nahrungsketten zerrissen werden. Doch genauso schädlich sind die parallel dazu erfolgenden Verwüstungen durch Schlepp-

und Treibnetze, durch Techniken wie Ringwaden- und Langleinenfischerei. Dass im Meer ökologische Schäden entstehen, ohne dass man sie sieht, mag eine Binsenweisheit sein, wahr ist es trotzdem. Der Ozean ist nicht der Regenwald, dessen Brände überall auf der Erde durch Satellitenbilder dokumentiert werden. Es stimmt schon: Aus den Augen, aus dem Sinn. Doch auch die Umkehrung trifft zu: Etwas, worüber man nicht nachdenken mag, wird auch nicht gesehen. Meine Bedenken hinsichtlich zerstörerischer Fischfangmethoden wurden vor fünfundzwanzig Jahren in Südostasien geweckt, als ich zum ersten Mal Dynamitfischerei erlebte und sah, wie Flotten von Fabrikschiffen mit feinmaschigen Schleppnetzen illegalerweise in Küstengewässern fischten. Danach hatte ich eine kurze aktivistische Phase und versuchte, die örtlichen Behörden, Bürgermeister, Küstenwache und Ähnliches auf diese Missbräuche aufmerksam zu machen. Meine Bemühungen brachten nichts, weil die Betreffenden längst Bescheid wussten und es ihnen egal war oder weil sie mit den Fischern unter einer Decke steckten. Es folgte eine trübseligere Phase, in der ich die Leute auf das Problem hinzuweisen versuchte, was sinnlos und überheblich war, da die einheimischen Fischer die politischen Hintergründe viel besser als ich Auswärtiger durchschauten. Schließlich kam ich zu meiner heutigen Einstellung sardonischer Resignation, was das kurzfristige Schicksal der Ozeane betrifft, und beruhige mich darüber hinaus mit der Hoffnung, dass diese gigantische lebenswichtige Maschine über praktisch unerschöpfliche Regenerationskräfte verfügt. Keine Hoffnung habe ich hingegen, was meine eigene Spezies betrifft.

Als ich Ende der Sechzigerjahre für den *New Statesman* zu schreiben begann, war ich – wie alle jungen Journalisten – so naiv zu glauben, es genüge, eine Ungerechtigkeit, ein Verbrechen oder eine Absurdität an die Öffentlichkeit zu bringen, und sofort würde etwas dagegen unternommen werden. Wir überschätzten die Macht der Presse, weil wir noch nicht begriffen hatten, wie schwerfällig sich Veränderungen in Gang setzen lassen und wie viele Menschen bestrebt sind, am Status quo festzuhalten. Später wurde mir klar, dass die Enthüllung skandalöser und sich selbst schadender Fischereipraktiken in Südostasien wohl nie für größere Empörung in Europa sorgen würde. Doch als es schwierig wurde, in der Nordsee Kabeljau zu finden, und die Neufundlandfischerei zusammenbrach, hegte ich immer noch eine gewisse Hoffnung, wir könnten schon aus Eigennutz unsere Fischereipraktiken verändern und einschränken. Man brauchte nicht einmal die »Tragödie des Allgemeinguts« zu beschwören, denn ein Großteil der ehemals reichen Fischgründe Westeuropas liegt auf dem Kontinentalsockel in Territorialgewässern. Die EU-Mitgliedstaaten hätten alles unternehmen können, um unsere Fischbestände auf einem vernünftigen Niveau zu halten, zumal Neufundland kurz vorher auf schreckliche Weise gezeigt hatte, was geschehen würde, wenn sie dies nicht täten. Man könnte einwenden, dass sie immerhin etwas für die Heringsbestände getan haben. Doch abgesehen davon taten sie nichts, und riesige Gebiete des Nordseebodens sind heute kaum mehr als Unterwasserwüsten. Dies war eine richtungweisende Darbietung politischer Unfähigkeit, denn schließlich ist die Nordsee lediglich ein kleiner Teich, gesäumt von einigen der reichsten und technisch am weitesten entwickelten Länder der Welt. Wenn *die* ihre Differenzen nicht schnell genug überwinden können, um ökologische Zerstörung direkt vor der eigenen Haustür zu verhindern (lautet die vernünftige Argumentation), dann haben die riesigen, nicht überwachten Gebiete der Weltmeere nicht die geringste Chance.

Nun, da ich nicht mehr jung, idealistisch oder Journalist bin, kann ich zugeben, dass die Fischerei wahrscheinlich eine zu mächtige Industrie ist, als dass sie je von EU-Bürokraten oder etwas anderem gebremst werden könnte als dem kommerziellen Zusammenbruch eines von ihr ins Visier genommenen Fischbestands. Und selbst ein solcher Zusammenbruch hätte nur zur Folge, dass sofort eine andere Fischart, meist eine, die in tieferen Schichten lebt, ausgebeutet würde. Immer weiter, immer tiefer … Nur unabhängige Nationen wie Island, die ihre Bestände eifersüchtig überwachen, können je hoffen, eine biologisch vernünftige Fischereipolitik zu haben, und auch das erfordert unablässige Wachsamkeit. Denn hinter all den wirtschaftlichen, politischen und wissenschaftlichen Argumenten steckt ein atavistischer menschlicher Drang: »Schnapp dir, solange es geht, so viel, wie du dir nur schnappen kannst.« Das weiß ich deshalb mit Sicherheit, weil ich mich selbst dabei ertappt habe, insbesondere beim Tauchen in der Nähe eines Dorfs in Südostasien, wo ich einst gelebt habe.

Eines Tages stieß ich beim Tauchen in rund sechs Metern Tiefe auf ein Stück Meeresboden, das dicht bevölkert war von einer essbaren Molluske, einer Art Kegelschnecke, die dort *liswit* genannt wird. Mir schmeckt sie nicht besonders gut, doch die Einheimischen schätzen sie sehr. Es war offensichtlich, dass diese Kolonie nie entdeckt worden war, weil niemand über diesem Stück Meeresboden tauchen ging. Es war langweiliger Sandboden, wo es außer Meeraalen kaum Fische gab. Die meisten Einheimischen gingen nie über das Saumriff hinaus, welches Barsche, Papageifische, Meeräschen und Oktopoden in Hülle und Fülle bot. Als ich nun jeweils mit Netzbeuteln voller *liswit* ins Dorf zurückkehrte, interessierte man sich natürlich für meine Quelle. Ich versuchte, sie geheim zu halten; doch wenn jemand wenige Hundert Meter vor der Küste immer an der gleichen Stelle taucht und Atem holt, wird er früher oder später entdeckt, und so war es nur eine Frage der Zeit, bis auch andere »mein« Stück Meeresboden abgrasen würden. Ich überlegte mir, dass es vernünftig wäre, zwei Drittel der Kolonie einzusammeln und dann aufzuhören, damit sie sich mit der Zeit regenerieren könnte. Doch die Versuchung, mich bei meinen Freunden im Dorf beliebt zu machen, indem ich mich mit noch mehr solcher Leckerbissen für ihre Gastfreundschaft revanchierte, war unwiderstehlich, und ich wusste auch, dass mein Ansehen als Jäger und Sammler durch diese Unmengen von *liswit* steigen würde. Als außerdem neugierige Dorfbewohner mir in ihren Booten immer näher rückten, geriet ich in einen Rausch. Ich wurde unersättlich. Ich hatte fast alle *liswit* eingesammelt, als die ersten

Konkurrenten über Bord sprangen, um das Gebiet vollends leer zu räumen. Seither hat man an diesem Küstenstreifen keine *liswit* mehr gesehen, und das ist nun schon über fünfzehn Jahre her. Da und dort gibt es noch welche, aber nicht in der Nähe unseres Dorfs. Ich habe praktisch im Alleingang eine Kolonie von Kegelschnecken ausgerottet. Nie habe ich vergessen, wie der räuberische Instinkt mit Leichtigkeit meine schwachen Naturschützer-Impulse außer Kraft setzte und wie ich mir in die Tasche log mit der klassischen Rechtfertigung »Die holt sich sowieso jemand, dann kann das genauso gut ich tun«. Jedes Mal wenn ich heute Wehklagen wegen Überfischung höre, fällt mir diese unrühmliche Episode ein, und dann sage ich mir, dass bei den Fischereiflotten dieser Welt der gleiche Geist wirkt. Ich vermute, dies ist ein Verhalten, das unseren jagenden und sammelnden Vorfahren Erfolg gebracht hat: »Schnapp es dir, solange du kannst; was morgen ist, braucht dich nicht zu kümmern.« Ganz offensichtlich haben wir die Erfahrung nicht gespeichert, dass wir gelegentlich eine Nahrungsquelle so lange ausbeuten, bis sie versiegt und wir uns nach etwas anderem umsehen oder gar auswandern müssen. Mit schöner Regelmäßigkeit fördern die Archäologen historische Beweise dafür zutage, dass Völker genau das getan haben; es scheint also zu einem sehr alten Verhaltensmuster zu gehören. Wir glauben nur, es sei ein relativ neues Phänomen, weil wir in unserer Dummheit die angebliche Harmonie zwischen dem vorindustriellen Menschen und der Natur verklären, während wir uns Sorgen machen wegen der temporären ökologischen Verheerungen, welche die Macht der modernen Technik uns anzurichten erlaubt.

Beim Wiederlesen dessen, was ich im Laufe der letzten Jahrzehnte über das Meer geschrieben hatte – außer dem vorliegenden Material noch zwei ausgewachsene Bücher –, wurde ich zumindest teilweise beruhigt: Auch wenn ich gelegentlich klagende Töne angeschlagen habe, bin ich in meinen Ansichten viel zu widersprüchlich, als dass ich zum professionellen Kampagnenleiter in Sachen Umweltschutz taugen würde. Ich habe vielmehr all die vergangenen Jahre gebraucht, um mir darüber klar zu werden, dass mich Umweltfragen, wie sie öffentlich diskutiert werden, zumeist langweilen. Umgekehrt haben mich so viele verschiedenartige Themen, die mit dem Meer zu tun haben, interessiert, dass hier Eklektik an Exzentrik grenzt. Ich selbst kann mir im Grunde nicht erklären, warum das Meer eine solche Faszination auf mich ausübt. Es spricht zu mir, mit leiser, ernster Stimme, und jeder neue Aspekt, den ich an ihm entdecke, versetzt meinen Geist in sympathetische Schwingungen, so wie die zarten Borstenhaare einer Krabbe noch die feinste Bewegung des Wassers registrieren. Die Liebe macht uns alle zu Konservativen, wenn nicht gar Naturschützern; und es wäre seltsam, wenn wir nicht zuweilen klagten oder rasten, wenn wir erleben müssen, wie übel der Gegenstand unserer Liebe behandelt wird. Andererseits stelle ich fest, dass ich nicht lange in dieser Stimmung verharren kann. Sie verfliegt, sobald ich ein Deck betrete, einen Strand entlanggehe oder nachts über einem Riff ins Wasser gleite, eine Taschenlampe in der Hand. Es genügt, das Schmatzen und Schwappen von Wasser zwischen Buhnen zu hören oder zu sehen, wie im Morgengrauen Eissturmvögel über die Dünung um ein Fischerboot gleiten. Es gibt einfach zu viel, was mich mit Begeisterung erfüllt. Es gibt zu viele unglaubliche Orte, die vom Meer bestimmt werden, zu viele interessante Meeresbewohner, zu verschwenderisch ist die Fülle möglicher wissenschaftlicher Forschungen und Experimente. Derart majestätisch ist die Rolle, welche die Ozeane in der Geschichte und der Zukunft allen Lebens spielen – bloße drei Zehntel der Oberfläche des Planeten überlassen sie dem Festland –, da verbietet es sich, das Meer herablassend zu behandeln und zu bemitleiden, nur weil dies gerade Mode ist.

James Hamilton-Paterson

Inseln

Noirmoutier

Ponza

Malta

Die Teufelsinsel

Narrenschiffe

Noirmoutier

Von allen Gegenden, die ich im Laufe meines Lebens bereist habe, ist mir die Orientierung nirgendwo schwerer gefallen als auf der Insel (oder Halbinsel) Noirmoutier. Nie gelang es mir, meine genaue Position zu ermitteln. Selbst wenn ich den Sonnenstand zu Hilfe nahm, vermochte ich am flachen Horizont kaum Anhaltspunkte auszumachen. Im Wesentlichen handelt es sich um eine kleine Insel am Ende einer langen Sandbank; sie ist durch eine 1971 gebaute Brücke unterhalb der Loiremündung mit dem Festland verbunden. Aus einer anderen Richtung ist sie erreichbar über Le Gois, einen viereinhalb Kilometer langen Damm, der bei Ebbe befahrbar ist. Wer über diese Pflastersteine fährt, die vom Meer noch nass und voller Seegras sind, begreift sogleich, dass Noirmoutier mehr als die meisten Inseln vom Ozean definiert ist, da diese Insel bei jeder Flut neu erschaffen wird. Auf dieser dem Festland zugewandten Seite ist das Wasser seicht, wechseln die Gezeiten rasch. Bei Ebbe lässt das Meer ein riesiges gleißendes Watt mit einem unklaren Horizont zurück. Bald wimmelt es von fernen Gestalten, die im Sand nach Muscheln graben. Weit draußen sind auch Traktoren mit Anhängern zu sehen, dort werden die Miesmuschel- und Austernbänke gepflegt, eine tragende Säule der Wirtschaft dieser Insel.

Die wahren Noirmoutrins haben eine innere Gezeitenuhr. Ohne einen Blick auf eine Armbanduhr zu werfen, wissen sie, wann sie sich in Sicherheit bringen müssen, bevor die Flut kommt. Der frei liegende Boden verströmt derweil den Geruch mariner Drüsen: eine anregende, jodhaltige Frische, die allgegenwärtig ist, sogar in der Mitte der Insel, wo es lange, rechteckige, von Deichen und Schleusen regulierte Wasserflächen gibt. Das sind die Salzpfannen, ebenfalls historische Quellen des Wohlstands von Noirmoutier. Sie erinnern auch daran, dass zwei Drittel der Insel unter dem Meeresspiegel liegen.

Ich sprach von Orientierungsschwierigkeiten auf der Insel: Selbst die Vegetation hat etwas Irreführendes. Mit seinen immergrünen Steineichen und Nadelbäumen ließe der Waldgürtel entlang der Nordküste eher auf eine Gegend in der Nähe des Mittelmeers schließen (ebenso wie die Ibisse aus Ägypten, die hier überwintern und mit ihren gebogenen Schnäbeln in den Schlamm der *étangs* stechen). Es ist Ende Februar, doch die Mimosen blühen bereits in gelben Wolken und künden von der Wärme und Fruchtbarkeit, dank deren Noirmoutiers berühmte Frühkartoffeln und Gemüse in Frankreich jeweils als Erste auf den Markt kommen. Diese Kartoffeln sind, zusammen mit den Meeresfrüchten und dem Salz, die althergebrachte landwirtschaftliche Einnahmequelle der Insel. Mittlerweile gibt es eine größere, wenn auch saisonabhängige: den Tourismus.

Unmittelbar nordöstlich der Stadt Noirmoutier, versteckt zwischen den Bäumen des Bois de la Chaise, stehen einige der prächtigsten Häuser der Insel. Viele von ihnen wurden Ende des 19. Jahrhunderts gebaut, als die Thalassotherapie aufkam und reiche Bürgerfamilien aus Nantes oder gar Paris in den abgeschiedenen Buchten dieses Küstenabschnitts Ferienhäuser bauen ließen. Heute noch (2002) zieht sich eine Einerreihe weißer Badehäuschen oberhalb der Hochwasserlinie hin. Außerhalb der Saison verleihen sie den üppigen Weiten gelben Sandes einen leicht altmodischen Anstrich und erwecken den (wahrscheinlich falschen) Eindruck von etwas Exklusiverem als der fröhlichen Demokratie kreischend bunter Strandschirme, die in der Sommersonne den südlichen Stränden Noirmoutiers entsprießen werden. Was die Häuser selbst betrifft, so strahlen sie mit ihren Schieferdach-Türmchen und den ach so bretonischen Namen noch immer einen Hauch von Belle-Époque-Grandezza aus. Eines der prächtigsten ist das Château du Pelavé. Es ist mittlerweile ein exzellentes, liebenswert eigenwilliges Hotel. Einer würdevollen adligen Witwe gleich steht es inmitten imposanter Zedern, weit über die Stadt hinaus sichtbar, und ist – um im Bild zu bleiben – »eine Frau mit Vergangenheit«. Die reiche Witwe, die es geerbt hatte, zog während des Zweiten Weltkriegs wohlweislich aus, bevor die deutsche Armee es als Hauptquartier verwendete. Eine polnische Dame war als Sekretärin für die Deutschen tätig und gleichzeitig die Anführerin der *Résistance* in jener Gegend. Vor ein paar Jahren tauchte ein polnisches Filmteam im Hotel auf, um einen Dokumentarfilm über die Dame zu drehen.

Die meisten dem Atlantik zugewandten Strände der Insel haben hingegen gar nichts Belle-Époque-Artiges an sich – mit all den Timesharing-Ferienhaussiedlungen, die da entlang der kleinen Küstenstraßen lauern. Außerhalb der Saison wirken diese Häuser fast mönchisch karg: neu, sauber, blendend weiß gestrichen. Fast alle sind einstöckig, haben Terrakottadächer und geschlossene blaue Fensterläden. Sie scheinen einem entschieden nicht mediterranen Mode-Ideal zu entsprechen, welches den lüsternen Côte-d'Azur-Hedonismus für veraltet erklärt, da die wahren, uns aus der Kindheit in Erinnerung gebliebenen Meeresstrände jene des großen, wilden Atlantiks seien. Diese kleinen, im Sommer vermieteten Nester liegen wenige Hundert Meter von Stränden entfernt, an denen es richtige Wellen und echte Gezeitenunterschiede gibt. Noch näher am Meer liegen die gelegentlichen Wohnwagensiedlungen und Zeltplätze. Zurzeit sind sie leer, verstreut liegen ein paar Tannenzapfen vom letzten Jahr herum. Es gibt relativ wenige jener Entsetzlichkeiten, die man heutzutage in Urlaubsgegenden für unentbehrlich hält: keine Themenparks für Kinder, Gokart-Rennbahnen, Jahrmärkte oder Minigolf-Anlagen. Ich bemerkte eine einzige Disco, einen trübseligen Schuppen draußen zwischen den Salzpfannen, südlich der Stadt Noirmoutier. Hingegen gibt es massenhaft kleine Supermärkte für Urlauber, die sich selbst verköstigen, und zahlreiche Restaurants. Es gibt auch Wassersportgeschäfte voller Taucheranzüge, Surfbretter und Windsurfersachen sowie jede Menge Schiffsausrüster für Segler und Ruderer. Alles in allem hat man den Eindruck, dass diese Gegend von Menschen besucht wird, die mit der See einen innigen Umgang pflegen.

Die Nähe des Meers ist allenthalben spürbar. Gastronomisch in geradezu überwältigendem Maße. Es gibt in der Stadt Noirmoutier ein vage orientalisches Restaurant sowie ein paar verschämte Pizzerien, gleichsam als widerwilliges Eingeständnis dafür, dass es jenseits des unsteten Horizonts noch eine andere Welt gibt; doch in allererster Linie gibt es hier Meeresfrüchte. Wer keine Meeresfrüchte mag, hat magere Zeiten vor sich. Die Venusmuscheln, Strandschnecken, Miesmuscheln und Austern sind so frisch wie der letzte Gezeitenwechsel, das Gleiche gilt für Hummer, Krabben, Langusten, Aale und Fische jeglicher Art. Tiefkühlfisch wäre hier ein Unding. Ist das Meer zu kalt zum Baden, sorgen ausgedehnte Spaziergänge an endlosen Sandstränden (oder im Inneren der Insel zwischen den Salzpfannen, wo es von Ibissen, Fisch- und Silberreihern nur so wimmelt) für den notwendigen Appetit, um so üppige Meeresfrüchtegerichte, wie man sie sich nur träumen kann, zu vertilgen. Ein Bummel über den Markt ist der reinste Fortbildungskurs. Wer sich in dieser Beziehung durch die Betrachtung lebender Meeresbewohner weiterbilden möchte, besuche das Sealand-Aquarium der Stadt. Hier gibt es gut beschriftete Aquarien mit tropischen Fischen (inklusive Haien, Stachelrochen und Schildkröten) und Becken mit Seehunden, deren Kunststücke zur Fütterungszeit den jüngeren Besuchern Spaß machen und zweifellos zum finanziellen Unterhalt des Aquariums beitragen.

Außerdem hat die Stadt ein beeindruckendes Schloss und eine große Kirche zu bieten. Das Schloss ist voll mit nautischem Krimskrams und enthält eine umfangreiche Sammlung glasierten britischen Porzellans aus dem frühen 19. Jahrhundert; ein Großteil davon wurde aus einem Wrack geborgen. Der metallische Glanz dieser Fayence gehört zum Widerwärtigsten, was ich seit Jahren gesehen habe. Seine deprimierende Wirkung wird aber mehr als wettgemacht durch ein Ausstellungsobjekt im Nebenraum. Es ist ein Polstersessel aus dem 18. Jahrhundert, der mit staubigem Plüsch bezogen ist und dessen Rückenlehne vielsagende Löcher und Risse aufweist. Dem Vernehmen nach wurde General d'Elbée, der nach 1789 die Konterrevolutionäre der Vendée anführte, schwer verwundet und nach Noirmoutier zurückgebracht. Zu seinem Pech nahmen die Republikaner die Insel bald darauf wieder ein und verurteilten ihn zum Tode. Da er zu geschwächt war, um sich vor einem Erschießungskommando auf den Beinen halten zu können, wurde er im Januar 1794 in diesem Polstersessel erschossen. An einer Wand hängt sogar ein Gemälde, das zeigt, wie das Kommando unter einem verhangenen Himmel zur Mittagspause wegmarschiert, im Sessel eine in sich zusammengesunkene Gestalt zurücklassend. Alles in allem ein höchst erbauliches Ausstellungsobjekt.

Die Kirche dagegen ist weniger inspirierend. Sie ist dem heiligen Philibert gewidmet, einem Mönch, der im 7. Jahrhundert das Christentum bei einer Inselbevölkerung einführte, die mit ihren keltischen und druidischen Traditionen wahrscheinlich vollauf zufrieden gewesen war. Einer seiner Rückenwirbel und etwas, was möglicherweise eine in Seide gehüllte Rippe ist, sind in der Krypta ausgestellt. (Wie bei Millionen ähnlichen Reliquien, die man in allerlei Kirchen und Museen Europas verstreut findet, beschleicht einen der Gedanke, dass ein paar schlichte DNS-Tests die Zahl dieser grauslichen Relikte praktisch auf null reduzieren dürften.) Philiberts Name lebte über die Jahrhunderte weiter und überdauerte die Plünderung Noirmoutiers durch die Wikinger ebenso wie all die verschiedenen Kriege und Revolutionen, die der Großteil Europas mitmachte. Heute ist sein Name von Verkehrsschildern und einer Grundschule her bekannt, doch vor allem wegen der schlimmsten französischen Schiffskatastrophe in Friedenszeiten.

An der Plage des Dames steht ein robuster Holzpier, der für die Dampfer gebaut wurde, die zwischen dem Ersten und dem Zweiten Weltkrieg Ausflügler vom Festland nach Noirmoutier brachten. Er wird in den Sommermonaten auch heute noch benutzt für Fähren von und nach Pornic. An ebendiesem Pier legte am 14. Juni 1931 der kleine Dampfer *Saint-Philibert* an, der aus Nantes fünfhundert Passagiere für einen Tagesausflug brachte. Fast alle waren aktive Gewerkschafter mit ihren Familien, in der Mehrzahl Sozialisten und viele davon Vorkämpfer der Liga für Menschenrechte. Nachdem sie einen Tag lang gepicknickt und gebadet hatten, machten sie sich um siebzehn Uhr auf die Rückfahrt. Plötzlich brach ein Sturm los, das Schiff kenterte und sank auf der Stelle. Es gab acht Überlebende. Bis heute ist die genaue Zahl der Opfer nicht bekannt, da Kinder unter einem gewissen Alter damals nicht gezählt wurden. In Nantes und Umgebung herrschte tiefe Trauer, aus manchen Vierteln der Stadt waren Dutzende von Familien verschwunden. Im Laufe der folgenden drei Monate wurden überall an Noirmoutiers Stränden, aber auch sechzig Kilometer entfernt auf dem Festland, verwesende Leichen angeschwemmt. Die Inselbewohner wurden von einer hysterischen Angst vor Menschenfresserei ergriffen und wagten es nicht mehr, Krusten- und sonstige Meerestiere zu essen, aus Angst, diese könnten sich von Leichen ernährt haben. Die Wirtschaft der Insel wurde stark in Mitleidenschaft gezogen. Man gab dem Wetter die Schuld, dem Kapitän, ja sogar der *Saint-Philibert*. Doch zu einem Gesprächsthema in ganz Frankreich wurde die Katastrophe, weil die Kirche in diesem Teil der Vendée – insbesondere der Bischof von Nantes – den Passagieren die Schuld gab. Wenn diese Sozialisten, allesamt berüchtigte Spötter und Ungläubige, Gott herausforderten, indem sie an Fronleichnam Urlaub machten (sagten die Kleriker), dann habe sie nur ihr verdientes Schicksal ereilt ... Der von dieser Verwünschung ausgelöste politische Streit ergriff ganz Frankreich. Ja, so heftig ging es in der Auseinandersetzung von Staat und Kirche zu, dass kein französisches Bergungsunternehmen das Wrack der *Saint-Philibert* zu heben wagte, weshalb es von zwei deutschen Schleppern mit Winden hochgezogen werden musste. Nachdem noch ein paar weitere Leichen geborgen worden waren, wurde das Schiff überholt, durchlebte in der Folge mancherlei Metamorphose und wurde erst 1979 verschrottet.

Die älteren Bewohner von Noirmoutier erinnern sich noch gut an die Tragödie.

Doch die Geschichte der Insel ist wie ihre trügerische Küstenlinie gespickt mit Wracks, von denen manche noch üblere Ladungen bargen als englisches Geschirr. Im Schatten der Brücke, welche die Insel mit dem Festland verbindet, sind noch heute die Überreste zweier deutscher Torpedoboote sichtbar, die 1944 von britischen Fliegern versenkt wurden. In sehr viel jüngerer Zeit, nämlich 1999, sank der Tanker *Erika* und verlor seine Ladung Öl direkt vor der Insel, was die Schalentierzüchter und Fischer mit Panik erfüllte. Doch wie durch ein Wunder blieben die Miesmuscheln und Austern größtenteils verschont; am meisten Schaden nahmen die Touristenstrände. Erstaunlicherweise ist heute kaum noch eine Spur von diesem Öl zu sehen, die Säuberungsaktion war groß angelegt und gründlich.

Ich führe solche unangenehmen Geschichten aus der Vergangenheit an, um zu zeigen, dass Noirmoutier keiner dieser weltabgeschiedenen Flecken Erde ist, aus denen »Holidayland« besteht: Nicht-Orte, die in sonnigen Breiten liegen und wundersamerweise keinerlei Bezug zur Geschichte oder auch nur Geografie haben, sondern allein für eine Art entpolitisiertes internationales Vergnügen zu existieren scheinen. Noirmoutier ist eine reale Gegend, die auch im Winter existiert. Ihre Fischer und Züchter interessieren sich ebenso sehr dafür, was die Gezeiten des Atlantiks bringen, wie für den Reichtum, den der jährliche Touristenstrom vom Festland anschwemmt. Die einheimischen Männer, Frauen und Kinder, die mit Eimern und kleinen Spaten über das Watt gehen, halten in erster Linie nicht nach etwas zum Verkaufen Ausschau, sondern nach etwas zu essen. Man kann sich vorstellen, dass diese Inselbewohner das immer schon getan haben, aber auch, dass, was einst um des Überlebens willen geschah, in besseren Zeiten aus gastronomischen Gründen geschieht und eine angenehme Abwechslung darstellt. Über den nassen Strand zu gehen, begleitet von einem herumtollenden Hund, nach verräterischen Luftlöchern Ausschau zu halten und dann in Sand und Schlick nach den köstlichen Leckerbissen des Meers zu graben, ist für diese Inselbewohner eine tägliche Wiederbegegnung mit ihren Wurzeln.

Im Frühjahr kommen über die Brücke wieder französische, deutsche und britische Touristen geströmt, deren Kundschaft und Geld willkommen sind. Doch schaut man im Februar einheimischen Familien beim fröhlichen Sonntagsmittagessen in einem gerammelt vollen Hafenrestaurant in L'Herbaudière zu, wird einem in Erinnerung gerufen, dass das Meer hier das Leben und die Küche das ganze Jahr hindurch bestimmt. Bei den Noirmoutrins isst man wunderbar und erstaunlich billig.

Bei Ebbe über den Gois zu fahren ist, abgesehen von den Tafelfreuden, für mich das Noirmoutier-Erlebnis schlechthin. Sollten Sie Ihre Anreise zeitlich so legen können, ist dies die ideale Art, auf die Insel zu kommen, denn Ihr inneres Koordinatensystem wird dadurch auf Meer geeicht. Was hingegen das äußere Koordinatensystem angeht – hoffnungslos. Auch nach mehreren Tagen konnte ich an diesem verwirrenden Horizont kaum einen Anhaltspunkt ausmachen. Bei Ebbe verschmilzt das gleißende Watt auf allen Seiten mit dem dahinter liegenden Ozean. Trugbilder ferner Bäume, Leucht- und Wassertürme schimmern knapp über dem Horizont in eigenen optischen Pfützen. Ist, was man dort sieht, das Festland? Ein Arm der Insel, auf der man steht? Ein Teil der weit entfernten Île d'Yeu? Alles scheint ständig im Fluss zu sein, sogar die Umrisse von Noirmoutier: Hier wird von den Gezeiten etwas abgetragen, dort etwas angesetzt durch die Ablagerungen der Loiremündung.

Ponza

In meinem Bewusstsein ist Ponza so allmählich aufgetaucht wie eine jener dampfenden Inseln, die sich bei Vulkanausbrüchen vor Island bilden. Viel gereiste Freunde waren dort gewesen und hatten die Insel sehr gemocht; in einem Zeitungsartikel wurde sie als Ort für Anspruchsvolle beschrieben und in einer Zeitschrift als Paradies für Taucher. Wie immer war das, was ich dort vorfand, dann ein bisschen anders als das, was ich erwartet hatte.

Ponza ist die größte der vier Isole Ponziane, die zwischen Rom und Neapel vor der italienischen Küste liegen, ungefähr achtzig Kilometer nordwestlich von Ischia. Es sind dramatisch zerklüftete vulkanische Erhebungen, wie sie für das Mittelmeer typisch sind. Drei von ihnen sind allem Anschein nach unbewohnt, wobei Palmarola und Zannone beliebte Ziele für Tagesausflüge von der Hauptinsel aus sind. So viel wusste ich, als ich mein Auto in Formia einem freundlichen Spitzbuben überließ, der sich als Parkwächter ausgab, und das Tragflügelboot nach Ponza nahm (fünfundsiebzig Minuten). Ein Freund hatte mir zwei Ratschläge gegeben, die ich zu würdigen wusste, sobald wir in Ponzas hübschem kleinen, halbrunden Hafen landeten: »Komm bloß nicht auf die Idee, dein Auto auf der Fähre mitzunehmen, und fahr nicht im Juli oder August nach Ponza.« Recht hatte er. Die Insel ist knapp sechs Kilometer lang, und die paar Dörfer werden durch Busse bestens versorgt. Außerdem kann man an der Hafenpromenade klapprige rote Autos oder Mopeds mieten. Alles andere ist per Boot oder zu Fuß erreichbar. Und was die Menge der Besucher betrifft, kann ich mir gut vorstellen, dass es auf dem Höhepunkt der römischen Feriensaison (denn nach Ponza kommen vor allem Römer) in der Tat ein fürchterliches Gedränge gibt.

Ende September hingegen hat man die Insel praktisch für sich. Man kann kommen, ohne reserviert zu haben, und in fast jedem Hotel einchecken, das einem gerade gefällt. In meinem Fall war dies das Gennarino a Mare, weil ich Häfen mag und das Hotel auf Pfählen im Wasser steht. Das Personal ist ausgesprochen nett, und das Restaurant wurde seinem Ruf gleich am ersten Abend gerecht, mit der besten Linsensuppe, die ich in meinem ganzen Leben gekostet habe. Außerdem war mein Badezimmer von entomologischem Interesse. In Hotels in Wassernähe gibt es unweigerlich Kakerlaken, und bewundernd betrachtet der erfahrene Reisende das zierliche Fächeln ihrer langen Antennen, während sie auf seiner Zahnbürste balancieren. Mir macht so was überhaupt nichts aus, und sollte ich je wieder nach Ponza kommen, würde ich sofort wieder in das Gennarino a Mare gehen.

An einem neuen Ort gehe ich, sobald ich kann, zu Fuß los, wie ein Hund, der sein Territorium erschnüffelt und markiert. Am nächsten Tag packe ich eine Flasche Wasser, eine Taschenlampe, ein Notizbuch und ein Frotteetuch ein, kehre dem Städtchen und seinem Hafen den Rücken und gehe Ponzas einzige Hauptstraße entlang. Ich bin noch keinen Kilometer bergauf gegangen, da sehe ich mich zu einer illegalen Tat gezwungen, um eine der bedeutendsten römischen Ruinen der Insel zu besichtigen. Es handelt sich um eine riesige unterirdische *cisterna* namens Grotta del Serpente. Ihr Eingang liegt abseits der Straße in einer Tiefe von nicht ganz vier Metern, halb versteckt durch Gestrüpp und zugedeckt durch ein mit einer Schnur befestigtes rotes Plastiknetz mit der Aufschrift *Keep Out*. Es gibt keinerlei Hinweisschilder, und ohne das Netz wäre sie mir entgangen. Ich quetsche mich durch, weiche vorsichtig einem Feigenkaktus aus und sehe im Licht meiner Taschenlampe eine gewaltige Kaverne mit Bogen und Säulen, die aus fünf Kammern von je rund dreißig Metern Länge besteht. Kühl ist es hier und unheimlich, es riecht nach brutaler Zwangsarbeit und verflossenen Jahrtausenden. Ich bin erleichtert, als ich ans heiße Sonnenlicht und auf die Straße zurückkehre.

Dieses leere Reservoir, eines von mehreren, verrät einiges über Ponzas Geschichte und erinnert daran, wie wichtig Wasser auf einer kleinen Insel ist. Ich komme an kleinen staubigen Rebbergen vorbei, deren Trauben längst geerntet worden sind. Der Dürre wegen hat dieses Jahr die *vendemmia* noch früher als sonst stattgefunden. Die verstreuten Häuser sind in der Regel weiß, muten nordafrikanisch oder maltesisch an und haben flache Dächer. Zu den meisten gehört ein kleines Stück Land, auf dem Tomaten und Kürbisse wachsen. Als ich das ausgedörrte Hochland erreiche, überwiegt der Eindruck von Ausgestorbenheit und Dürre. Aufgegebene Terrassen sind schon fast verschwunden unter mediterranem Allerweltsgestrüpp: Feigenkakteen, wilden Olivenbäumen, Ginster, Wacholder, Feigenbäumen, Fenchel, Eukalyptus und hellblauen Winden. Blickt man vom Hochland hinab, sieht man fast immer einen hellen Streifen Meer, der sich wie ein Stück glitzerndes Blech zum Horizont erstreckt. Daran angeschweißt ist die nahe gelegene Insel Palmarola, deren Bimssteinfelsen blass wie Kalk sind, allerdings mit hektisch bunten Streifen und Furchen. Gelegentlich fährt ein Bus an mir vorbei oder eines dieser modernen Maultiere, ein *Ape* genanntes, mit Zement beladenes Dreirad, oder dann ein mobiler Verkaufsladen, wie man sie in abgelegenen Gegenden mit einer marginalisierten Bevölkerung immer findet.

Denn Ponza ist in Auflösung begriffen. Die Insel hat heute noch knapp zweitausend feste Einwohner (vor zwanzig Jahren waren es noch fünftausend). Zehnmal so viele Ponzesi leben allein in New York. Während des Zweiten Weltkriegs sind die Leute hier beinahe verhungert, und in den Fünfziger- und Sechzigerjahren ließen die meisten von ihnen das karge Leben auf der Insel hinter sich. Heute gibt es auf der Insel keine Vollzeitbauern mehr und nur noch wenige Fischer. Das Unglück der Insel wird gelegentlich durch den Tourismus abgewendet. »Gelegentlich«, weil abgesehen von Ostern und den Sommerferien hier nicht viel los ist: In der restlichen Zeit ist mal dieses, mal jenes Restaurant geöffnet, nach einem Turnus, auf den ihre Besitzer sich geeinigt haben. Es sind natürlich Fischrestaurants, denn die Meeresfrüchte hier sind fantastisch, und die Küche ist (wie der Dialekt) neapolitanisch. Denn deshalb kommen die Touristen: wegen der Fische, der Strände, der Tauchmöglichkeiten und wegen anderer Lustbarkeiten, die mit dem Meer zu tun haben. Die Höhen der Insel zu Fuß zu erkunden, wie ich das tue, gilt als exzentrisch, ja absurd. Und auf jeden Fall als absolut unrömisch.

Also dann, kommen wir zum Strandleben. Ponzas berühmtester Strand ist die Chiaia di Luna. Man erreicht sie zu Fuß in zehn Minuten, indem man vom Hafen aus einen Fußweg nimmt, der durch Tunnel führt, welche die Römer durch die Lava gegraben und hübsch mit Tonbacksteinen ausgekleidet haben. Beim Herauskommen stellt man verblüfft fest, dass man sich plötzlich auf der anderen Seite der Insel befindet, in einer Bucht am Fuß einer gewaltigen Wand aus bröckligem vulkanischem Fels. Überall in dieser Bucht warnen Schilder, man dürfe sich hier weder aufhalten noch durchgehen noch mit Booten anlegen. Offiziell ist die ganze Bucht gesperrt. Damit will sich der Stadtrat ganz offensichtlich absichern gegen eine Tragödie, zu der es früher oder später unweigerlich kommen wird. Natürlich kümmert sich kein Schwein um diese Schilder. Die Leute lassen sich weiterhin in der Sonne braten, auch wenn über ihnen Abertausende Tonnen Felsmaterial auf ihren Absturz warten. Während ich hier sitze und schreibe, höre ich das regelmäßige Ticken kleiner Steine, die andauernd hinter mir zu Boden fallen. Ein walnussbraun gebrannter Mann in einem zinnoberroten Unterrock spricht in ein Handy, während er in einem Tretboot vorbeigleitet. Schon vorher waren mir seine in der Sonne blinkenden Knie aufgefallen, als er von einer Erkundungsfahrt um die Landspitze zurückgekehrt war, welche Ponzas einzigen Nudistenstrand verdeckt.

Wie bei Lava nun mal üblich sind die meisten dieser Strände nicht sehr pofreundlich; am wenigsten unbequem sind die Kieselstrände mit ihren vom Meer geschliffenen Steinen. Das Meer wiederum ist fabelhaft, klar wie Gin, die eigentliche Essenz von Ponza. Sogar im Hafen unter der üblichen Schicht von Zigarettenstummeln und Benzinregenbogen ist das Wasser kristallklar, und dank seiner Linsenwirkung kann man sogar Sprechblasen eines versunkenen Comics entziffern, der mehrere Meter tief auf dem Grund liegt. Der Winzhafen ist gesäumt von Agenturen, die Tauch- und sonstige Ausflüge verkaufen. Am nächsten Tag nehme ich an einer Bootsfahrt teil, auf der man einige von Ponzas interessanteren Grotten besucht, bevor man Palmarola »macht«. Es gibt hier eine Flottille von Mietbooten, meist Schlauchboote mit Außenbordmotoren, doch da ich die hiesigen Gewässer nicht kenne, überlasse ich es lieber anderen, Navigationsfehler zu machen.

Zu zwölft tuckern wir los, es ist ein strahlender und heißer Morgen, und nur schon übers blaue Mittelmeer zu fahren bringt einen gleich in Hochstimmung. Außerhalb des Hafens schnuppern wir in die Grotta di Pilato rein: Höhlen, welche die alten Römer vergrößerten, um darin Muränen zu züchten, die sie als Delikatesse betrachteten. Bald werden, der Freundlichkeit unseres Steuermanns und meiner Mitreisenden zum Trotz, die Nachteile einer solchen Bootsfahrt offensichtlich. Ich hatte die per Lautsprecher übertragenen Kommentare nicht bedacht, die von den Felswänden und in den Höhlen dröhnend widerhallen, auch nicht die Raucher, die schauerlichen Parfüms und die Idioten mit den Handys. Wären diese nicht, könnte man sich verzaubern lassen von der Vielfalt und Schönheit der vulkanischen Formationen, an denen wir vorbeifahren, von ihren unerwarteten Farben, Faltungen und Verwitterungsstufen und von der Großartigkeit der Felswände, die aussehen, als seien sie Abgüsse der Stämme unmöglich riesiger, fossiler Bäume. Es ist aber nichts als ausgetretener dicker Eiter der Erde, der sich zufällig zu solchen Formen verfestigt hat, der getreue Abguss einer lange zurückliegenden geologischen Episode.

Wir fahren jetzt Richtung Palmarola und ankern unterwegs bei zwei, drei Faden Tiefe, damit die Schwimmer ins Wasser springen können. Ende September hat die Schulzeit längst wieder angefangen; fast alle an Bord haben ein gewisses Alter. Plötzlich wimmelt das Wasser von unglaubwürdig blonden Bikiniträgerinnen in den Sechzigern, alle sind mahagonibraun gebrannt, und ihre Haut hat die Beschaffenheit einer Satteltasche. Fröhlich und gekonnt schwimmen sie um das Boot herum und rufen einander im Dialekt des heutigen Rom etwas zu. Eine Dame raucht beim Schwimmen gelangweilt; eine andere pfeift schrill eine Melodie. Mit unwiderstehlicher Unbekümmertheit und heiterem Elan krabbeln sie wieder an Bord, und weiter geht die Fahrt, als führen wir über den Styx zu einem Friedhof für Strandschönheiten. Palmarola bietet praktisch das Gleiche wie Ponza: schöne Bademöglichkeiten, einen Kieselstrand, Troglodytenhöhlen und beeindruckende Felswände, von denen Obsidian bröckelt. Ich habe von schönen Bademöglichkeiten gesprochen, und dem ist auch so; doch der Meeresgrund ist nicht sonderlich interessant, denn er besteht vor allem aus Felsen. Es gibt ein paar kleine Seenadeln und Meerbrassen, aber sonst kaum Anzeichen von Leben. Zurück in Ponza erfahre ich von den Fischern, dass die Gewässer der Insel praktisch leer gefischt sind. Ponza hat nicht einmal mehr genug Fische für den Eigenbedarf: Die Fischerkooperative der Insel wirft ihre Netze im Tiefwasser auf halbem Weg zum Festland aus und fährt dann weiter, um den Fang auf dem Markt in Formia zu verkaufen.

Wenn Ponza im Sommer zwei Monate lang rappelvoll ist, dann sind die Gäste vor allem Italiener, die für drei, vier Tage vorbeischauen. Die Wahrheit erfährt man schnell von den wenigen Kindern, die auf der Insel leben: »Man kann hier nichts unternehmen.« Sie alle sehnen sich danach, die höheren Schulen auf dem Festland zu besuchen, wo es Discos gibt und auch sonst die Post abgeht. Ohne Tourismus wäre Ponza so tot wie Tausende anderer Inseln auf der Welt. Dass der melancholische Aspekt dieser Art von Tourismus für mich gerade hier so deutlich wird, liegt wahrscheinlich daran, dass ich die Insel erlebe, nachdem die meisten Besucher schon gegangen sind. In den ruhigen und hübschen Gassen der Stadt ist aber noch spürbar, dass hier bis vor Kurzem Massen von Menschen unterwegs gewesen sind, die rastlos ihren Drang nach Sonne und Wonne zu befriedigen suchten. Ihre Schritte sind verstummt, aber das Echo ihrer Sehnsucht hallt noch nach. Norman Douglas, der Ponza 1908 besuchte, spürte etwas Finsteres, weshalb er von »Inseln der Vergessenheit« sprach. Er spielte damit auf ihre Geschichte an, denn zweitausend Jahre lang dienten sie als Kerker für Gefangene und Verbannte. Schon die alten Römer, welche die erwähnten Tunnel gegraben hatten, waren Verbannte gewesen, denen nichts anderes übrig blieb, als Reservoirs und Zuchtbecken für Muränen aus dem Tuff zu hacken. Christliche Märtyrer starben hier ebenso wie Gefangene aus der Bourbonenzeit: In Ketten wurden sie in der Finsternis ehemaliger Zisternen gehalten wie derjenigen, in die ich mich mithilfe meiner Taschenlampe getastet habe. Und Douglas hatte dies geschrieben, bevor die Verbannten des 20. Jahrhunderts gekommen waren, die in den Dreißigerjahren von der faschistischen Regierung dazu verurteilt worden waren, auf Ponza fast zu verhungern und sich zu Tode zu langweilen. Ironischerweise wurde 1942 auch Mussolini hier kurz festgehalten, bis er auf jene Bergspitze in den Abruzzen gebracht wurde, von der er in einem tollkühnen Unternehmen von deutschen Fallschirmjägern gerettet wurde. (Heute ist die Stätte seines ehemaligen Hausarrests eine Pensione Silvia in Santa Maria.)

Fügt man jetzt noch die Erinnerung an die maurischen Piraten hinzu, die jeweils auf Palmarola und Zannone ihr Lager aufschlugen, wenn sie mordend und plündernd durchs Mittelmeer kreuzten, wird klarer, woher dieses hartnäckige Gefühl der Traurigkeit rührt. Der Tourismus hat sich hier wie anderswo ausgebreitet, indem er fröhlich jene Stätten besetzte, wo jahrhundertelang Menschen gelitten hatten. Dagegen ist nichts einzuwenden: Das war einmal, und die Welt hat sich verändert. Doch wenn man sieht, wie kurz sich die Urlauber hier nur aufhalten, wird deutlich, dass diese großartig zerklüfteten Inseln beim rastlosen Streben nach Sonne und Wonne nur eine dekorative

Kulisse abgeben. Was wirklich los ist, merkt man, wenn die Einheimischen verdächtig schwärmerisch von römischen Grotten, neolithischen Fundstätten und sogar den rostenden Überresten eines aufgegebenen Bentonitwerks erzählen: Wäre da nicht das Tourismusgeschäft, hätten sie sich längst mit dem Tragflügelboot zum Festland abgesetzt.

Wie die meisten Besucher zische auch ich nach vier Tagen ab nach Formia. Ich habe da und dort schön schwimmen und spazieren können, köstlichen Fisch gegessen und viel Sonne getankt. Dass ich außerhalb der Saison unterwegs bin, hat auch den Vorteil, dass ich nur einer von drei Passagieren auf einem Tragflügelboot bin, das für 114 Personen gebaut worden ist. Von seinem Heck aus sehe ich, wie die Inseln kleiner werden, wie ihre vulkanischen Felsmassive durch die Distanz erodiert werden, bis sie nicht mehr sind als Pickel auf der ansonsten makellosen Haut des Meeres. Es sind andersgeartete Inseln als die Hebriden oder die Scilly-Inseln, die einem vorkommen, als hätten sie einst zum Festland gehört und sich nur aus Versehen von ihm gelöst. Die Isole Ponziane sind verstreute vulkanische Pusteln, zu nichts dazuzugehören ist ihr Schicksal. Mit anderen Worten: Es sind ideale Gefängnisinseln, Orte der Verbannung, die immer schon sich selbst überlassen wurden und die zu verlassen niemand sonderlich traurig war.

Malta

Als ich noch zur Schule ging, blieb mir von Malta vor allem eines in Erinnerung: Diese Insel war mit einem Orden ausgezeichnet worden. Kinder haben nicht viel Sinn für Symbolisches, da sie sich im Stadium des Wörtlichnehmens befinden, und einer Insel im Mittelmeer das Georgskreuz zu verleihen, kam mir ebenso verwunderlich vor, wie einen zu Unrecht hingerichteten Mann posthum zu begnadigen. Wer genau sollte denn der Empfänger sein? Außerdem: Wie konnte ein Felsklotz tapfer und heldenmütig sein? Schließlich hatte es bestimmt den einen oder anderen feigen Malteser gegeben, der vorgehabt hatte, die deutschen Invasoren mit großen Olivenzweigen und saurem Rotwein willkommen zu heißen ... Und so weiter und so fort.

1964 schüttelte der Georgskreuzträger Malta endlich Jahrtausende der Besatzung durch Phönizier, Griechen, Karthager, Römer, Araber, Sizilianer, Johanniter, Franzosen und Briten ab und wurde völlig unabhängig. Das entging mir, denn zu diesem Zeitpunkt war ich nicht mehr auf der Schule, und so hatte ich erst zu Beginn der Siebzigerjahre als Journalist wieder mit Maltesischem zu tun, als ich entdeckte, dass die Versorgung Londons mit Pornografie praktisch ein maltesisches Monopol war. Vor meinem geistigen Auge sah ich die gewiefte Gesamtbevölkerung dieser unterhalb Siziliens gelegenen, mit einem Orden versehenen Republik emsig damit beschäftigt, ihre im Laufe der Jahrhunderte erworbene Handfertigkeit nutzbringend anzuwenden: Exportieren oder sterben! Schnippel die Nillenrille! Modellier die Venen! Da wurde geschnitzt und in Formen gegossen, dass es eine Lust war, und so entstanden all diese rötlich braunen Gummipimmel, die dann in Soho verkauft wurden.

Zu dieser Zeit verbrachte ich zwei Monate unter einer Art Haus-arrest auf Maltas Satelliteninsel Gozo, wo ich ein Buch über Korruption in Vietnam schreiben musste. Obschon die Hauptinsel, wo man sich dem Sexspielzeug-Handwerk widmete, von diesseits der Meerenge deutlich zu sehen war, bekam ich auf Malta nie das Geringste von den Endprodukten zu Gesicht. Tatsächlich kamen mir die Einheimischen, bekannt als fromme Katholiken, altmodisch und tugendhaft vor. Sehr wohl sah ich hingegen riesige aus Stein gebaute Kirchen, gewaltige honigfarbene Basiliken, und in jeder einzelnen hätte die Gesamtbevölkerung von Gozo spielend Platz gefunden.

Nach fast einem Vierteljahrhundert habe ich Malta nun erneut besucht und dort ungeplante zwei Wochen verbracht, beim Warten auf eine Weiterreise, die sich dann zerschlug. Ich muss aufpassen, dass ich nicht ungerecht urteile, denn wer wartet, sieht die Umgebung in einem ärgerlichen Licht. Liebende, die sitzen gelassen wurden, hassen das betreffende Restaurant, Theaterfoyer, Bushäuschen oder die Esplanade von San Juan, welche sie zwar gesehen, aber nie so intensiv betrachtet haben wie die Uhr im Vordergrund oder die eigene Armbanduhr. Einem sitzen gelassenen Reisenden ergeht es ähnlich; oder würde es so ergehen, stünde ihm nicht eine komplette kleine Republik (ein Zehntel so groß wie der US-amerikanische Bundesstaat Rhode Island) zu seiner Unterhaltung zur Verfügung.

Und unterhaltend ist Malta sehr wohl. Dank einem glücklichen Zufall geriet ich in ein Hotel, wo noch nie jemand zwei Wochen verbracht hatte. Auch die anderen Gäste waren auf der Durchreise: Libyer, die mit der Nachtfähre aus Tripolis ankamen (wegen des Embargos gab es damals keine Flugverbindung) und von denen viele unterwegs zur Harley Street waren oder zur London Clinic. Manche wurden begleitet von wandelnden Kokons, die, wie der melancholische Hotelbesitzer mir erklärte, wahrscheinlich am Strand von Sliema aufplatzen würden, wo ihnen eine Ehefrau in einem Designerbadekleid entschlüpfen und sich in der Sonne tummeln würde. Sie hatten reizende kleine Kinder, die jeweils zur Bar hinuntergeschickt wurden, um ihren Vätern Scotch und Zigaretten ins Zimmer hochzuschleifen. Zwischen dem Hotelier und seinen Gästen gab es keine Kommunikationsprobleme, weil Maltesisch eine Art maghrebinisches (nordafrikanisches) Arabisch mit vielen italienischen und englischen Lehnwörtern ist. Tatsächlich könnte man Maltesisch als nützliche Verkehrssprache für Reisen in Nordafrika erlernen, als Einführung in eine sonst schwierige Sprache, nicht zuletzt weil es mit römischen Buchstaben geschrieben wird. (Das hat auch bizarre Transliterationen zur Folge: Gozo ist Ghawdex; und Xghajra ist der Traum jedes Scrabble-Spielers, wenn Ortsnamen zugelassen sind.)

Mit zum diskreten Charme Maltas trägt ein Gefühl der Zeitverschiebung bei – besonders für Briten eines gewissen Alters. Außerhalb des Stadttors von Valletta gibt es einen Busbahnhof für Überlandbusse. Es sind alte britische Vehikel, oft uralte, deren Motor vorne beruhigenderweise freigelegt ist; unter dem Dach verlaufen Schnüre, damit die Passagiere per Klingel signalisieren können, wann sie aussteigen wollen. Auch die Landstraßen der Insel sind voll von Oldtimern: Ford Anglias, Ford Consul, Hillman Minxes und Morris Minors. Im Laufe der zwei Wochen sah ich ein Exemplar von jedem Auto, das unsere Familie bis 1962 besessen hatte, dem Jahr, als mein Vater starb: Auf diesem winzigen Flecken Land inmitten des Mittelmeers hatten sie ihn alle überlebt. In den engen, steilen Straßen innerhalb der Stadtmauern sieht man Ladenfronten aus der Kindheit, mit Aufschriften wie *Haberdashery* (Kurzwaren), *Millinery* (Hutmacherei) oder *Military & Boys Outfitters* (Soldaten- und Knabenausstatter). Und wer alt genug ist, spürt in dieser bleichen Stadt die Geister jahrhundertelanger militärischer Präsenz aus den Docks und Häfen heraufsteigen. Ebenso wie die einstigen Garnisonen ist auch die Sache mit dem Georgskreuz verblichen: Niemand, der heute von der Insel spricht, sagt noch »Malta GC«. Zeit also, die herablassenden Vorstellungen von einst zu revidieren. Die Cafés sind nicht voller arbeitsloser Sexspielzeug-Hersteller, die über Gläsern voll Ouzo anatomische Fachgespräche führen. Ouzo gibt es ohnehin nicht. Maltas Hauptindustrie ist heute der Tourismus, und auf die eine oder andere Art sind fast alle 360 000 Inselbewohner in diesem Bereich tätig.

Bei der Betrachtung einer Landkarte von Malta, die freundlicherweise mit allerlei touristischen Piktogrammen (Strandschirmen, Segeln, Blumen und kleinen Stonehenges zur Bezeichnung prähistorischer Fundstätten) ausgestattet ist, fallen einem recht bald winzige Pünktchen auf, die wie Haarschuppen da und dort an der Küstenlinie verstreut sind. Sie weisen auf Sandstrände hin, die zu den kostbarsten nationalen Ressourcen gehören. Denn im Wesentlichen ist Malta felsig. Strände sind rar, Sandstrände noch viel rarer. Überall auf der Insel gibt es Steinbrüche, aus denen die Blöcke gebrochen werden, mit denen hier praktisch alles gebaut wird – schöner, wüstenfarbiger Stein, der sich leicht verarbeiten lässt und ebenso leicht erodiert. Am sandigsten sind hier die Felder, die mühevoll Feigen und Disteln hervorbringen. Das wiederum hat zur Folge, dass die Touristen sich auf den winzigen Schuppenansammlungen drängen.

Hochnäsige Individuen, bei denen der bloße Anblick eines Strandschirms seelische Qualen auslöst, ziehen sich in abgelegenere Gegenden zurück, um dort in Ruhe schwimmen zu können. Das sind keine einfachen Exkursionen, sie haben allerdings den Vorteil, dass man so die Hauptinsel kennenlernen kann, die knapp neunundzwanzig Kilometer lang und sechzehn Kilometer breit ist. Beim Betrachten der Landkarte dachte ich, die Dingli Cliffs könnten weit genug von den nächsten Schuppen entfernt sein, und dem war auch so: Das Festland bricht hier jäh mit einer neunzig Meter tiefen Felswand ab, an deren Fuß nichts als grollende Gischt ist, zu der kein Weg hinunterführt. Das war eine wilde Gegend, karg und zäh. Durch das ausgedörrte, drahtige Gestrüpp schnellte ab und zu eine Heuschrecke oder eine Eidechse. Vom fernen Rauschen des grün und blau geschlagenen Wassers abgesehen war die glühend heiße Luft still. Plötzlich fiel mir auf, dass kein einziger Vogel zu sehen oder zu hören war.

Nach weiteren heißen Tagen, die ich mit solchen Spaziergängen an der weniger touristischen Ostküste verbrachte (wo es sehr viel mehr

Disteln als Feigenbäume gab), stieß ich auf den idealen Platz. Normalerweise verrate ich die Lage idealer Plätze nicht, um zu verhindern, dass sie überrannt werden. Doch in diesem Fall habe ich kaum Bedenken, und so verrate ich denn, dass er nicht Hunderte von Kilometern vom National Swimming Pool entfernt liegt. Drei Kilometer eher, auf der nicht schicken Seite der Stadt. Man nähert sich dem Meer über einen Pfad, der durch die städtische Müllkippe führt, die wie alle Müllkippen faszinierend ist, weil sie so viel über die Kultur verrät. Hierher kommen die Morris Minors, um zu sterben. Hier gibt es keine verknoteten Kondome oder gebrauchten Injektionsspritzen. Dafür Millionen von Mineralwasserflaschen aus Plastik und leere Schrotflintenpatronen. Patronen? Wie sich herausstellt, bin ich zufällig einer maltesischen Obsession auf die Spur gekommen. Während ich durch die Müllkippe weiter strandwärts gehe, sticht mir noch etwas Merkwürdiges ins Auge. Überall gibt es primitive kleine Türme, die manchmal nur einen Meter auseinanderliegen und aus aufeinandergeschichteten Steinen bestehen, auf denen zuoberst ein größerer flacher Stein liegt. Sie sind ungefähr neunzig Zentimeter hoch. Das Ganze sieht aus wie ein endloses Feld voller Sandsteinpilze. Sind es Grenzsteine? Wer weiß. Grübelnd stapfe ich über glitzernde Bruchstücke kaputter Scheinwerfer, zwischen Feigenkakteen und Felsen hindurch, endlich hinab zu einer Küstenlinie wie aus erstarrter Lava: Krater und Nadeln und durcheinandergeworfene Platten, die schräg in die kühle blaue Tiefe ragen. Schatten gibt es keinen, und eine Stelle zu finden, wo man sich schmerzlos hinsetzen kann, braucht Zeit. Es ist ein eigenwilliges Asketenparadies hier draußen auf dieser urtümlichen Felszacke jenseits der Müllkippe, und als ich ins Meer gelange, hat es sich gelohnt. Unter der tanzenden Oberfläche ist das Wasser sanft und klar, und seine kühle Umarmung wirkt belebend. An der Küste ist kein einziger Strandschirm und kein anderer Badelustiger zu sehen. Schöner wäre es allerdings ohne die Schnellboote, die ständig vorbeirasen, als seien sie auf der Suche nach etwas, das weit und breit nicht in Sicht ist. Glück vielleicht. Und bald muss ich mir auch eingestehen, dass es schöner wäre ohne die Schießerei, die plötzlich begonnen hat. Wenn ich vorsichtig den Kopf aus dem Wasser hebe, zischen Schrotkügelchen ins Meer, und mir dämmert, was es mit all den leeren Patronen auf sich hat. Nachdem ich mich in eine vulkanische Nische geduckt habe, beobachte ich in Gesellschaft von Napfschnecken und herumflitzenden Klippenasseln, *Ligia,* wie tödlich getroffene Tontauben in einem schwarzen Regen vom Himmel fallen. Da es hier keine echten Vögel gibt, müssen eben symbolische Vögel herhalten.

Nachdem ich das Blei aus meinem Frotteetuch geschüttelt und mich in eine Bar in der Stadt zurückgezogen habe, erfahre ich, was es mit den steinernen Pilzen auf sich hat: Wenn für die Zugvögel die Wanderzeit kommt, wird ein gefangener Vogel auf einen solchen Pilz gesetzt, während der Jäger sich in den Felsen versteckt. Deshalb kommen viele der in Nordeuropa besonders geschützten Vögel auf ihrem Flug nach oder aus Afrika nie über Malta hinaus. Mir fällt wieder ein, dass dieses kleine Land bei Naturschützern berüchtigt ist, und das erklärt auch, warum es am Himmel über Malta praktisch nichts anderes als gecharterte Flugzeuge, Feuerwerk und Tontauben zu sehen gibt. Nach Malta zu gehen, um Vögel zu beobachten, wäre ungefähr so, als ginge man wegen des Beaujolais nouveau nach Saudi-Arabien. Vielleicht war das insgeheim auch der Grund für Maltas Tapferkeit im Zweiten Weltkrieg: Der Instinkt, auf alles zu schießen, was sich in der Luft bewegt, führte dazu, dass Flugzeuge der deutschen Luftwaffe behandelt wurden, als seien sie besonders seltene Eulen. Die Patronenhülsen sind jedenfalls allgegenwärtig.

Das Gleiche gilt für die Wasserflaschen aus Plastik, die ich auf der Müllkippe gesehen hatte. Sie tauchen überall in Häfen und Tidebecken auf, wo sie im lauwarmen Wasser wie Betrunkene herumtorkeln. Auf Malta herrscht gravierender Wassermangel, der durch eine Million Touristen pro Jahr noch verschärft wird. Fünfzehn Prozent der Elektrizität des Landes werden für die fünf Entsalzungsanlagen benutzt, und was in den Hotels aus den Wasserhähnen kommt, ist nichts anderes als schwaches Meerwasser, das durchaus zur Erregung von Brechreiz taugt, nicht aber zum Trinken. Trinkwasser wird deshalb verkauft, und dessen Flaschen werden, wo auch immer, weggeschmissen. Die Felder dagegen sind sandig und ausgedörrt, da sie nicht bewässert werden. Zusammen mit den Schnellbooten, den Strandschirmen und der ästhetischen Katastrophe der Post-Benetton-Freizeitkleidung ist das der Preis dafür, dass man sich an den Tourismus verkauft hat, und es macht die Diskrepanz zwischen Lebensunterhalt und Leben deutlich. Die Malteser können einem leidtun. Sie sind freundliche Leute, die sich wehmütig an die noch gar nicht so weit zurückliegenden alten Zeiten erinnern, als es noch Dinge wie maltesische Küche, Eselskarren, Ruhe nach Einbruch der Dämmerung und einen Lebensrhythmus gab, der seit Urzeiten durch saisonbedingte Aktivitäten bestimmt wurde: das erfolglose Zurückschlagen von Angreifern, das Keltern von Trauben und das Schnitzen von Dildos. Die Schauerlichkeit des homogenisierten und homogenisierenden Massentourismus brandet an gegen das einheimische Leben, das sich mit erschütterndem religiösem Eifer zu halten versucht. Die Malteser bekreuzigen sich andauernd, vor dem Sprung von einem Felsen ebenso wie vor dem Besteigen eines Busses, ein Zucken der rechten Hand, als zurre man über der Brust einen Sicherheitsgurt fest. Die riesigen Kirchen feiern die Festtage ihrer Schutzpatrone mit Prozessionen, die von Blasmusik und großen Bildnissen dieser Heiligen angeführt werden und erfreulicherweise die Touristenbusse auf dem Weg von Disco zu Disco aufhalten. Von meinem Hotel aus sah ich auf einen Jachthafen, der vielleicht neunzig Meter breit war und auf dessen anderer Seite eine große, mit bunten Glühbirnen beleuchtete Basilika stand. Eines Abends, nach der Jahresparade zu Ehren des Schutzpatrons, wurde die Menschenmenge dann von der Polizei für das obligatorische Finale zurückgedrängt: ein Feuerwerk, für das die Pfarreimitglieder monatelang gespendet hatten. Tatsächlich gibt es auf Malta so viele Schutzpatrone, dass kaum eine Nacht vergeht, ohne dass an dem einen oder anderen Horizont gewaltige Blitze zucken, vielfarbige Kugeln aufsteigen, Glitzerregen fallen und das Geböller von Artillerie ertönt. So war es auch an diesem Abend, nur viel näher. Es war die reinste Tet-Offensive, ein donnerndes Sperrfeuer, das die Seele in Aufruhr versetzte und die Ohren klingen ließ, während verkohlte Pappe, verbrannte Schnüre und flammende Glut auf die weißen Fiberglasdecks der vor Anker liegenden Boote herabregneten. Viele dieser Jachten hatten Schiebetüren aus Glas und eine Art Veranda, wodurch sie wie Vorstadthäuser wirkten, ein Eindruck, der durch den Schauer gegrillten Mülls noch verstärkt wurde. Am nächsten Morgen sah man die Martini-Set- und Hausbesitzer mit Besen und Schläuchen hantieren. Diese modischen Zigeuner, die nichts als designerzerfetzte Shorts trugen, putzten ihre Behausungen mit der leichten Verachtung desjenigen, der weiß, dass er jederzeit die Anker lichten und weiterziehen kann, wenn ihm die kleinen Traditionen der Einheimischen auf den Keks gehen. Wegen Hautkrebs und Ozonloch machte sich ganz offensichtlich niemand Sorgen: Alle waren von Kopf bis Fuß kastanienbraun geröstet und hatten die Haut von Schildkröten. Nachdem sie die Decks geschrubbt und die Schläuche verstaut hatten, setzten sie ihre weißen Kapitänsmützen auf, lösten die Vertäuungen und glitten in einer Wolke Dieselrauchs davon, der nächsten Etappe ihrer formlosen Odyssee entgegen, während ihre Kinder im Heck missmutig über ihren Computerspielen hockten.

Am bewegendsten spürbar wird die Vergangenheit in diesem interessanten Land auf den verwahrlosten Wällen und Zinnen von Vallettas zahlreichen und sonderbar schönen Befestigungsanlagen. Die Drehstützen der Kanonen und die in den Stein eingelassenen, um das Hafenbecken führenden Eisenschienen (»Thorneycroft 1861«) rufen weniger das berühmte Georgskreuz aus dem Zweiten Weltkrieg in Erinnerung als Jahrhunderte von Belagerungen, Invasionen und Feldschlachten. Das Mauerwerk um die verschwundenen Geschütze herum ist von Einschüssen übersät, aber auch von Initialen, Daten und den Emblemen manch eines britischen Regiments, die es heute nicht mehr gibt. Die Verwahrlosung dieser Befestigungsanlagen, an denen man so lange gebaut und die man so lange instand gehalten hatte, lässt das Zeitalter des Tourismus erst recht schäbig und wankelmütig erscheinen. Kriege dieser Art, heißt es allenthalben, werde es nie mehr geben. Die Zukunft gehöre der Luftwaffe, den Raketen, der elektronischen Kriegführung ... Das sagen uns auch die ehemaligen Marinewerften, wo heute Vergnügungsdampfer und Containerschiffe liegen. Dessen ungeachtet findet zurzeit im Herzen Europas genau diese Art von Krieg (mit Belagerungen, Nahkampf, Handfeuerwaffen und Artillerie) statt, unter den Augen von Fernsehteams aus aller Welt.*

Ein skeptischer italienischer Journalist, den ich in einer Bar in Valletta kennenlernte, zeigte mir den Leitartikel in der *Times of Malta*. »Das ist die Zukunft«, sagte er, »hier steht's: Malta will der EU beitreten. *Poveretti.* Jetzt hat diese Modekrankheit auch sie erwischt.« Fünf Tage später stand der viel gerühmte Wechselkursmechanismus der EU kurz vor dem Zusammenbruch, es gab Anzeichen dafür, dass die Nationen sich alles andere als einig waren, und die Welt war so instabil wie eh und je. Doch zu diesem Zeitpunkt hatte ich die kleine Festungsrepublik bereits verlassen und war wieder zu Hause in Italien, wo ich ein übersehenes Schrotkügelchen entdeckte, das sich in meinem Badetuch verfangen hatte.

* Dies gilt für den Irakkrieg 2004 ebenso wie für den Krieg in Exjugoslawien, der 1993 tobte, als dieser Text geschrieben wurde.

Im kleinen, aber faszinierenden Museum von Cayenne gibt es neben den Käfigen mit ausgestopften exotischen Vögeln, den Flaschen
mit Mineralien und den Glasgefäßen mit den zusammengerollten
Haifischföten in Formalin auch den Gipsabguss eines Männerfußes.
Er ist dermaßen aufgeschwollen, der große Zeh allein so dick wie
das Handgelenk von unsereinem, dass man sich vorstellen könnte,
damit seien die Auswirkungen einer tropischen Krankheit verewigt
worden, die ein Pariser Arzt entdeckt habe. Tatsächlich sah so der
rechte Fuß von Louis Baillif aus, nachdem er in Frankreich gefoltert
worden war. Baillif, der aus Guadeloupe stammte, wurde anschlie-
ßend auf die Salut-Inseln vor der Küste von Französisch-Guayana
verbannt und am 5. März 1858 hingerichtet. Mit dem Gesicht nach
unten auf ein Brett geschnallt, den Kopf durch einen Metallkragen
gesteckt, wurde er guillotiniert – in Sichtweite der Teufelsinsel; seine
Mithäftlinge, die wenige Meter von ihm in strammer Haltung aus-
harren mussten, dürften sie gut gesehen haben. Von seinen Mitver-
bannten, seinem Scharfrichter und seinen Wärtern ist nichts übrig
geblieben. Dass Louis Baillif je gelebt hat, davon zeugt nichts als der
Abguss seines rechten, durch Qualen missgestalteten Fußes. Solange
ihn niemand zerbricht, erinnert dieser Abguss an den Hingerichteten und an die wissenschaftliche Neugier eines Arztes auf der Insel.
Er ist auch ein kleines Denkmal für all jene, die vor und nach Louis
Baillif in den Strafkolonien von Cayenne gelitten haben.

Im 18. Jahrhundert verfiel die französische Regierung auf die Idee,
aus ihrem Neuland am Nordostrand von Südamerika etwas zu machen. Binnen weniger Wochen landeten 1764 fast elftausend Sied-

lungswillige bei Kourou, etwas südlich von Cayenne. Sie fanden ein paar entlaufene Sklaven vor, die an der Mündung eines schlammigen Flusses Hütten errichtet hatten. Doch gab es weder Vorräte noch Läden noch sonst etwas. Bald starben die hilflosen Einwanderer in Massen vor Hunger, Hitze, an der Ruhr oder an Krankheiten, die von den Insekten übertragen wurden, die in dichten Wolken über den seichten stehenden Gewässern schwebten. Insgesamt starben siebentausend von ihnen, und die Überlebenden kehrten, so schnell sie konnten, nach Europa zurück. So kam Französisch-Guayana zu seinem Ruf, für zivilisierte Menschen unbewohnbar und damit nur für Gefangene geeignet zu sein.

Unerwünschte Subjekte zu deportieren war damals bei europäischen Regierungen beliebt. Die Kolonisierung von Botany Bay durch britische Sträflinge, die 1788 begann, wurde als strahlendes Beispiel dafür angeführt, was man mit dem Abschaum der Gesellschaft Nützliches anstellen könne. Doch es gab auch Menschen, die dieses System missbilligten, aus humanitären wie aus pragmatischen Gründen. Der französische Staatsmann Talleyrand beispielsweise war alles andere als begeistert: »Bisher«, bemerkte er, »haben Regierungen ein politisches Prinzip daraus gemacht, in ihre Kolonien nur Menschen zu schicken, die keine Arbeit, kein Geld oder keinen Anstand haben. Das ist das genaue Gegenteil dessen, was nötig wäre. Auf der Grundlage von Laster, Ignoranz und körperlicher oder moralischer Verkommenheit lässt sich nichts aufbauen. Das ist nur destruktiv.«

Doch nach der Revolution sahen die französischen Gesetzgeber das anders. 1793 beschlossen sie, dass Deportation die richtige Behandlung für Bettler, Vagabunden und Rückfällige sei. Als Erste nach Guayana deportiert wurden allerdings zwei politische Gefangene, die 1795 in Cayenne eintrafen. Tatsächlich wurden am Anfang nur politische Gefangene deportiert: Opfer der Säuberungswellen nach der Revolution. Ab 1808 gab es eine Flaute bis zum Zweiten Kaiserreich von Napoleon III.: Nach dem Staatsstreich von 1851 wurde die Idee, politische Straftäter zu deportieren, wiederbelebt. In der Zwischenzeit war allerdings eine zweite Kategorie von Deportationsanwärtern entstanden: gemeine Verbrecher, deren Urteil *le bagne* lautete – Zwangsarbeit. Ihre Arbeit sollte den Urwald zurückdrängen und so die Grundlage für eine blühende neue Kolonie schaffen. Tausende von Verbannten, die zu endlos vielen Jahren der Arbeit unter schlimmsten Bedingungen verurteilt worden waren, lebten an der Küste von Französisch-Guayana verstreut in Strafkolonien, die meist an Flussmündungen oder auf den winzigen Inseln vor Cayenne lagen.

Zwangsarbeit hatte es seit 1825 gegeben, doch erst nachdem Mitte des Jahrhunderts die neuen politischen Gefangenen – gebildete Männer, die sich ausdrücken konnten – eingetroffen waren, wurde die tatsächliche Not der verbannten französischen Staatsbürger über einen kleinen Kreis hinaus bekannt. Von diesem Zeitpunkt an galten die Strafkolonien von Französisch-Guayana als die übelsten der Welt. Die Teufelsinsel wurde zum Inbegriff des Schrecklichen und Erbärmlichen. Ihr fast mythischer Status wurde erst in jüngerer Zeit durch denjenigen von Alcatraz oder Auschwitz übertroffen. Selbst in den 1970er-Jahren, knapp zwanzig Jahre nachdem der letzte Sträfling von Französisch-Guayana nach Frankreich repatriiert worden war, konnten Namen wie Cayenne oder Teufelsinsel noch immer entsetzliche Bilder heraufbeschwören.

Die Lebensbedingungen in den Arbeitslagern waren so primitiv, dass die Insassen genau jenen Gefahren ausgesetzt waren, die bereits die erste Expedition nach Kourou dezimiert hatten. Das Essen war katastrophal: Von Ungeziefer wimmelnder Reis und getrocknetes Gemüse galten immerhin noch als essbar. Doch nicht einmal die Verhungernden brachten das gepökelte Schweinefleisch und das graue Brot hinunter. Allein schon die Ernährung führte zu Ruhr, Magenkrämpfen, Skorbut und allgemeiner Entkräftung, was wiederum zur Folge hatte, dass die Sträflinge gegen die natürlichen Gefahren, die in Tropengebieten lauern, besonders schlecht gewappnet waren. Moskitos, Fliegen, Schlangen, Ratten, Skorpione, Vampirfledermäuse, giftige Dorngewächse – sie alle forderten ihren Tribut.

Neben gewöhnlichen Epidemien wüteten Blutvergiftungen, Malaria, Lepra und Elefantiasis (eine von Insekten übertragene Form der Filariose, zu der auch der Guineawurm gehört). Manche Sträflinge wurden schon durch die Moskitos zum Selbstmord getrieben. Besonders im Tiefland, wo man noch heute Mahlzeiten nur unter einem Musselinnetz einnimmt, waren die Nächte eine Qual für die Sträflinge. Nichts schützte sie vor den Insekten. Diejenigen, die gezwungen waren, nackt und unbeweglich in Eisenfesseln zu schlafen, wurden häufig wahnsinnig.

Unter solchen Bedingungen zehrte das bloße Überleben sämtliche Energie auf, sodass für die Arbeit nichts übrig blieb. Dennoch wurden die Gefangenen zum Arbeiten gezwungen und an Baumstämme gekettet, die zum nächsten Fluss geschleppt werden und dann stromabwärts zu Sägereien geflößt werden mussten. Am meisten beschäftigte die Sträflinge die Frage, ob sie eher überlebten, wenn sie die Arbeit verweigerten, ausgepeitscht und zu härtester Einzelhaft verurteilt wurden oder wenn sie bis zur Erschöpfung arbeiteten, aber ein winziges bisschen besser ernährt wurden. Repatriiert zu werden war ein unmöglich ferner Traum; der Tod nicht unwillkommen; doch gab es auch die Hoffnung, flüchten zu können. Aus einem Arbeitslager zu fliehen war nicht unmöglich, das Schwierige war das Überleben danach. Hunderte versuchten, mit selbst gebauten Booten nach Trinidad zu segeln, nach Suriname zu gelangen oder durch den Dschungel einen Weg nach Venezuela zu finden. Manche fraßen einander unterwegs; die meisten starben. Doch genug überlebten, sodass die französischen Behörden zu ihrem Ärger und ihrer Verblüffung feststellen mussten, dass unter dem diplomatischen Schutz von Venezuela und Brasilien Gemeinschaften entflohener Sträflinge gediehen.

Frankreichs berühmtester politischer Verbannter war zweifellos Alfred Dreyfus. Er war ein Opfer von Antisemitismus und Militarismus, wurde zu Unrecht des Verrats beschuldigt und verbrachte vier Jahre auf der Teufelsinsel. L'Île du Diable, eine der drei Îles du Salut, liegt wenige Meilen von der Küstenstadt Kourou entfernt. Jede dieser winzigen Inseln wurde als Gefängnis benutzt, aber die Teufelsinsel, die kleinste von ihnen, war eine Leprakolonie, als Dreyfus 1895 eintraf. Die infizierten Hütten wurden niedergebrannt, und er wurde in einer eigens für ihn gebauten Zelle untergebracht, die bloß elf Quadratmeter maß – auf einer Insel, die ihrerseits nur einen Kilometer lang und 365 Meter breit war. Es war ein trauriges, kahles Fleckchen Land, auf dem nur ein paar Kokospalmen wuchsen. Bis 1899 grübelte Dreyfus dort über seine Unschuld, und je mehr die Behörden befürchteten, er könnte fliehen, desto schärfer wurden seine Haftbedingungen. Obschon die Gewässer von Haifischen wimmelten und er höchstens zu den beiden benachbarten Gefängnisinseln hätte schwimmen können, galt er als großes Sicherheitsrisiko, und während ihres Aufenthalts war es allen Gefangenen bei Strafe verboten, die Îles du Salut zu malen oder zu zeichnen.

Der Fall Dreyfus und Émile Zolas leidenschaftliche Kampfschrift *J'accuse* machten die Öffentlichkeit schließlich auf das Schicksal von Frankreichs deportierten Sträflingen aufmerksam. Nicht nur dass sie unmenschlich behandelt wurden, es wurde auch klar, dass sie keine Arbeit leisteten, die für den Aufbau der Kolonien nützlich gewesen wäre. Der Anspruch, diese Arbeit sollte eine läuternde Wirkung haben, war längst aufgegeben worden. Französisch-Guayana war nur noch ein fernes Verlies für Bürger, mit denen die Gesellschaft sich nicht mehr befassen wollte. Talleyrand hatte recht gehabt. Bei genauerer Betrachtung ihrer südamerikanischen Kolonie sahen die französischen Finanzminister, dass sie ein Fass ohne Boden war, in dem jedes Jahr Unsummen Geldes verschwanden. Dieser Enthüllung zum Trotz schleppte sich das System weiter bis zum Zweiten Weltkrieg, wobei die Lebensbedingungen und die Behandlung immerhin ein bisschen verbessert wurden. Von den ehemaligen Insassen, die noch am Leben sind, ziehen es die meisten vor zu schweigen. Die weniger Traumatisierten (oder Opportunistischeren) schreiben ihre Memoiren. Doch sie stellen die Minderheit innerhalb einer Minderheit dar.

Von 1852 bis Mitte des 20. Jahrhunderts wurden siebzigtausend Männer zu Zwangsarbeit in Guayana verurteilt. Von höchstens fünftausend ist überliefert, dass sie repatriiert wurden. Ein paar flüchteten. Der Rest starb auf diesem unwirtlichen Land.

Heute sind die Îles du Salut verlassen und unendlich traurig. Die paar Palmen, die sich den Platz auf der Teufelsinsel mit Dreyfus geteilt hatten, haben sich vermehrt und so überhandgenommen, dass sie die Ruine seiner Zelle verdecken. Ab und zu macht ein Fischer hier halt. Auf der Île Royale wohnt im Schichtbetrieb eine Handvoll Männer, die sich um den Leuchtturm und eine Hütte voller Instrumente kümmern, mit denen der Kurs der Raketen verfolgt wird, die gelegentlich vom französischen Raumfahrtzentrum bei Kourou starten, irgendwo im dunklen Streifen Urwald am fernen Horizont. Die Gefängnisgebäude sind alle eingestürzt, werden von Termiten und Eidechsen bewohnt und gehen in der dichten Vegetation unter.

Die drei kleinen Inseln, die heute wie Paradiese aus Tourismusbroschüren aussehen, sind Monumente der Vergänglichkeit.* Als Besucher erwartet man, dass sinnvollerweise etwas übrig geblieben sein müsste von all den Verbannten, die hier ein trauriges Leben fristeten und elendig zugrunde gingen. Qualen dieses Ausmaßes müssten doch die Landschaft geprägt haben. Außerdem müssten sich Anzeichen dafür finden lassen, dass den Qualen und der Brutalität mit tapferer Kameradschaftlichkeit getrotzt wurde. Die Gefangenen übten ihre eigene Gerichtsbarkeit aus und verurteilten einander zuweilen zum Tod (wobei der Verurteilte die Wahl zwischen Gift und Messer hatte); sie verliebten sich aber auch ineinander und bezogen eine gemeinsame Hütte auf einem winzigen Stück Land, was der Ge-

---

* Nach Fotos zu schließen, die ich 2004 auf einer Website gefunden habe, hat sich seit der Zeit der Niederschrift dieses Artikels nichts Wesentliches geändert. Es scheint, als seien ein paar Gebäude, darunter das Haus des Direktors und die Kapelle, restauriert worden, sonst aber stehen nach wie vor von Pflanzen eingehüllte Ruinen herum. Teilnahmslose Palmen und ein Strand voller dunkler Felsklötze verströmen nach wie vor die authentische Trostlosigkeit einer Gefängnisinsel.

fängnisdirektor durchaus unterstützte, da es die Fluchtgefahr verringerte.

Doch natürlich ist im gleichgültig wuchernden Unterholz nichts von alldem zu sehen. In Gängen, durch welche sich einst Männer in Ketten schleppten, ausgemergelt und mit Schwären bedeckt, herrschen heute Stille und grünes Unterwasserlicht. Lianen winden sich auf dem Boden, Ranken hängen von den Decken, Sträucher zwängen sich durch Ritzen zwischen Fliesen. Hier war die Krankenstation, in der ein französischer Reporter einst die verschrumpelte Leiche eines alten Sträflings sah, auf dessen Brust die Worte tätowiert waren: »Die Vergangenheit hat mich hereingelegt, die Gegenwart quält mich, die Zukunft erfüllt mich mit Schrecken.« Jetzt gibt es hier nichts als Moos und junge Bäume. Die Dächer des Hochsicherheitstrakts sind eingestürzt, die Wände der Einzelhaftzellen sind zerbröckelt, der Hof, in welchem die Guillotine Louis Baillif von den Schmerzen in seinem Fuß trennte, wird von Laub verschluckt. Man kann das Wohnzimmer des Direktors nicht durchqueren, weil darin zu viele Bäume wachsen. Aus der Ferne hört man ab und zu das Meer rauschen, als wasche es, was menschliches Tun angeht, seine Hände in Unschuld, und da und dort fallen einzelne Strahlen oder Flecken von Sonnenlicht durchs Laub. Einzig der eingefallenen Kapelle hat man in jüngerer Zeit ein Blechdach zugestanden, vielleicht aus Sentimentalität, vielleicht, um die Wandmalereien des Häftlings Lagrange noch ein paar Jahre länger zu erhalten.

Am besten gehalten hat sich der Inbegriff von Zwang und Nötigung: in Stein eingelassenes Eisen. Doch sogar die Krampen in den Mauern, die Reihen von Ringen in den Böden der Schlafsäle, an welchen die Nachteisen befestigt wurden, ja selbst die Fenstergitter lösen sich auf, im Salzwind und im Regen. Die Funktionen dieses Etablissements hat man, mit Sicherheit hygienisch und im Einklang mit den neuesten pönologischen Erkenntnissen, anderswohin verpflanzt. Gleich geblieben ist der fast religiöse Eifer, anderen das traurige Los vollends unerträglich zu machen, ein Eifer, der eigene Reliquien, wie zum Beispiel den Abguss eines gemarterten Fußes, hervorbringt. Die einst berüchtigten Zellen hingegen sind ebenso wie die Schädel ihrer zahllosen früheren Insassen verschwunden und von Wurzeln aufgezehrt.

Zu den Folgen des technischen Fortschritts gehört, dass sich große Teile der Weltmeere neuen Arten von Siedlern und Nomaden öffnen. Plötzlich dehnt sich die Lust nach Neuland auch auf das Wasser aus, und wir erleben die Wiedergeburt von Utopias und Gelobten Ländern, diesmal allerdings nicht zu Lande, ja nicht einmal auf natürlichen Inseln. Das originale *Utopia* (1516) von Thomas Morus war nur der neueste von zahllosen erfundenen Idealstaaten, die im Laufe der Jahrtausende auf dem Papier erträumt worden waren, sei es als philosophische Abhandlungen oder als Satiren auf bestehende Regierungsformen. Mitte der 1990er-Jahre wurde recht viel Wind um *New Utopia* gemacht, ein Fürstentum, das irgendwann zum »Monaco der Karibik« werden soll. Laut Plan soll es auf einer Reihe künstlicher Plattformen in seichten internationalen Gewässern errichtet werden, die über dem untermeerischen Gebirge liegen, das sich vom Süden Kubas über die Cayman-Inseln erstreckt.

Lazarus R. Long, Gründer und künftiges Staatsoberhaupt von *New Utopia,* hat seine Grundprinzipien einigermaßen detailliert umrissen. Seine Vorstellung von einem Idealstaat läuft, wenig überraschend, auf eine Art von Royalismus hinaus, wie ihn sich regierungsfeindliche US-amerikanische Hinterwäldler erträumen. Er beschreibt seine neue Nation als »konstitutionell souveränen Staat, der auf den Prinzipien des freien Unternehmertums und des Kapitalismus beruht, dessen Wirtschaft ohne Steuern auskommt und der für alle kommerziellen Unternehmungen Freiheit und Geheimhaltung garantiert«. In diesem Punkt unterscheidet sich *New Utopia* wesentlich von der *Pantisocracy,* welche die englischen Dichter und Vertreter der Romantik, Samuel Taylor Coleridge und Robert Southey, in den Zwanzigerjahren des 19. Jahrhunderts erörtert hatten. Diese jungen Idealisten planten nämlich eine im Wesentlichen sozialistische Kommune an den Ufern des Susquehanna River im amerikanischen Bundesstaat Pennsylvania; aus der Idee wurde allerdings nichts. Das Projekt von Prinz Lazarus ist ideologisch sehr viel primitiver, doch größenmäßig um einiges bombastischer und wird dazu sehr viel besser finanziert. Vielleicht hat es gerade deswegen seinerseits einen Rückschlag erlitten, nach einer zehnmonatigen Untersuchung durch die US-Börsenaufsichtsbehörde. Außerdem ist zu einem Zeitpunkt, da der Weltmeeresspiegel steigt und in der Karibik Stürme toben, schon das rein technische Problem, einen neuen Stadtstaat auf einem bloß drei Meter über dem Meeresspiegel liegenden Pfahlrost zu errichten, entmutigend. Falls Sie wissen möchten, was daraus wird, sehen Sie nach auf www.new-utopia.com.

Eben erreicht uns die Nachricht von einem etwas anders gearteten amerikanischen Unternehmen, das aber doch gewisse Gemeinsamkeiten mit den Vorstellungen von Mr Long hat. Die Rede ist vom *Freedom Ship,* dem geistigen Kind eines gewissen Norman Nixon. Statt sein neues Jerusalem auf Pfählen zu errichten, hat Nixon vor, ein gigantisches Drei-Millionen-Tonnen-Schiff zu bauen, das über einen Kilometer lang, zweihundert Meter breit, hundert Meter hoch und eine Stadt mit achtzigtausend Einwohnern sein soll, wovon fünfzehntausend die Mannschaft bilden. Zuoberst ist ein Landungsdeck geplant, das groß genug für Jumbojets sein soll. Darunter kommen dreiundzwanzig Stockwerke mit Wohnungen, Hotels, Casinos, Handelszentren, Restaurants, Krankenhäusern und Supermärkten. So, wie das Ganze angelegt ist, wird der größte Teil dieser hochseetüchtigen Stadt kaum natürliches Licht haben, da das Oberdeck dem Luftverkehr geopfert wird und nur von den allerteuersten Wohnungen (Preis bis zu 44 Millionen Dollar) und Büros ein streng rationierter Ausblick auf das Meer möglich sein wird. Alle anderen Stadtbewohner werden in einem Labyrinth von Stahlkammern und Gängen leben.

Ich kann nicht verstehen, weshalb irgendjemand in diesem schwimmenden Gefängnis mit dem ironischen Namen Räume kaufen wollen könnte, egal wie groß die Steuervorteile auch sein mögen. Doch dem Vernehmen nach stehen Kaufwillige bei Mr Nixon Schlange. Im März 2002 hat ein kleineres und exklusiveres Luxuskreuzfahrtschiff, das bescheiden *The World* heißt und Knut Klosters »ResidenSea« gehört, seine Jungfernfahrt unternommen. Da die Preise der Wohnungen bei 1,8 Millionen Dollar beginnen, dürften die Bewohner dieser noblen Adresse wohl einen entsprechenden Ausblick aufs Meer genießen. Freilich ist auch in diesem Fall die dem Unternehmen zugrunde liegende Philosophie nebulös, wenn auch geschmacklos plutokratisch. Im Wesentlichen ist *The World* ein schwimmender Luxuswohnblock, der von einem »exotischen« Hafen zum nächsten zuckelt, wo die Bewohner *Spaß haben,* oder was immer die Bewohner von Festland-Luxuswohnblöcken eben mit ihrem Leben anfangen. Mit Zimmerservice rund um die Uhr, einer chemischen Reinigung, welche die Kleider holt und bringt, und »all Ihren Lieblingsläden und Lieblingsrestaurants (...) nicht weiter als hundert Meter von Ihrer Haustür entfernt« muss das wohl so sein, als lebte man permanent in einem Hotel. Lustig wäre die Sache nur, wenn sich Knut Kloster als reicher Spaßvogel vom Schlage eines Guy Grand in Terry Southerns verfilmtem Roman *The Magic Christian* entpuppte, sein Schiff eines Tages von einem Wahnsinnigen in einem Gorillakostüm entführt würde und Peter Sellers und Ringo Starr darauf ihr Unwesen trieben.

Von den drei Unternehmungen scheint mir Mr Nixons monströse schwimmende Kaserne am ehesten zum Scheitern verurteilt. Abgesehen von den Navigationsproblemen dürften die Lebensbedingungen für die achtzigtausend Menschen ziemlich schauerlich sein, verbinden sie doch sämtliche Nachteile der Gefängnisinsel Alcatraz mit denen eines Einkaufszentrums. Bisher hat man sich daher auch vor allem mit der Lösung technischer Probleme beschäftigt. Dagegen hat man sich kaum mit den potenziellen soziologischen Fragen auseinandergesetzt, die eine Gemeinschaft von achtzigtausend Menschen aufwirft, deren gemeinsamer Nenner Risikokapital ist. Mit seiner Konzentration auf Materielles und seiner unbekümmerten Vernachlässigung des gesellschaftlichen Kräftespiels ist das Projekt das absolute Gegenteil von Coleridges und Southeys *Pantisocracy*. Sollte es je gebaut werden, wird das *Freedom Ship* bestimmt das Narrenschiff des 21. Jahrhunderts sein. *Das Narrenschiff* hieß eine Moralsatire von Sebastian Brant, das 1494 erschien und umgehend von Hieronymus Bosch, dem Spezialisten für Höllenqualen, illustriert wurde. Man braucht eigentlich keine weiteren Worte zu verlieren über das luxuriöse Kerkerdasein, das solche schwimmenden Inseln zu bieten haben; www.freedomship.com wird es dennoch mit Begeisterung tun.

Geschöpfe

Meerungeheuer

Quallen

Wale, Intelligenz und Lärm

Delfine und Menschen

Lophelia

Die Klippenassel

Quorum sensing

Meerungeheuer

Eine der Eigenheiten, die in der menschlichen Psyche fest verankert zu sein scheinen, ist die Neigung, das Unbekannte mit Ungeheuern zu bevölkern. Vor noch nicht so vielen Jahrhunderten war es in Europa gang und gäbe zu glauben, in unerforschten Landmassen wie Afrika und Südamerika wimmle es von allen möglichen mythischen und monströsen Wesen: Drachen, Einhörnern, Riesen und Menschen, deren Gesichter sich auf deren Brust befänden. Die Grenzen des Mythischen wurden von Forschung und Handel immer weiter hinausgeschoben, sodass es auf dem Festland jetzt kaum noch Orte gibt, wo sich Ungeheuer verbergen könnten.

Deshalb ist die Tiefsee für Ungeheuer zur letztmöglichen Zufluchtsstätte auf diesem Planeten geworden. Die Art und Weise, wie sie in Filmen und von der Presse meist dargestellt wird, zeugt vom anhaltenden Bedürfnis, an die Existenz von Wesen zu glauben, die unsere Vorstellungen von Normalität übersteigen, vor allem indem sie unvorstellbar riesig und wild oder aber »lebende Fossilien« sind, wie der Quastenflosserfisch *Coelacanthus*. Ich vermute, dass die romantische Hoffnung weit verbreitet ist, man könnte eines Tages ein Unterwasser-Pendant zum Hochplateau in Arthur Conan Doyles Roman *The Lost World (Die vergessene Welt)* finden, wo statt Pterodaktylen und Dinosauriern noch immer riesige Ammoniten, Plesiosaurier und Trilobiten gedeihen. Auch mir ist diese Vorstellung lieb, obschon mir ihre Unmöglichkeit bewusst ist. Doch hierbei handelt es sich eher um Sentimentalitäten als um Aberglauben. Der Wunsch nach echten Ungeheuern aus der Tiefe rührt meiner Meinung nach anderswoher und hat bei religiösen Fundamentalisten wohl mit der

Hoffnung zu tun, es möge noch etwas da sein, was die Schöpfungsgeschichte bezeugt. Aber auch weltliche Köpfe vermuten von allen dunklen Orten, dort könnten Ungeheuer hausen, bis die Vernunft mutig vorausgeht und eine Taschenlampe anknipst.

Wir haben wahrscheinlich noch fast nichts von dem gesehen, was die Tiefsee an unerwarteten Spezies und Ökosystemen zu bieten hat, wozu auch einige nahe Verwandte von Wesen gehören dürften, die man für ausgestorben gehalten hat. Doch die Taschenlampe der Wissenschaft ist unablässig auf der Suche und hat so vor Kurzem neues Licht geworfen auf die geheimnisvollen, kadaverartigen Klumpen von Materie, die in den letzten beiden Jahrhunderten, auf dem Meer treibend oder an Strände geschwemmt, entdeckt wurden. Sie sind oft riesig: viele Meter lang und mehrere Tonnen schwer, wie der weiße, gummiartige Koloss, den 1896 zwei Jungen in Florida fanden. Addison Emery Verrill von der Yale University bezeichnete ihn sofort als Überrest einer unbekannten Art von Riesenkrake. Einzelteile wurden abgehackt und an die heutige Smithsonian Institution in Washington geschickt, wo sie fast ein Jahrhundert lang in Vergessenheit gerieten. Ja, überall auf der Welt liegen in Museen und Instituten Proben rätselhaften verrottenden Fleisches herum, die zum Teil ebenso alt sind.

Jetzt haben sechs Biologen an der University of South Florida einige dieser Proben endlich einer DNS-Analyse unterzogen, und das unbarmherzige Licht der Wissenschaft enthüllte weder Ungeheuer noch Plesiosaurier. Der Klumpen aus Florida war auch kein Krake, sondern bloß ein verwesender Wal. Die Plesiosaurus-Theorie wiederum war genährt worden durch eine besondere Spielart von Kadavern, die oft einen kamelartigen Kopf, einen langen Hals und die Überreste eines langen borstigen Schwanzes zu haben scheint. Ein solches Ding wurde 1953 bei Girvan am Firth of Clyde in Schottland angeschwemmt. Weil es nachweislich kein Wal war, begrüßten es Nessie-Enthusiasten als handfesten Beweis für die Existenz ihres Lieblingsungeheuers. Zu ihrem Leidwesen konnte gezeigt werden, dass dieses Ding nur ein charakteristisches Verwesungsstadium der Kadaver großer Haie, insbesondere des Riesenhais, ist. Die Kiemen und der Unterkiefer verrotten in der Regel zuerst und fallen ab, wodurch der an einen Kamelkopf erinnernde Schädel am Ende des wie ein langer, dünner Hals wirkenden Rückgrats zurückbleibt. Sowie sich die Haut ablöst, fächern sich die Muskelfasern steif auf, sodass der Eindruck eines Fells oder Borstenkleids entsteht.

Zweifellos wird immer wieder von »Ungeheuern« berichtet werden, wenn nichtidentifizierbare, abenteuerlich aussehende Überreste angeschwemmt oder in Fischernetzen gefunden werden. Aber man könnte risikolos große Summen darauf setzen, dass nichts Ungeheuerlicheres auftauchen wird als besonders große Exemplare bekannter Arten. Riesentintenfische gibt es offensichtlich und zweifellos noch größere als die bisher gesehenen Exemplare, sodass der Krakenmythos wohl auf sie zurückgeht. Aber es sind immer noch bloß Cephalopoden und keine unbekannten prähistorischen Wunderwesen, wie sie vielen Leuten offensichtlich lieber wären. Man möchte sich wünschen, das spärliche Interesse der Öffentlichkeit für das Meer wäre nicht dermaßen auf urtümliche Fantasiewesen fixiert, sondern gälte dem, was die Wissenschaft tatsächlich aus den Ozeanen ans Licht bringt. Das Meer birgt mehr Wunder, als die meisten sich träumen lassen, und es wird durch unsere kollektive Ignoranz viel schlimmer verheert, als sie ahnen.

Quallen

Eine der letzten Sherlock-Holmes-Geschichten, *The Lion's Mane* (*Die Löwenmähne*), beginnt damit, dass sich ein halb nackter Mann tödlich verwundet den Strand hochschleppt und praktisch in Holmes' Armen stirbt. Er scheint mit einer Stahlpeitsche malträtiert worden zu sein. Wie Sherlock-Fans wissen, führen die folgenden Enthüllungen, in denen es um eine Liebesaffäre und tödliche Eifersucht geht, absichtlich in die Irre: Als Mörder wird schließlich ein riesiges Exemplar der *Cyanea capillata,* der Gelben Haarqualle, entlarvt, die aussieht wie eine schwimmende Löwenmähne.

Alle Quallen haben giftige Brennfäden, so wie alle Spinnen beim Beißen Gift absondern. Relativ wenige Spinnen- und Quallenarten sind für den Menschen gefährlich, hauptsächlich weil ihre Brennfäden oder Kiefer zu schwach sind, um unsere Haut zu durchbohren. Von den neuntausend bekannten Quallenarten sind nur etwa siebzig überhaupt dazu imstande, Menschen zu verbrennen (und von Töten ist hier noch nicht einmal die Rede). Die gefährlichste Spezies, die nordaustralische Würfelqualle (eine ihrer Unterarten ist als Seewespe bekannt), hat seit Kurzem den Ruf, lebensbedrohlich zu sein, was sich aber wohl eher auf journalistische Hysterie als auf nüchterne Statistiken zurückführen lässt, auch wenn niemand bestreitet, dass die Brennfäden dieses Tiers große Schmerzen und eine ganze Reihe von Nebenwirkungen verursachen können. Die wahrscheinlich verlässlichste Quelle zu diesem Thema ist *Venomous and Poisonous Marine Animals: A Medical and Biological Handbook* von J. A. Williamson, erschienen 1996. Ihm zufolge sind seit 1884 nur dreiundsechzig von Würfelquallen verursachte Todesfälle dokumentiert, also knapp ein Todesfall alle zwei Jahre. Es gibt allerdings Anzeichen dafür, dass diese Zahl im Steigen begriffen ist. Das kann daran liegen, dass mittlerweile besser Buch darüber geführt wird, dass es mehr Würfelquallen gibt oder (was am wahrscheinlichsten ist) dass heute viel mehr Menschen zum Vergnügen schwimmen gehen. Einiges deutet aber darauf hin, dass die Zahl der Quallen weltweit zunimmt. Und da die Ferienindustrie mit Meeressport und Tauchen vor allem in den Tropen stark wächst, lohnt es sich, diese interessanten Lebewesen genauer unter die Lupe zu nehmen, um herauszufinden, ob sie ihren schlechten Ruf verdienen.

Zumindest gebührt ihnen unser Respekt dafür, dass sie auf unserem Planeten schon länger überdauert haben als praktisch jedes andere Lebewesen. Fossile Spuren lassen vermuten, dass sie bereits in den Zeiten des Präkambriums, also vor etwa 650 Millionen Jahren, durch die Ozeane getrieben sind. In dieser unvorstellbar langen Zeitspanne (sogar die ältesten Dinosaurier sind nur etwa ein Drittel so alt wie die Quallen) scheinen sie sich kaum verändert zu haben. Das lässt darauf schließen, dass das Konzept der Qualle bemerkenswert effektiv ist und wenig evolutionäre Modifikationen nötig gewesen sind. So unwahrscheinlich dies klingen mag: Quallen sind sehr fähige Raubtiere.

Quallen gehören zum zoologischen Stamm der Cnidaria oder Nesseltiere, einer Gruppe von Lebewesen, zu denen auch Korallenpolypen und Seeanemonen gezählt werden. Ausgewachsene Quallen, auch Medusen genannt, sind schirm- oder glockenförmig, ihr Mund befindet sich an der Unterseite, und um ihn herum sind die zu Verbrennungen führenden Tentakel angeordnet. (Die berüchtigte Staats- oder Röhrenqualle gehört ebenfalls zu den Nesseltieren, ist aber keine richtige Qualle. Statt eines Schirms hat sie einen gasgefüllten Körper, der auf der Meeresoberfläche treibt und wie ein Segel funktioniert. Auch sie zieht lange giftige Tentakel hinter sich her.) Im Gegensatz zu Polypen und Anemonen, die in ihrer ausgewachsenen Form größtenteils fest verankert sind, bewegen sich fast alle

Quallen per Düsenantrieb, indem sie durch das Zusammenziehen ihres Schirms Wasser ausstoßen. Das mag einem langsam und ineffizient vorkommen, aber Quallen können bemerkenswerte Distanzen überwinden und schwimmen oft anscheinend gezielt gegen vorherrschende Strömungen und Winde an. Die meisten sind halbtransparent, sogar wenn sie farbig sind, da ihre Körper zu fünfundneunzig Prozent aus Wasser bestehen. Das ist vor allem in der Tiefsee eine ausgezeichnete Tarnung, weil sie dort – mit Ausnahme derjenigen, die leuchten – unsichtbar sind. Die übrigen fünf Prozent eines Quallenkörpers bestehen aus organischem Material wie etwa Fasern zur Versteifung des Schirms, einem Magen mit vier Kammern und einem primitiven Verdauungssystem sowie Nesselzellen, die die Tentakel bedecken. Zu den rätselhaften Eigenschaften der Quallen gehört, dass sie kein Gehirn haben; und wie sie es schaffen, ohne ein zentral organisiertes Nervensystem erfolgreiche, aktiv schwimmende Raubtiere zu sein, beschäftigt die Biologen bis heute. Sie haben nichts als verschiedene Zellarten, die als Rezeptoren für Licht-, chemische und Berührungsreize funktionieren, und ein Nervennetzwerk, das diese Informationen an die Zellen weiterleitet, welche die Brennfäden und die Kontraktionen des Schirms steuern. Sie haben keine Augen, doch besitzt vermutlich fast jede Spezies lichtempfindliche Zellen. Wie Pflanzen auch ohne ein zentrales Nervensystem Licht spüren und darauf reagieren können, indem sie ihre Blüten öffnen und schließen, ihre Blätter drehen und ihre Stiele krümmen, können sich auch Quallen höchstwahrscheinlich mithilfe des Lichts orientieren. Einerseits ist ihre Physiologie extrem primitiv, andererseits hat sie sich jedoch über so viele Hunderte Millionen Jahre bewährt, dass sie eine eigene Form von Raffinesse darstellt. Es ist so gut wie sicher, dass die Erkundung der Tiefsee noch weitere Spezies zutage fördern wird, vielleicht solche von gigantischen Ausmaßen oder mit ungeahnten Adaptionen.

Es mag seltsam anmuten, von Quallen als »Raubtieren« zu sprechen – ein Begriff, mit dem man normalerweise Tiere wie Wölfe,

Tiger, Haie und natürlich den *Homo sapiens* verbindet. Raubtiere sind sie trotzdem. Mit Schirmen, deren Durchmesser zwischen wenigen Millimetern und zwei Metern beträgt, und mit Tentakeln, die über sechsunddreißig Meter lang sein können, schwimmen sie, bis die Beute zwischen ihre Brennfäden gerät. Die kleineren Arten ernähren sich von Plankton, den winzigen Lebewesen und Pflanzen, die im Ozean treiben. Größere Quallen sind ausgesprochene Fleischfresser und vermögen recht große Krabben, Garnelen, Hummer und Fische zu töten und zu fressen. Das erklärt natürlich auch, warum ihre Brennfäden menschlichen Schwimmern Probleme bereiten können. Wie Spinnen sind auch Quallen alles andere als robuste Geschöpfe und müssen ihre Beute schnell töten oder lähmen, um Kämpfe zu vermeiden, bei denen sie verletzt werden könnten. Sie verfügen deshalb über Overkill-Kapazitäten. Da einige der größten Quallen Tentakel hinter sich herziehen, die eine Fläche von circa viertausend Quadratmetern abdecken, kommt ihre Beute wahrscheinlich nur mit einem kleinen Teil der Brennfäden in Berührung, sodass schon diese wenigen in der Lage sein müssen, eine tödliche Dosis an Giften abzugeben.

Über die Brennfäden, ihre Wirkungsweise und das Gift wird gegenwärtig weltweit intensiv geforscht, vor allem in den USA und in Australien; beide Länder haben warme küstennahe Gewässer, und an den Stränden wird das ganze Jahr gebadet. Die Tentakel sind dicht besetzt mit Nematocysten oder Nesselzellen. Jede Nesselzelle enthält eine Kapsel, die unter Druck steht und einen Nesselschlauch enthält, der mit Stacheln besetzt ist. Ausgelöst durch eine Berührung oder seltener eine chemische Reaktion, zieht sich die Kapsel zusammen, stülpt ihre Innenseite nach außen und feuert den mit Widerhaken besetzten Nesselschlauch ab. Die Kapsel ist mit Gift gefüllt, welches auch die Stacheln und Widerhaken des Nesselschlauchs überzieht und von diesen direkt ins Blut des Opfers injiziert wird. Die Widerhaken verankern die Nesselzellen dermaßen fest im Opfer, dass sie in der menschlichen Haut stundenlang stecken bleiben können und wiederholtes Waschen und Schrubben überleben. Der Vergleich mit einem Bienenstich drängt sich auf: Auch dort haben wir es mit einem verhakten Stachel zu tun, der mit einem Giftreservoir verbunden ist und in der Haut stecken bleibt; man bekommt ihn kaum heraus, ohne dabei das restliche Gift in die Wunde zu drücken. Es ist leider sehr schwierig, spezifische Anweisungen dafür zu geben, wie man die Verbrennungen durch eine Qualle reinigen soll, um die noch immer daran hängenden Nesselzellen zu deaktivieren. Essig und Alkohol sind die gängigsten Behandlungsmethoden und scheinen auch Wirkung zu zeigen. Dagegen ist es ein Fehler, Süßwasser zum Reinigen zu benutzen: Es scheint noch vorhandene Nesselzellen dazu zu stimulieren, ihr Gift abzugeben.

Quallenbrennfäden können im Körper lokale wie systemische Reaktionen hervorrufen. Da es einen meist in seichtem Wasser erwischt, sind am häufigsten Beine und Füße betroffen. Die Schmerzen sind oft gewaltig. Beim Tauchen in Südostasien wurde ich einige Male verbrannt, wenn auch nicht allzu heftig und meistens im Gesicht und an der Oberlippe, direkt unterhalb meiner Tauchermaske. Die Schmerzen wirken umso schlimmer, weil man ihre Ursache nicht sehen kann. Das Tier, das sie auslöst, kann zig Meter entfernt sein. Außerdem lösen sich Quallententakel leicht vom Körper des Tiers und behalten, wie ich vermute, die Fähigkeit zu verbrennen noch lange, wenn sie im Meer treiben. Die Ozeane sind voller verbrennender Fragmente dieser oder jener Spezies, und ich vermute, wir kennen noch nicht alle Organismen, die dafür verantwortlich sind, da sie durchsichtig und somit praktisch unsichtbar sind. Zu spüren sind sie jedoch sehr wohl, wie heiß glühende Drähte, die sich uns um den Hals oder einen Arm schlingen. Manchmal verursachen diese Brennfäden Rötungen und lokale Schwellungen; häufiger sieht man überhaupt nichts, und die Diskrepanz zwischen der Intensität des Schmerzes und dem Fehlen einer Spur auf der Haut hat etwas Unheimliches. Dann wieder hinterlassen Quallenbrennfäden dunkelviolette Striemen, die sogar Sherlock Holmes fälschlicherweise als

Anzeichen von Peitschenhieben missdeutete: gestreifte Verfärbungen, die monatelang, manchmal jahrelang, sichtbar bleiben können.

So viel zu den lokalen Hautreaktionen. Die systemischen Auswirkungen auf den Körper können viel schlimmer sein. Mindestens zwanzig Symptome sind bekannt, darunter Atembeschwerden, Kopfschmerzen, Schaum vor dem Mund, Krämpfe, Delirium und in seltenen Fällen der Tod. Wie bei Schlangenbissen ist es extrem schwierig, nützliche Verallgemeinerungen über die Auswirkungen von Quallenbrennfäden zu machen. Es kommt dabei sehr auf die Art der Qualle, auf die betroffene Stelle am Körper des Opfers, dessen Gesundheitszustand, Alter und Körpergröße an. Außerdem gibt es immer die Möglichkeit einer heftigen allergischen Reaktion. Werden sie von einer Biene gestochen, fluchen die meisten Menschen nur; doch ein paar wenige geraten schlagartig in einen anaphylaktischen Schockzustand und sterben, wenn ihnen nicht sofort Adrenalin gespritzt wird. Das Gleiche gilt für Verbrennungen durch Quallen.

Laufenden Forschungen zum Trotz ist die genaue chemische Zusammensetzung von Quallengiftstoffen noch nicht vollständig analysiert, und wahrscheinlich gibt es ebenso viele verschiedene Gifte wie Quallenarten. Die meisten sind wohl ein komplizierter Cocktail aus Enzymen und Proteinen, die den Schmerz, die Zerstörung von roten Blutkörperchen und das Absterben des Gewebes bewirken. Aus eigener Erfahrung würde ich behaupten, dass die extremen Schmerzen, die von marinen Nervengiften, inklusive derjenigen von Kegelschnecken, hervorgerufen werden, das Leben am direktesten gefährden. Ich sah einmal einen jungen Amerikaner fast ertrinken, als er dummerweise beide Hände um einen von ihm harpunierten Kaninchenfisch legte, der sich loszureißen drohte. Der Schmerz, den die giftigen Stacheln der Rückenflosse verursachten, war so heftig, dass er die Selbsterhaltungsschaltkreise des Mannes außer Kraft setzte. Dieser ließ seine Harpune mitsamt Fisch fallen, vergaß zu schwimmen und atmete Wasser ein. Mittlerweile werden Gegengifte gegen Quallen (zum Beispiel Würfelquallen und Seewespen) entwickelt, aber die wenigen, die es bisher gibt, eignen sich immer nur für eine bestimmte Spezies. Im Allgemeinen kann man lediglich die Symptome behandeln. Der beste Schutz scheint der zu sein, den australische Rettungsschwimmer anwenden: Frauenstrumpfhosen zu tragen. Dieses Material, so fein es ist, scheint Nesselzellen davon abzuhalten, ihr Gift zu verspritzen.

Geht man solchen Details nach, entsteht allzu leicht der Eindruck, Quallen seien eine solche Bedrohung, dass man nicht mehr schwimmen gehen sollte. Ich wiederhole deshalb noch einmal: Die Wahrscheinlichkeit, verbrannt zu werden, ist klein. Und die Zahl derer, die an einer dieser Verbrennungen sogar sterben, ist verschwindend klein, bedenkt man, wie viele Stunden Schwimmer weltweit im Wasser verbringen. Eben weil Todesfälle so selten sind, kommen sie sofort in die Schlagzeilen, ähnlich wie Haiangriffe. Dennoch sollten Schwimmer an ihnen unbekannten Orten die Einheimischen nach den Quallenarten fragen, die es dort gibt; dieses vernünftige Vorgehen wird allerdings dadurch erschwert, dass die meisten Leute nicht sehr begabt darin sind, die verschiedenen Arten zu identifizieren, und dadurch, dass Quallen derselben Art, wie Giftpilze, oft in Farbe und Größe variieren.

2004 wurde viel über eine plötzliche Quallenvermehrung im Lurefjord im westlichen Norwegen geschrieben. Die fragliche Spezies, eine wunderschöne dunkelrote, kegelförmige Qualle, mit dem Namen *Periphylla periphylla* (Kronenqualle) kommt überall auf der Welt vor, aber normalerweise in tiefem Wasser und selbst dort nicht in großer Zahl. Tatsächlich hatten norwegische Fischer schon seit fünfzehn Jahren berichtet, dass die Zahl dieser Quallen zunehme. 2004 hieß es dann, im hydrografisch untypischen Lurefjord wimmle es dermaßen von Periphylla, dass es dort kaum noch andere Lebewesen gebe. Dadurch, dass der Eingang des Fjords ungewöhnlich schmal und seicht ist (nur zweihundert Meter breit und kaum zwanzig Meter tief), kann das Wasser des Atlantiks das vierhundertfünfzig Meter tiefe Becken nicht ausspülen; und weil keine größeren Süßwasserflüsse in den Lurefjord münden, zirkuliert das Wasser darin kaum. Dadurch ist allerdings auch die Nahrungszufuhr beschränkt, sodass die Periphylla wahrscheinlich nach einiger Zeit ausgehungert war.

Die Gründe für die explosionsartige Vermehrung waren nicht ganz klar, doch gehörten sie möglicherweise zu einem weltweiten Phänomen mit beunruhigenden Auswirkungen, das bereits in der Beringstraße beobachtet worden war. Denn dass Quallen Schwimmern unangenehm werden können, ist die eine Sache; Quallen sagen aber auch sehr viel über steigende Meerestemperaturen und Verschiebungen des ökologischen Gleichgewichts aus. Zwischen 1994 und 2004 breiteten sich Quallen vermehrt aus, und es schadet einem lokalen Ökosystem, wenn sich »fremde« Arten (wie zum Beispiel die in der Tiefsee lebende Periphylla) neue Gebiete erobern.

Während einer Neufundlandreise 1998 sprach ich mit vielen einheimischen Fischern, die ohne große Hoffnung darauf warteten, dass der Kabeljaubestand der Neufundlandbank sich wieder erhole, nachdem dieser einst so reiche Fischgrund 1992 geschlossen worden war. Sie erzählten, die Zahl der Seehunde und Quallen habe rasant zugenommen. Das war eine schlechte Nachricht, denn sie bedeutete, dass diese Tiere den Platz in der Nahrungskette übernahmen, der früher dem Kabeljau gehört hatte. Die Quallen taten sich an den kleineren Fischen und Schalentieren gütlich, die zuvor der Kabeljau gefressen hatte, während die Seehunde sich mit anderen Fischarten wie Kapelanen vollfraßen, die nicht mehr als »Beifang« in den Schleppnetzen landeten. Das alles deutete darauf hin, dass sich das ökologische Gleichgewicht gründlich verschoben hatte – mit schlimmen Folgen für die einheimischen Fischer und die Wirtschaft des Landes.

Es kann gut sein, dass sich das Gleiche zurzeit anderswo abspielt. Es gibt immer mehr Anzeichen dafür, dass dort, wo das Meer überfischt oder das Gleichgewicht sonst wie gestört ist, jene Energie innerhalb der Nahrungskette, die früher einmal den Fischbestand gesichert hatte, nunmehr von Quallen und gewissen Planktonarten absorbiert wird; ein Vorgang, der durch das Ansteigen der Meerestemperatur wahrscheinlich noch unterstützt wird. Kommerzielle Fischereien sind auf sogenannte Spitzenprädatoren aus, also Raubfische, die an der Spitze der Nahrungspyramide stehen, wie beispielsweise Thunfische; und da sich Quallen normalerweise von der gleichen Beute ernähren wie junge und ausgewachsene Fische, lässt sich ein Zusammenhang erkennen zwischen der plötzlichen Zunahme von Quallen und der Abnahme von Fisch. Was im Lurefjord passiert ist, dürfte eine Folge davon sein, dass die Nordsee und der nördliche Atlantik jahrzehntelang durch europäische Fischereiflotten geplündert wurden, und sagt einiges über den Schaden aus, den wir dem Meer überall zufügen. In allen Teilen der Welt häufen sich die Anzeichen dafür, dass unser unbeabsichtigtes Eingreifen in die Artenvielfalt drastische Auswirkungen hat – Auswirkungen, die im Fall der Meere die Quallen begünstigen, eine uralte, zähe Lebensform, die den *Homo sapiens* mit Sicherheit überleben wird.

Wale, Intelligenz und Lärm

Laut einer US-amerikanischen Fernsehumfrage darüber, was die Zuschauerinnen und Zuschauer intellektuell beschäftigt, gehört zu den Fragen, über die allgemein nachgedacht wird: »Wenn Delfine so intelligent sind, warum kommen sie dann nicht aus diesen Netzen raus?« (Mit »diesen Netzen« sind vermutlich die ganz feinen Monofilament-Treibnetze gemeint, die vor allem von Thunfischern verwendet werden.) Wie mit Ausnahme des amerikanischen Fernsehpublikums jeder Mensch weiß, haben die Delfine (wie die Fledermäuse) ein raffiniertes Sonar- oder Echoortungssystem, das den Parametern des Delfinlebens (Nahrungssuche, Partnersuche usw.) entspricht. Es hat sich nie dazu entwickelt, etwas so Feines wie Nylon-Monofilament-Netze wahrzunehmen, so wenig wie die Sinnesorgane des Menschen darauf ausgerichtet sind, geruchlose Gase wahrzunehmen. Wenn Delfine also dumm sind, weil sie in Treibnetze schwimmen, dann sind auch die Hunderte von Menschen dumm, die jedes Jahr an Kohlenmonoxidvergiftungen sterben. Freilich sind sich die meisten Menschen darüber einig, dass dies kaum etwas mit Intelligenz zu tun hat. Die amerikanischen Fernsehzuschauer hätten also gescheiter fragen sollen: »Wenn die Wale so intelligent sind, warum werden sie dann immer wieder von Schiffsschrauben zerfleischt wie die Grönlandwale vor Cape Cod?«

Das ist viel problematischer. Es handelt sich dabei um eine bedrohte Art (den Grönland- oder Nordwal, *Balaena mysticetus*), von der wahrscheinlich nur noch tausend Exemplare existieren, obschon sie seit einem halben Jahrhundert nicht mehr gejagt wird. (Der südliche Cousin des Nordwals hingegen, der Südkaper, hat sich offenbar gut erholt.) Die noch existierenden Exemplare des Nordwals sind mit großer Sicherheit alle bekannt, haben elektronische Erkennungsmarken, ja sogar jedes einen Namen. Sie neigen dazu, sich vor Cape Cod und Boston auf einer der meistbefahrenen Wasserstraßen zu treffen. Das ist nicht sonderlich schlau, aber insofern entschuldbar, als Wale sich schon sehr viel länger in diesen Gewässern aufgehalten haben als Schiffe. Schwieriger zu verstehen ist, warum sie mit den Schiffen kollidieren.

Im Laufe der letzten dreißig Jahre hat die Zetazeen- und besonders die Walforschung unser Wissen über diese komplexen Lebewesen stark vermehrt. In der öffentlichen Wahrnehmung ist dieses Wissen jedoch nichts im Vergleich zu all den unglaublichen Eigenschaften, die ihnen von Nichtwissenschaftlern angedichtet wurden. Walbeobachter attestieren diesen Kreaturen ein unendlich ausdrucksstarkes Sprachsystem, ja die Fähigkeit, über Hunderte, vielleicht sogar Tausende von Kilometern zu kommunizieren. Man hat den Zetazeen ans Buddhahafte grenzende mystische Eigenschaften zugeschrieben und im Fall der Delfine gar die Fähigkeit, aus weiter Entfernung zu spüren, wenn ein Mensch in Not ist, und diesem flugs zu Hilfe zu eilen. (Die Berichte davon, dass Delfine Menschen auch schon bewusst ertränkt – und manchmal davor noch vergewaltigt – haben, hat man geflissentlich übersehen.) Dennoch schwimmen Wale blindlings in 500 000 Tonnen schwere Supertanker, als wären diese Schiffe aus Nylon-Monofilament gemacht. Ist das nun zutiefst mystisch oder zutiefst dumm?

Wie bekannt ist, bringen es Wale aus Gründen, die niemand versteht, auch immer wieder fertig, in Massen zu stranden. Als im Meer lebende Säugetiere sind sie natürlich ein Beispiel für frühere Landbewohner, die vor Jahrmillionen ins Meer zurückgekehrt sind. Sind ihre scheinbaren Massenselbstmorde auf einen atavistischen Wunsch nach dem Festland zurückzuführen? Sind sie Ausdruck eines existenziellen Ennuis? Oder sind sie ein Anzeichen dafür, dass ihr Orientierungsgefühl durch – wie könnte es anders sein – den Menschen versaut worden ist, durch ohrenbetäubenden Lärm, Gifte oder virale Krankheiten? Egal wie die Antwort lautet – wir können an den modernen Mythen über die Wale nicht unverändert festhalten. Wenn Grönlandwale mit ihrem raffinierten Wahrnehmungsapparat riesengroße Schiffe wirklich übersehen können, dann muss das Wort »raffiniert« überdacht werden. Und wenn die oft verwundeten Wale nicht lernen können, den lärmenden, beißenden Metallungeheuern aus dem Weg zu gehen, dann müssen ihre kognitiven und kommunikativen Fähigkeiten sehr viel weniger gut sein, als angenommen wurde. Wie jene Leute, welche die linguistischen Fähigkeiten von Schimpansen studieren, haben auch die Walforscher ihre ursprünglichen Behauptungen nach unten korrigieren müssen. Wenn diese Tiere intelligent sind, dann vielleicht nur im Vergleich zu anderen höheren Säugetieren wie Hunden, und sogar dies scheint mittlerweile zweifelhaft. Da gilt es, eine Menge Sentimentalitäten zu durchwaten. Wir betrachten Tiere wie Elefanten und Delfine deswegen als intelligent, weil wir sie abrichten können. Es ist ein Zeichen der Zeit, dass wir aus ökologischem Schuldbewusstsein nun unseren Opfern ein quasi menschliches Intelligenzniveau bescheinigen, um ihnen so Rechte zugestehen zu können.

Doch auf jeden Fall sollte diesen großartigen und bedrohten Säugetieren das Recht zu überleben zugestanden werden. Schon in unserem eigenen Interesse (denn darum geht es uns letztes Endes, auch wenn wir tun, als sei dem nicht so): Die Aufrechterhaltung der Biodiversität auf diesem Planeten ist entscheidend dafür, dass unsere Spezies überlebt. Die Frage nach der Intelligenz von Walen ist deshalb völlig unwichtig. Es spielt absolut keine Rolle, ob Wale glänzende Linguisten oder gute Mütter sind. Es gibt glaubhafte Hinweise darauf, dass der immer größere Lärm, den wir in den Ozeanen veranstalten, die Kommunikations- und Orientierungssysteme der Zetazeen übertönt. Der anhaltende Krach entstammt einer Vielzahl von Quellen: Schiffsmotoren, den von Militärs angewandten elektronischen Funkpeilgeräten und den gewaltigen und wiederholten Detonationen, die Ozeanografen und Erdölfirmen verwenden, um Profile des Meeresgrunds zu erstellen. Vor Kurzem wurden in Spanien Anzeichen dafür angeschwemmt, dass auch Riesentintenfische lärmempfindlich sind und von Lärm vielleicht sogar getötet werden können. Die Kadaver tauchten just zu jener Zeit auf, als in Küstengewässern seismische Untersuchungen angestellt wurden, in deren Verlauf Geologen 200 Dezibel starke Pulse von tiefer Frequenz in den Meeresgrund jagten. Wenn solche Töne Wale orientierungslos machen, sie betäuben und (wie behauptet wurde) bei ihnen tödliche Hirnblutungen auslösen können, geht es nicht mehr darum, wie intelligent sie wohl sein mögen. Ich vermute vielmehr, solche Töne würden auch einen Menschen umbringen, befände er sich in der Nähe ihrer Quelle.

Andererseits haben auch die lautesten Schiffsmotoren nicht das gleiche Spektrum wie eine Explosion von 200 Dezibel. Außerdem gibt es in der Gegend von Cape Cod seit mindestens einem Jahrhundert Motorschiffe. Stimmt schon, wir wissen noch nicht genug; doch insgeheim mag man denken: Wenn diese verflixten Säuger ein bisschen heller und in ihren Gewohnheiten ein bisschen flexibler wären, würden sie ihren Aktivitäten doch wohl woanders nachgehen und nicht ausgerechnet auf diesen seit Langem bestehenden Schifffahrtswegen.

Delfine und Menschen

Am Schluss von **Native Tongue (*Große Tiere*),** einem von Carl Hiaasens zum Schreien komischen finsteren Thrillern, die in Südflorida spielen, fällt der Bösewicht in ein Aquarium mit einem Großen Tümmler. Dieses Tier ist für sein Temperament bekannt, und vor den Augen der fassungslosen Zuschauer rächt es sich für die Störung, indem es den Mann vergewaltigt. Nicht weniger erstaunt ist das Opfer: »Als er zum dritten Mal unter Wasser gezogen wurde, wich seine Angst dem Gefühl tiefster Erniedrigung: Er wurde von einem verdammten Fisch zu Tode gefickt.« Die Szene ist dermaßen überdreht, dass der Autor es angebracht fand, seiner Leserschaft in einer Notiz am Anfang des Buchs zu versichern, die Darstellung abwegigen Sexualverhaltens Großer Tümmler beruhe auf Tatsachen, die beim staatlichen Meereslaboratorium von Florida dokumentiert seien.

Das entspricht ganz offensichtlich nicht dem traditionellen Bild der Beziehung zwischen Menschen und Delfinen, in dem klassische Legenden mit disneyesker Sentimentalität verquickt sind. Diesem Bild zufolge sind Delfine die Labradorhunde des Meeres: verspielt und kinderfreundlich. Altgriechischen Darstellungen von Knaben auf Delfinen entsprechen Hollywood-Filme und Fernsehserien wie *Flipper*. Ernster zu nehmen ist dagegen ein anderes Bild, wonach Delfine über eine gewaltige Intelligenz und gar über Spiritualität verfügen sollen (was nun wirklich niemand je von Labradorhunden behauptet hat). Dementsprechend haben sie hoch entwickelte Kommunikationsfähigkeiten, legen Wert auf starke Familienbande, können wie Menschen lachen und trauern und retten immer mal wieder in Not geratene Schwimmerinnen und Schwimmer. Als Anerkennung dafür, dass sie uns so ähnlich sind, werden sie ein Leben lang gefangen gehalten und bekommen Tricks beigebracht, um Unmengen fetter, Kaugummi kauender Touristen zu unterhalten. Und die Delfine tolerieren dies so gutmütig, weil sie a) in Tat und Wahrheit höhere Wesen vom Planeten Mizar X sind, die den Moment ihrer Rückkehr abwarten, oder b) weil sie Reinkarnationen Buddhas sind, für den ohnehin alles Spiel ist.

Keine dieser Beschreibungen passt zu derjenigen, die ich erstmals 1971 in einer Bar in Bangkok hörte. Ich sprach mit einem amerikanischen Journalisten, der auf dem Flottenstützpunkt in der südvietnamesischen Cam Ranh Bay gewesen war. Wir unterhielten uns darüber, dass im Rahmen des »Marine Mammal Program« der US Navy dort Delfine gehalten würden, die darauf abgerichtet seien, mit Unterwasserkameras die Häfen zu überwachen. Solche Gerüchte hatte man als Journalist schon seit Langem gehört; in einem Krieg, in dem die US Air Force über dem Ho-Chi-Minh-Pfad Milliarden von Wanzen abwarf, um die Moral des Vietcongs zu untergraben, erschien die Verwendung von Delfinen zu kriegerischen Zwecken nicht sonderlich abwegig. Das mochte wohl sein (stimmte mein Informant mir einige Singha-Biere später zu), doch was würde ich dazu sagen, wenn sie darauf abgerichtet wären, feindliche Schwimmer zu töten? So hörte ich zum ersten Mal vom berüchtigten »Swimmer Nullification Program«, dessen Existenz die US Navy später hartnäckig bestritt. Damals wusste ich ganz einfach nicht, was ich glauben sollte. Im Laufe des Vietnamkriegs waren schon so viele abwegige Praktiken ans Licht gekommen, dass meine Skepsis jeden Tag mehr gefordert war. Ich erinnerte mich daran, dass im Zweiten Weltkrieg die Sowjets Pioniere auf dem Gebiet der Verwendung von Kamikaze-Hunden gewesen waren: Diese wurden darauf abgerichtet, unter deutsche Panzer zu traben, wo eine Stahlantenne auf ihrem Rücken, sowie sie den Panzer berührte, eine Sprengladung zündete. Ich hatte auch gehört, im selben Krieg habe der amerikanische Psychologe B. F. Skinner ein Programm entwickelt, mit dem Tauben dazu abgerichtet worden seien, Bomben ins Ziel zu steuern. Da passte die Idee von Killer-Delfinen doch bestens dazu. Ein paar Jahre später stand die Idee im Zentrum des Films *The Day of the Dolphin (Der Tag des Delfins)*. Darin entdeckt ein Wissenschaftler (gespielt von George C. Scott), dass die von ihm durchgeführten Forschungen zur Intelligenz und Kommunikation von Delfinen für ein Attentat auf den amerikanischen Präsidenten missbraucht werden sollen. Der Film ist außergewöhnlich bescheuert, aber er bestätigte einmal mehr die Vorstellung, die Intelligenz unschuldiger Tiere werde pervertiert, um menschlichen Zwecken zu dienen.

Diese Idee steckt bis heute fest in den Köpfen von Verschwörungstheoretikern. 1998 wurde sie wieder laut, als an südfranzösischen Stränden Dutzende toter Delfine angeschwemmt wurden. Ein Reporter erzählte dem Londoner *Observer,* die meisten hätten »die gleiche rätselhafte Verletzung gehabt: ein sauberes, faustgroßes Loch auf der Unterseite ihres Halses«. Ein amerikanischer »Unglücksermittler« namens Leo Sheridan sagte, er sei überzeugt, dies seien von der US Navy abgerichtete Delfine, die man mithilfe von Sprengladungen in ihrem Geschirr getötet habe, »damit sie nicht in Feindeshand gerieten«. Noch 2005 hieß es nach dem Hurrikan Katrina, der Wirbelsturm habe im Golf von Mexiko »bewaffnete Delfine, die von der amerikanischen Armee dazu abgerichtet wurden, terroristische Taucher zu harpunieren und Spione unter Wasser aufzuspüren«, freigesetzt, weshalb harmlose Taucher nun Gefahr liefen, von diesen Zetazeen-Spezialeinheiten umgebracht zu werden.

Lassen wir solche paranoiden Fantasien beiseite; wahr ist, dass während des Kalten Kriegs sowohl die UdSSR als auch die USA gut finanzierte Forschungs- und Ausbildungsprogramme hatten, bei denen es um den Einsatz verschiedener Wassersäugetiere ging. Die US Navy bestreitet aber heftig, je Delfine oder Seelöwen darauf abgerichtet zu haben, Schiffe oder Taucher anzugreifen, und zwar aus dem einleuchtenden Grund, dass Delfine wie die Panzerabwehrhunde des Zweiten Weltkriegs nicht mit Sicherheit zwischen Freund

und Feind unterscheiden könnten und deshalb die Gefahr eines Eigentors groß wäre (weshalb die Panzerabwehrhunde auch ein Misserfolg waren). Außerdem dauert es lange, einen Delfin abzurichten, und es entsteht eine Bindung zwischen dem Tier und seinem Dresseur; dauernd Delfine in die Luft zu sprengen wäre somit eine absurde Vergeudung von Zeit, Geld und Dresseuren, von denen die meisten wohl unter Protest ihren Job kündigen würden. Zurzeit machen sich die US Navy und andere Marinen die sensorischen und die Tauchfähigkeiten von Delfinen zunutze. Das Echoortungssystem eines Delfins ist raffinierter und genauer als jedes elektronische Sonargerät; außerdem kommt nichts der Fähigkeit der Tiere gleich, mehrmals in die Tiefe tauchen und einen Gegenstand finden und bergen zu können, auch wenn die Sichtverhältnisse gleich null sind. Delfine können auch Minen ausfindig machen und markieren, die man sonst kaum entdecken könnte. Das Bild wehrpflichtiger Zetazeen, die dem Militär behilflich sind, ist weniger knuddelig als das der Meeresversion eines Labradorhundes, aber zur Not könnten wir sie ja als eine Art Schäferhund betrachten: Arbeitstiere, die für ihre Herrchen Aufgaben erledigen, die diese selbst nicht so effizient ausführen könnten.

Unsere Behandlung der Delfine ist ein perfektes Beispiel dafür, wie wir überhaupt mit der Natur umspringen, nämlich grundsätzlich utilitaristisch. Solange bestimmte Tiere uns nützlich sind, gestehen wir ihnen großmütig einen Sonderstatus zu. Delfine sind Arbeitstiere, wenn sie vor johlenden Massen die Zirkusnummern vorführen, die wir ihnen beigebracht haben. Sie arbeiten auch, wenn sie als therapeutische Werkzeuge für behinderte Kinder verwendet werden. Wenn sie an endlosen Experimenten teilnehmen, die Wissenschaftlern, die Sprache und Intelligenz erforschen, Ruhm und ehrenvolle Karrieren bescheren, sind die Vorteile einmal mehr ungleich verteilt. Wir schätzen Delfine für das, was sie uns geben können. Wenn wir so tun, als liege uns ihr Weiterexistieren und dasjenige anderer Meerestiere am Herzen, klingt das etwa so, wie wenn wir das Abholzen von Regenwäldern als Tragödie beklagen, weil dabei möglicherweise unbekannte Pflanzenarten verschwinden, die Heilmittel gegen Krebs oder Haarausfall gewesen wären. Es geht immer um uns.

Wie schizophren diese Haltung ist, zeigt sich daran, wie bemerkenswert passiv wir hinnehmen, dass Delfine für die globale Fischereiindustrie sogenannter Beifang sind. Beim *Pair trawling*, wobei zwei Schiffe gemeinsam ein Schleppnetz hinter sich herziehen, und beim Thunfischfang mit Beutelnetzen werden jedes Jahr Zehntausende von Delfinen abgeschlachtet. Die Urlaub machenden Familien an den Delfin-Streichelbecken nehmen die Tiere aber nur als lächelnde Flipper-Klone wahr, nicht als glückliche Überlebende eines ungeplanten globalen Genozids. Ich will damit nicht unbedingt sagen, dass wir grausame Heuchler sind, aber wir sind in unserem Eigennutz eindeutig zu kurzsichtig. Wir schaffen es nicht, über den Rand des Streichelbeckens hinauszublicken und zu erkennen, dass unser eigenes Überleben desto gefährdeter ist, je gründlicher wir die Ökologie der Ozeane unseres Planeten zerstören. Maritime Freizeitparks und Zoos sind zu einer Art schweigendem Eingeständnis unserer Destruktivität gegenüber der Umwelt geworden. Wir übersehen, wie absurd es ist, eine Handvoll Tiere ihrer Nützlichkeit und ihres Kassenerfolgs wegen zu privilegieren. Das ist die gleiche Art pervertierter Moral wie die, die uns für traumatisierte irakische Waisen Geld sammeln lässt, während mit unseren Steuergeldern die Bomben gekauft werden, die sie überhaupt erst zu Waisen machen.

In letzter Zeit hat es freilich Anzeichen dafür gegeben, dass die Natur zurückschlägt. Das kriminelle Sexualverhalten des Delfins, das in Carl Hiaasens Roman so unvergesslich geschildert wird, ist nur ein Fall von vielen, die nahelegen, dass unser sentimentales Bild vom Delfin gründlich revidiert werden sollte. Es häufen sich Berichte darüber, dass Delfine gegen Menschen sowie untereinander aggressiver werden. So gab es tödliche Rempeleien, bei denen Delfine die Bäuche von Artgenossen dermaßen heftig rammten, dass deren innere Organe rissen: Das ist die Technik, mit der Delfine manchmal Haie töten. Vielleicht hat es solche Fälle immer schon gegeben; doch dass

Delfine menschliche Schwimmer beißen und sexuell attackieren, das ist neu. Diese zunehmende Gewalttätigkeit wurde ebenso bei wild lebenden wie bei in Gefangenschaft lebenden Delfinen beobachtet und wird als Reaktion auf zunehmenden Stress, steigende Geräuschpegel und den generell ungesunden Zustand des Meers wie von Seeparks gesehen. Der Mensch ist schlicht und einfach zu präsent im Dasein von Wesen, die nun einmal für ein Leben in freier Wildbahn gemacht sind.

Interessanterweise lässt sich etwas Ähnliches bei Elefanten in Afrika beobachten. Wie die Delfine gelten auch die Elefanten generell als intelligent, umgänglich und zutraulich, als Wesen mit starken familiären Bindungen und der Fähigkeit zu trauern. Das Vordringen des Menschen in ihre Territorien, die verbreitete Wilderei, derentwegen immer mehr Elefantenkälber verwaisen, und der wachsende Stress, weil die Tiere einfach nicht in Ruhe gelassen werden, scheinen dazu zu führen, dass es immer mehr aggressive Einzelgänger gibt. Da die intelligenteren Arten der Tierwelt in ihren ehemaligen Territorien zunehmend in die Ecke gedrängt werden, weil *Homo sapiens* nicht müde wird, sie abzuschlachten und ihren Lebensraum zu erobern, wäre es nicht erstaunlich, wenn Symptome akuter Erschöpfung und geistiger Verwirrung allgemein zunähmen.

Im Jahr 2002 wurden Schwimmerinnen und Schwimmer in der Nähe des englischen Küstenbadeorts Weymouth vor einem sexuell aggressiven Delfin gewarnt: Seine hartnäckigen Versuche, sich mit Schwimmerinnen zu paaren, könnten tödlich ausgehen. Ungefähr zur gleichen Zeit war aus der *Sea World Ohio* zu hören: Von vierundzwanzig im Laufe von fünf Jahren gemeldeten Fällen aggressiven Verhaltens gefangener Delfine waren zweiundzwanzig gegen Frauen und bloß zwei gegen Männer gerichtet. Vielleicht hatten die alten Griechen doch recht: Beim Reiten auf dem guten alten Flipper sind unsere Söhne weniger gefährdet als unsere Töchter.

Lophelia

Ende September 1999 rief mich aus einem britischen ozeanografischen Forschungszentrum ein Freund an, der sich vor Lachen nicht einkriegen konnte. »Dieser Planet ist so was von kaputt!«, sagte er. »Der neueste Hammer ist, dass sie entdeckt haben, dass um die Beryl-Alpha-Bohrinsel in der Nordsee Lophelia wächst. Wir haben uns am Boden gewälzt, als wir das hörten. Was machen jetzt die Ökofreaks?«

Lophelia pertusa ist eine Art von Koralle, doch im Gegensatz zu den bekannteren tropischen Arten gedeiht sie in dunklem, kaltem Wasser. Dass es von westlich der Shetland-Inseln bis zum Norwegischen Becken (außerdem im Indischen Ozean und im Pazifik) kleine verstreute Kolonien davon gibt, wissen die Wissenschaftler seit mehr als einem halben Jahrhundert. Doch als im Sommer 1997 Ölbohrungen in diesen Gewässern angekündigt wurden, erfuhr auch die britische Presse von der Existenz von Lophelia, und eine Zeit lang wurde sie zur *cause célèbre*. Höchst fantasievolle Karten wurden publiziert, die ein riesiges Korallenriff zeigten, das sich nördlich der Britischen Inseln erstreckte, und man deutete an, es handle sich um eine gefährdete Spezies.

Damit wurde auf das aus Dokumentarfilmen stammende Bild in den Köpfen des Publikums zurückgegriffen: Korallenriffe als farbenprächtiger Lebensraum einer unendlichen Vielfalt von Fischen und Meerestieren, die sich im sonnendurchfluteten blauen Wasser tummeln. Das war weniger unredlich als vielmehr bewusst irreführend. Denn Lophelia braucht zum Leben keine Fotosynthese; sie begnügt sich mit eisiger Dunkelheit, bis in eine Tiefe von vierhundert Metern. Sie bildet auch keine Barriere- oder Wallriffe, sondern kommt in der

Regel in isolierten Gewächsen von ein paar Metern Höhe vor. Greenpeace berief eine Sitzung ein und kündigte an, man werde sich mit allen Kräften um eine gerichtliche Verfügung gegen die Ölgesellschaften bemühen.

Als diese Artikel erschienen, riefen Ozeanografen und Ozeanologen einander an. Sie konnten sich, je nachdem, vor Lachen kaum halten oder waren starr vor Empörung. Die Darstellungen in der Presse waren so abwegig, dass es krachte. In einem Klima sofort aufflackernder Hysterie wurde einmal mehr ein komplexes wissenschaftliches Thema nach dem bewährten polarisierenden Muster »tugendhaftes Greenpeace gegen großes böses Öl« abgehandelt. Es war wirklich zum Lachen.

Zwei Jahre später nun rief mein Freund an, um mir zu erzählen, dass südlich des vermuteten Lophelia-Lebensraums zwanzig Jahre alte Korallengebilde entdeckt worden waren, die um die Beine verschiedener alter Bohrinseln wuchsen. Letztere waren natürlich Konstruktionen, deren Beseitigung die grüne Lobby seit Langem lautstark forderte. Was nun? Würde sich Greenpeace ironischerweise für die Erhaltung dieser verhassten Symbole ökologischer Zerstörung einsetzen müssen, weil sie nun zu kostbaren Lebensräumen geworden waren?

Für den, der in ozeanologischen Fragen auf dem Laufenden war, war die Lophelia-Sache nichts Neues, insbesondere in der Nordsee. Bekannt war schließlich auch, dass, ebenso ironischerweise, Bohrinseln mittlerweile beinahe den einzig günstigen Lebensraum bieten, in dem Fische sich ernähren und Schutz finden können, denn nur dort kommen keine Schleppnetze hin.

Zwei Aspekte dieser Angelegenheit empfinde ich als erfreulich und tröstlich. Da ist zum einen die Unverwüstlichkeit des Lebens: dass Lebewesen sich absurderweise darauf versteifen, gerade da zu gedeihen, wo dies den Apokalyptikern zufolge nicht möglich sein soll. Seit Jahren wissen wir von den unglaublichen Schadstoffen, die in den Abfallbergen lagern, welche die Bohrinseln hinterlassen haben: Toxine, die vor allem aus dem Bohrschlamm und den beim Bohren verwendeten Gleitmitteln stammen und Schwermetalle und Kohlenwasserstoffverbindungen enthalten. Doch gleichzeitig sind diese Abfallberge der Lebensraum von Meeresbodenbewohnern, von denen wiederum Fische sich ernähren.

Das Zweite, was mich fröhlich stimmt, ist der Schuljungenhumor, der Naturwissenschaftler beiderlei Geschlechts oft verbindet. Viele von ihnen sind so langweilig und bürokratisch wie Menschen in anderen Berufen auch. Doch ein gesunder Anteil von ihnen ist anders: Frauen und Männer in Forschungszentren überall auf der Welt mailen einander nicht nur dauernd die neuesten obszönen Witze, sondern auch satirische Kommentare und skandalöse Neuigkeiten aus ihrem Arbeitsgebiet. Sie alle sind umweltbewusst; den meisten liegen die Würmer, Schleime und Korallentiere, die sie erforschen, sehr am Herzen. Kein Einziger von ihnen ist der Meinung, die massive Ölproduktion sei der Meeresfauna und -flora der Nordsee zuträglich, genauso wenig wie sie meinen, dass Schiffsuntergänge etwas Gutes seien, da Wracks wertvolle Lebensräume bieten. Recht viele haben von Greenpeace eine hohe Meinung. Doch gleichzeitig ist ihnen ständig bewusst, welche Kluft zwischen ihrem Wissen von den Realitäten des Meeresgrunds und dem Wissen der Öffentlichkeit klafft; und dass ihre wissenschaftlichen Daten für politische Zwecke benutzt und missbraucht, Tatsachen verdreht, Gewichte verschoben und Unsicherheiten als sichere Erkenntnisse ausgegeben werden. Da dem so ist, empfiehlt es sich, einen fatalistischen Sinn für das Absurde zu kultivieren. Denn schließlich ist das eben Beschriebene nur einer der zahllosen Gründe, warum dieser Planet so was von kaputt ist.

Kein anderes Wesen erinnert mich so sehr an Familienferien am Meer wie die Klippenassel, *Ligia oceanica*. Dabei handelt es sich um den kleinen Isopoden, den man oft über Felsen – nun ja – asseln sieht, die unmittelbar über der Wasserlinie liegen. Ich erinnere mich an die Angewidertheit mancher Leute, als handle es sich um eine Art Meereskakerlake. Ich hingegen konnte stundenlang bäuchlings, mit einem dünnen Badetuch als einzigem Polster, auf unbequemen Felsen liegen, die kleinen Kerle beobachten und ab und zu ein Sandwich-Bröckchen in einer Felsspalte verstecken, um zu sehen, wie lange sie brauchen würden, bis sie es entdeckten. Ich glaube, die Klippenassel war das erste Wesen, das mir klargemacht hat, dass Leben überall möglich ist. Wenn scheinbar kahle Felsen und angespülter Müll so viele Wesen am Leben erhielten, dann musste mir auf der mikroskopischen Ebene offensichtlich eine Menge entgangen sein.

Die Isopoden gehören zu den Krustentieren, ebenso wie Rankenfußkrebse, Krabben, Garnelen, Hummer und Langusten. Die Körper der Isopoden sind in der Regel flach, oval und segmentiert. Sie haben eine Vielzahl gleich langer Beine (daher der Name). Die meisten sind höchstens einen Zentimeter lang und unauffällig, da sie sich farblich oft der Umgebung anpassen können. Man kann verschiedene Arten sehen, wenn man an einem Strand angeschwemmtes Seegras umdreht. In der Regel leben sie im Meer, einige von ihnen als Parasiten von Garnelen, Hummern oder auch Fischen, in deren Kiemen sie hausen und deren Gewebe sie anzapfen. Andere, wie die Holzbohrassel, fressen Holz dermaßen rasant, dass das Bauholz für einen Pier behandelt werden muss, weil dieser sonst binnen zweier

Jahre zusammenfiele. Die größte Spezies der Isopoden, *Bathynomus giganteus,* kann über fünfzehn Zentimeter lang werden und lebt am Grund der Tiefsee in der Nähe der Bahamas. Dieses vergleichsweise große rosa Tier, die Albtraumversion einer Kellerassel, ist ein letztes Überbleibsel der Riesenasseln, deren Vorfahren sich als Fossilien in Kreidezeitschichten finden. Seine Mandibeln sind scharf und stark genug, um ein Nylonseil durchzunagen.

Einerseits ergattert die Klippenassel ihren Lebensunterhalt (der zuweilen luxuriös ergänzt wird durch die Picknicke von Urlaubern) an Stränden, andererseits kann sie als ausgewachsenes Tier nicht unter Wasser leben, obschon sie sich im Meer für kurze Zeit durchaus wohlfühlt. Deshalb hat sie die Zone über der Gezeitenmarke besiedelt. Manche Biologen sind der Ansicht, diese nahe Verwandte der Kellerassel befinde sich in einem Übergangsstadium zwischen Meer und Land und in ihr könnten wir ein Meerlebewesen sehen, das auf dem Weg sei, das Meer zu verlassen. Sehen wir sie auf den Felsen herumhuschen, sollten wir uns vor Augen führen, wie absurd beschleunigt unsere Vorstellung von der Evolution ist. Wenn in Büchern Sätze stehen wie »Als die fernen Vorfahren des Menschen das Meer verließen«, dann klingt das, als hätten sie das spontan, im Laufe eines verlängerten Wochenendes getan. In ein paar Millionen Jahren können unsere Nachfahren dann vielleicht beurteilen, ob die Klippenassel wirklich ein Landlebewesen ist oder nicht.

Seit Langem verwendet man Krustentiere bei Experimenten zur Erforschung der Physiologie von Nerven und Muskeln. Besonders hat man sich dafür interessiert, wie ihre Nervensysteme ihre Herzen steuern. Bis vor Kurzem glaubte man, die Herzen aller Krustentiere schlügen neurogen, was bedeutet, dass der Herzmuskel von einem »Schrittmacher«, nämlich dem Herzganglion, gesteuert wird. In jüngster Zeit haben japanische Biologen die Isopoden in Augenschein genommen und festgestellt, dass das Herz der Klippenassel in ihrer embryonalen Form nicht von diesem Schrittmacher beherrscht wird, sondern myogen schlägt, das heißt, dass sich der Muskel unabhängig von Nervenreizen zusammenzieht und entspannt. An einem bestimmten Punkt ihrer Entwicklung wird die Steuerung aber vom Herzganglion übernommen. Wie genau – und warum – dies geschieht, ist noch unklar.

Egal wie die Dinge liegen: Mir genügt es, zuzuschauen, wie dieses winzige Strandlebewesen ein kaum sichtbares Fetzchen Tang frisst, und darüber zu staunen, dass es überhaupt ein Herz besitzt. Man kann es sich vorstellen: ein röhrenförmiges Organ, das unter dem Rückenpanzer des Tierchens liegt und ungefähr von dessen Körpermitte bis zum Schwanz reicht. Aus irgendeinem Grund lässt es mich an die unaufhaltsame Macht der Evolution denken: wie die schwerfällige Riesenfabrik des Ozeans erfinderisch Myriaden von Lebewesen hervorbringt, dabei laufend einige an den Rand drängt und hinauf auf den Strand bugsiert, damit sie in ferner Zukunft das Festland bevölkern. Ich bewundere die Hartnäckigkeit der Klippenassel, die bald durch tonnenschwer hereinbrechende Wassermassen von den Felsen gespült wird, bald sich vor des Tages Hitze schützen muss, indem sie sich in einer feuchten Felsspalte zu einem Kügelchen zusammenrollt. Sie kann drei Jahre alt werden und in ihrem letzten Lebensjahr achtzig Junge hervorbringen. Sie meistert ihr Schicksal in zwei Welten, alldieweil ihr Riesenherz in einem uralten Rhythmus auf eine Weise schlägt, die wir noch nicht verstehen.

Quorum sensing

Zu den interessantesten neueren Entdeckungen bei der Erforschung von Lebensmechanismen gehört diejenige des *quorum sensing*. Anfang der 1970er-Jahre experimentierten Meeresbiologen mit einem verbreiteten biolumineszenten, also Licht ausstrahlenden Bakterium namens *Vibrio fischeri*. Sie wollten wissen, warum dieses Wesen nur dann leuchtete, wenn seine Population eine gewisse Dichte erreicht hatte. Wie konnte ein dermaßen simpler Organismus die Anwesenheit von Artgenossen wahrnehmen, geschweige denn »wissen«, wie zahlreich sie waren? Wie sich herausstellte, produziert das Bakterium ein »Autoinduktor« genanntes Kleinmolekül. Erreicht dieses Molekül in einem lokalen Bereich eine genügend hohe Konzentration, aktiviert es das Leuchten des Organismus. Die Fähigkeit des Bakteriums, die Anwesenheit von Artgenossen zu registrieren, wird als *quorum sensing* bezeichnet. Schlagartig wurde klar, dass Bakterien dank diesem Mechanismus miteinander »sprechen« können, indem sie statt Wörtern kleinmolekulare Botenstoffe verwenden. Das war eine Offenbarung.

Seither ist mit Dutzenden verschiedener Bakterien viel geforscht worden. *Quorum sensing,* hat sich gezeigt, gehört zu einem Komplex von Fähigkeiten, die es Bakterien ermöglichen, ihr Verhalten zu koordinieren. Es erlaubt ihnen die rasche Anpassung an sich verändernde oder bedrohliche Umweltbedingungen. Infizieren pathogene Bakterien einen Wirt menschlicher, tierischer oder pflanzlicher Natur, müssen sie ihre Virulenz koordinieren, damit sie den Wirt überwältigen können, bevor dessen Abwehrsystem aktiviert wird. Aus diesem Grund stehen *quorum-sensing* Mechanismen zurzeit im Zentrum agrikultureller und pharmazeutischer Forschungen. Es ist mittlerweile anerkannt, dass verschiedene Bakterienarten verschiedene Moleküle verwenden, um zu kommunizieren, und sogar, dass eine Spezies über mehr als nur ein *quorum sensing*-System verfügen kann. Außerdem sieht es so aus, als sei auch artenübergreifende Kommunikation möglich. Unweigerlich stellt man sich eine Bakterien-»Sprache« vor, die aus Molekül-Wörtern mit klaren Bedeutungsunterschieden besteht. Noch mehr zu denken gibt vielleicht das verwandte Phänomen, dass koordinierte Massen von Bakterien sich deutlich anders verhalten als dasselbe Bakterium unterhalb einer gewissen Populationsdichte. In dieser Beziehung scheint es auf unheimliche Weise das Verhalten von uns Menschen nachzuahmen, verhält sich ein Einzelner doch ganz anders als eine Menschenmasse.

All dies bringt uns dazu, über Populationen sehr viel größerer Lebewesen nachzudenken, insbesondere darüber, an welchem Punkt eine Spezies »beschließt«, auszusterben. Zwei Vogelarten sind klassische Beispiele dafür. Der flugunfähige Riesenalk starb um 1844 aus. Die letzte große Kolonie von Zehntausenden dieser Vögel existierte auf einer Insel vor Neufundland. Jedes Jahr schlachteten vorbeifahrende Seeleute diese Vögel in großer Zahl, doch nachdem die Kolonie auf zehntausend Vögel gesunken war, machten diese keinerlei Versuch, sich zu retten (indem sie zum Beispiel zu nahe gelegenen Nachbarinseln geschwommen wären). Es war vielmehr, als hätten sie sich auf ein gemeinsames Kommando hin aufgegeben. Mit anderen Worten: Der Riesenalk starb aus, als noch Tausende Exemplare lebten.

Der andere Vogel ist die berühmte Wandertaube. In den Dreißigerjahren des 19. Jahrhunderts machte diese Vogelart allein vierzig Prozent der Vogelpopulation der USA aus. Damals beschrieb der Ornithologe und Maler John James Audubon einen Wandertaubenschwarm, der so dicht war, dass er die Sonne verdunkelte, und so groß, dass es drei Tage dauerte, bis er vorbeigezogen war. Im Jahr 1900 gab es nur noch eine wild lebende Wandertaube. Das allerletzte

Exemplar starb 1914 im Zoo von Cincinnati. Doch warum? Die Wandertaube konnte schnell fliegen, ihr Nistzyklus dauerte nur dreißig Tage, dennoch verschwand sie im Lauf eines einzigen Menschenlebens. Die Ursache scheint weniger die Dezimierung durch Jäger gewesen zu sein, als dass die Riesenschwärme in verstreute lokale Populationen aufgesplittert wurden, weil die USA immer gleichmäßiger von Menschen mit ihren Industrien besiedelt wurden. Irgendeine evolutionäre Absonderlichkeit bestimmte, dass die Wandertaube nur in Riesenschwärmen überleben konnte. Sowie diese aufgesplittert wurden, war die Wandertaube zum Aussterben verurteilt.

Es sollte uns daher zu denken geben, dass zum Beispiel der Kabeljau – allen Expertenvoraussagen und einem zehnjährigen Fischereimoratorium zum Trotz – im Gebiet der Großen Neufundlandbank nicht wieder heimisch geworden ist. Wie es aussieht, wird er dies nie mehr tun. Vielleicht bewirkt sein *quorum sensing*, dass seine Abwehr gegen den dauernden Raubbau des Überfischens von einem gewissen Punkt an endgültig zusammenbricht. Vielleicht ist der Todestrieb nicht nur ein psychoanalytisches Konzept, sondern vielmehr etwas, das allem Leben auf diesem Planeten innewohnt. Vielleicht gilt eben nicht für jede Lebensform, dass das Leben der Güter höchstes ist. Vielleicht aber auch hält es, gerade weil es der Güter höchstes ist, nur ein gewisses Maß an Verheerungen aus. Es ist zu hoffen, dass dies für von Natur aus einzelgängerische Arten wie Tiger und Kondor nicht zutrifft, die große Reviere brauchen.

Zu denken geben sollte uns vielleicht aber auch unsere eigene Situation. Der Mensch hat Lebewesen, ja sogar verwandte Stämme, immer schon bis zu ihrer Ausrottung gejagt. Unseres genetischen Erbes wegen sind wir die dominante Spezies dieses Planeten (zumindest unserer Ansicht nach). Allerdings sind wir ganz entschieden in der Minderzahl gegenüber Bakterien aller Art, die es Millionen Mal länger auf dieser Erde gibt als den *Homo sapiens*. Wer weiß, vielleicht ist hinter unserem Rücken eine bestimmte Bakterienart (am wahrscheinlichsten eine marine) in diesem Augenblick dabei, die weltweit ausreichend große Zahl zu erreichen, um die Machtverhältnisse ein für alle Mal zu ändern. Die nächste Frage lautet: Gibt es auch für uns einen Punkt, an dem wir einfach aufgeben würden? Ich muss gestehen, manchmal hoffe ich, dem sei so.

Fischfang

Tiefwasser-Schleppnetzfischerei

Hoch oben in der *Atlantic Challenge:* Das Gesicht des Kapitäns wird von Bildschirmen erhellt, dem Radar, dem Echolot, Navigationscomputern und Seekarten. Außerhalb der nach innen geneigten Fensterscheiben des Ruderhauses ist nichts sichtbar – kein Licht, kein Stern, kein Horizont. Es ist 2:40 Uhr, und wir befinden uns dreißig Seemeilen nordwestlich von St. Kilda im eisigen Atlantik vor der Spitze der Äußeren Hebriden. Plötzlich beugt sich John Buchan über das Mikrofon der Lautsprecheranlage und scheucht seine Mannschaft in schnarrendem Schottisch aus ihren Kojen und Kabinen. Minuten später beginnen die sechs Männer in gelbem und orangem Ölzeug, Schutzhelmen und Schwimmwesten ihr muskulöses Ballett. Die Schleppnetze mit ihren zwei Tonnen schweren Scherbrettern auszubringen ist eine gefährliche Arbeit, die einem präzisen Ablauf folgt und auf dem stampfenden Stahldeck perfekte Zusammenarbeit erfordert. Die beiden Netze mit ihren verschiedenen Kugeln und Schäkeln gleiten über die Heckrampen, gefolgt von rasselnden Ketten. Die Männer vollführen Ausweichsprünge und fuchteln ihren Kollegen an den Winden Signale zu. Schließlich sind nur noch drei straff gespannte Kabel zu sehen, die stetig abgespult werden, während die Schleppnetze hinter dem Schiff hinabsinken, bis sie in einer Tiefe von 526 Faden (ungefähr ein Kilometer) den Meeresgrund erreichen. Dort werden sie einen hundertzwanzig Meter breiten und fünfzehn Meter hohen Doppelrachen bilden, der während der nächsten fünfeinhalb Stunden mit der gleichmäßigen Geschwindigkeit von sechs Knoten über den Meeresboden gezogen werden wird.

An Bord eines schottischen Trawlers zu sein, ist keine neue Erfahrung für mich, doch dies ist das erste Mal, dass ich mit einem Trawler auf den tiefen Atlantik hinausfahre statt auf die seichte Nordsee. Tatsächlich betreibt Captain John Buchan mit seinem achtzehn Monate alten Schiff eine relativ neue Form des Fischfangs: Tiefwasser-Schleppnetzfischerei. Bei einer Wissenschaftlerkonferenz, an der ich im Mai 2000 teilnahm, hielt ein Ozeanologe einen Vortrag über die ökologischen Schäden an bis dahin unberührten Tiefseelebensräumen, über die man noch viel zu wenig weiß. Auf dem von ihm gezeigten fotografischen Material waren Schleppnetzspuren in einer Tiefe von 2300 Metern zu sehen, was beweist, welch ungeheure technische Möglichkeiten der modernen Fischerei mittlerweile zur Verfügung stehen.

Dass diese überhaupt entwickelt wurden, geht auf ein Versagen zurück: die Unfähigkeit, die Fischbestände seichterer Gewässer auf einem vernünftigen Niveau zu erhalten. Das andauernde Überfischen der Nordsee ist ein politischer und regulatorischer Fehler, wie er weltweit in den großen Fischereizonen gang und gäbe ist: Besonders in Erinnerung geblieben ist der 1992 erfolgte Zusammenbruch der vierhundert Jahre alten Kabeljaufischerei im Gebiet der Großen Neufundlandbank. In jedem dieser Fälle haben technische Fortschritte das Umschlagen von Boom in Ruin mindestens beschleunigt. Moderne Fischereimethoden sind von einer solch brutalen Effizienz, dass praktisch noch der letzte Hering eines Schwarms eingefangen und in die Kühlräume eines Schiffs befördert werden kann. Das typische Szenario ist, dass mehrere Schiffe in denselben Fischgründen auftauchen und oft sehr viel verdienen, indem sie möglichst schnell möglichst viel fangen. Doch mit diesen lukrativen Riesenfängen ist es dann bald vorbei: Die Fische können sich nicht schnell genug fortpflanzen, um mit ihrer Dezimierung Schritt zu halten; die Bestände brechen zusammen, worauf die Fischer entweder arbeitslos werden, sich auf andere Fischarten verlegen oder in anderen Gewässern ihr Glück versuchen. Diese anderen Gewässer sind heute immer tiefere, da neue, technisch immer besser ausgerüstete Fahrzeuge den Kontinentalsockel entlang immer weiter unten nach ungenutzten Fischpopulationen suchen. Die Parallelen zur Ölindustrie sind offensichtlich.

Um neun am nächsten Morgen bremst John Buchan die *Atlantic Challenge* fast auf null, um mit dem Einholen zu beginnen. Sogleich ertönt das charakteristische Wimmern der Winden. Seine Männer – die meisten haben noch eine weitere Funktion wie Erster Maschinist, Erster Offizier, Schiffskoch – legen wieder ihr Ölzeug und die Schutzhelme an. Die Kabel und die Ketten kommen die Heckrampe hochgerasselt, und ihr Lärm erfüllt das ganze Schiff. Das aus ihnen gewrungene Atlantikwasser strömt aus den Windentrommeln. Der Kapitän hat seinen nach vorn gewandten gepolsterten Stuhl verlassen und steht jetzt an der heckwärts gelegenen Konsole mit den Bedienungsknöpfen und Schalthebeln für die Schleppnetze und die dazugehörenden Winden. Auf dem nassen Deck unten sind auf die nackten Kurrleinen Ketten gefolgt, und dann tauchen die ersten Abstandhalter aus Gummi auf. Eine orange gekleidete Gestalt hebt eine Hand, und John stoppt die Winden. Die Männer machen an den Schleppnetzketten andere Schäkel fest und lösen die Kurrleinen. Jetzt tauchen die ersten Teile der blauen und gelben Netze auf und werden auf Trommeln mit weit auskragenden Rändern gewunden. Ihre Maschen stecken voller grotesker schwarzer Köpfe mit offenen Mäulern und gezackten Zähnen. Das sind Schwarze Degenfische, eine in der Tiefe lebende Fischart, die jahrhundertelang vor Madeira geangelt wurde und auf dem kontinentaleuropäischen Markt immer höher gehandelt wird. Diese Fische, deren Köpfe aussehen, als gehörten sie erdrosselten Schlangen, sind nur ein paar verstreute Exemplare, die mit den Netzen auf die Trommeln gewunden werden; doch für den ängstlich gespannten Kapitän deuten sie darauf hin, dass ihresgleichen diesmal wohl einen guten Teil des Fangs ausmacht.

Schließlich tauchen die Sterte auf, die hintersten Teile der Netze, mit dem Hauptfang. Nebeneinander kommen sie die Rampe hochgeglitten, jedes zum Platzen voll mit ungefähr zwei Tonnen verschiedener Leiber. Taue werden um die Netze gelegt, dann werden die Verschlüsse der Sterte gelöst. Zwei Eisenluken öffnen sich im Deck. Auf ein Signal hin werden die Sterte angehoben, vier Tonnen toter und sterbender Meeresbewohner glitschen in den Fischraum, und die Luken fallen zu. Sogleich machen die Männer die Netze wieder zum Ausbringen bereit. Das eine ist etwas zerrissen und wird fachmännisch geflickt. Wenig später sind die beiden Schleppnetze wieder in die Tiefe gesunken, und die *Atlantic Challenge* hat ihren Kurs entlang eines steilen unterseeischen Berghangs wiederaufgenommen. Vom Einholen bis zum erneuten Ausbringen der Netze sind siebzig Minuten vergangen. Auf dem Deck liegen bleiche sterbende Krabben, von den Netzmaschen zerquetschte Fische und da und dort ein Seestern.

Jetzt geht die Mannschaft nach unten zum Ausnehmen. Ein Fließband bringt aus dem Laderaum Fische hoch, die von den bereitstehenden Männern verarbeitet werden. Der größte Teil des Fangs sind Schwarze Degenfische, vom Standpunkt der Mannschaft aus lästige Kunden, da sie vor dem Ausnehmen geköpft werden müssen; es sind Tausende, und jeder ist so glitschig wie ein geölter Ledergürtel. Dazwischen befinden sich noch andere Arten: Grenadiere bzw. Rattenschwänze (deren Schwänze gestutzt werden), ein paar Blaulenge (leicht auszunehmen) und zwei Dutzend Portugiesenhaie, in der Industrie Sikihaie genannt. Es sind tatsächlich kleine Haie, in der Regel einen Meter lang, mit rasiermesserscharfen Zähnen, rauer brauner Haut und wunderschönen gelbgrünen Augen, die im dunklen Chaos des Fischraums wie Neonlampen leuchten. Wie die Krabben scheinen auch die Sikihaie gegen den Schock, aus einem Kilometer Tiefe plötzlich hochgerissen zu werden, resistenter zu sein, weshalb mehrere von ihnen inmitten der Kadaverhaufen noch immer zucken und sich winden. Viele Fische weisen Anzeichen von akutem Druckverlust auf: Ihre Augen treten aus den Höhlen, und ihre Schwimmblasen quellen grotesk aus ihren Mäulern. Mir fällt ein Sikihai auf, der zwischen den Kadavern auf seinem Rücken liegt und mit dem Schlingern des Schiffs hin und her rollt. Plötzlich geht ein krampfartiges Zittern durch seinen Leib, und er gebärt. Das Junge ist ungefähr sechzehn Zentimeter lang, schwarz, seine Augen sind kleine leuchtende Perlen von der gleichen Farbe und Intensität wie die seiner sterbenden Mutter. Ihm folgen im Laufe der nächsten drei Minuten fünf Geschwister, blindlings winden sie sich durch die Haufen toter Fische, auf ihrer hoffnungslosen Suche nach dem Leben erhaltenden Meer.

Die behandschuhten Männer brauchen fast drei Stunden, um die kommerziell wertvollen Fische zu verarbeiten und in die verschiedenen Trichter zu werfen, die in den Kühlraum unten führen. Auf dem Förderband bleibt ein Durcheinander von Innereien, Köpfen und Beifang zurück, das über Bord gespien und von den riesigen Schwärmen wartender Meeresvögel aufgeschnappt wird, die das Schiff selbst nachts umkreisen. Als Beifang gilt alles, was sich nicht verkaufen lässt: kommerziell nicht verwertbare Fischarten, zu kleine Exemplare von den verwertbaren, Krabben, Seeigel, Seesterne, Tintenfische und Kraken. Schöne, sechzig Zentimeter lange Fische werden ohne Umschweife als Abfall weggeschmissen. Nicht selten ist bei einem Vier-Tonnen-Fang eine Tonne solcher »Wegwerf-Fische« dabei. Man hat immer mal wieder versucht, manche von ihnen zu verwerten, insbesondere den Glattkopf *(Alepocephalus bairdii)* genannten großen braunen Fisch, doch anscheinend verwandelt sich sein Fleisch, egal wie es zubereitet wird, in gelatinösen Glibber. Da diese kommerziell nicht verwendbaren Arten zusammen mit den gesuchten Arten sterben mussten, scheint es seltsam, dass sie und die Eingeweide der anderen nicht wenigstens zu Fischmehl oder Dünger verarbeitet, sondern statt einfach weggeschmissen werden. Dem entgegnen die Männer knapp und schwer widerlegbar, all das sei Protein, das auch auf diese Weise wieder in die Nahrungskette gelange. So gesehen geht der Beifang so wenig verloren wie ungepflückte Beeren und Früchte in den Hecken Europas. Aus dem Fortpflanzungskreislauf dagegen sind die Tiere damit ein für alle Mal verschwunden. Tatsächlich behalten die meisten modernen Fabrikschiffe ihren Beifang und verarbeiten ihn an Bord zu Fischmehl. Wollte John Buchan seinen Beifang an Bord der *Atlantic Challenge* behalten, brauchte er einen speziellen Kühlraum dafür (da nicht ausgenommene Fische rasch verrotten) und würde beim Anlanden nur 60 Dollar pro Tonne bekommen. Man könnte also sagen, dass in dieser einen Hinsicht die viel geschmähten Fabrikschiffe effizienter oder ökologisch weniger bedenklich sind als Trawler wie dieser hier. Dies in Anwesenheit von John Buchan laut zu sagen, traut man sich aber eher nicht.

Unten im Kühlraum werden die entblößten Kadaver in Plastikboxen und Fässern zwischen Eisflocken zur Ruhe gebettet. Bei diesen Temperaturen unter null ist der Atem der Männer als Hauch zu sehen, dennoch stinkt es im Raum nach Fischen, die zwischen die riesigen Fässer geglitscht und nie mehr herausgeholt worden sind. Wäre es nicht so kalt, wäre der Gestank nicht auszuhalten. Alle Trawler riechen gleich: nach ranzigem Fischöl, Diesel und etwas Bedrohlichem, das von den Drüsen der Tiefsee ausgeschüttet wird und dennoch nicht nur dem Meer zu entstammen scheint. (Am heftigsten spürbar wurde diese letzte Komponente bei einem großen Schwamm, den ich vom Förderband nahm und neugierig entzweibrach. Der Gestank war grauenhaft und beängstigend, als gehöre er zu einem geheimen planetaren Prozess, bei dem menschliche Sinne nichts verloren hätten.) Hier unten ist das Deck mörderisch glitschig. Feine Flocken ergießen sich aus der Eismaschine in alle Richtungen. Die Männer stolpern und rutschen unter dem Gewicht der Körbe voller Fische und Eis. Ist das Wetter rau, wird die Sache zum Albtraum; man kämpft ums Gleichgewicht und versucht zu verhindern, dass einem zwischen den herumschlingernden, vierhundert Kilo schweren Fässern voller Fische die Hand eingeklemmt wird. Nachdem alle Fische weggepackt und die Förderbänder abgespritzt worden sind, ziehen die Männer ihr Ölzeug aus, schlingen hastig etwas zu essen herunter und versuchen, ein paar Stunden Schlaf zu erhaschen. Danach fängt das Ganze wieder von vorn an. Vom ersten Tag einer solchen zehntägigen Fahrt an werden die an Land gewohnten Schlaf- und

Esszyklen so bedeutungslos wie Tag und Nacht. Am Ende werden die Männer ausgepumpt und unrasiert sein und zu wenig geschlafen haben; und all das für ein Jahreseinkommen von etwa 28 000 Pfund. Verglichen mit den sonstigen Einkommen in diesem Teil Schottlands ist das gutes Geld, aber nicht angesichts solcher Arbeitszeiten und einer dermaßen erschöpfenden und gefährlichen Arbeit. Unfälle sind an der Tagesordnung. Im Jahr 2000 wurde auf einem Trawler aus Peterhead ein junger Deckshelfer geköpft: Als er sich beim Einholen eines Fangs unter eine Schleppleine duckte, wurde er von einem kaputten Kabelstrang in eine Winde gerissen, bevor irgendjemand reagieren konnte. Eine Sekunde Unaufmerksamkeit genügt.

Eines Nachts sehen John Buchan und ich uns im Ruderhaus den zweiten Teil von David Attenboroughs deprimierender neuer Dokumentation *State of the Planet* an, die im Satellitenfernsehen läuft. Ein paar Tage später sehen wir Bilder davon, wie der britische Vizepremier John Prescott in Den Haag aus Protest die Klimagipfelkonferenz verlässt, nachdem der Versuch, die USA zu einer Senkung der Kohlenstoffemissionen zu bewegen, gescheitert ist. Plötzlich scheint sich etwas Verhängnisvolles und Ausweisloses über den Ozean zu senken, der sich rings um die *Atlantic Challenge* bis zum Horizont erstreckt. Nach wie vor wirkt der nördliche Himmel über uns riesig, und unablässig treibt der Wind die gleichen dunklen Wogen heran, die von unserem Bug zu weißen Säumen zerschnitten werden; doch selbst diese unermesslich große globale Maschinerie ist bedroht. Im Attenborough-Film gibt es eine kurze Passage mit einem Trawler und der Meeresbiologin Sylvia Earle, die sagt, unsere Killertechnologie sei dermaßen ausgeklügelt, dass wir noch den letzten Thunfisch und die letzte Garnele zur Strecke bringen könnten.

Der Kapitän und ich schweigen unbehaglich. Doch da die Nachfrage nach Fisch, die aus der Fischerei eine Multimilliardenindustrie gemacht hat, nicht zu stillen ist, liegt eine gewisse Hoffnung tatsächlich in der Verfeinerung dieser technischen Möglichkeiten; weil dadurch noch gezielter auf bestimmte Arten Jagd gemacht und die sinnlose Vernichtung des Beifangs reduziert werden könnte. Weniger hoffnungsfroh stimmt der politische Aspekt dieser emotional befrachteten, komplexen, verzwickten Angelegenheit. John Buchan macht sich offensichtlich Sorgen darüber, was ich schreiben werde; nicht so sehr wegen etwaiger Rechtsstreitigkeiten, sondern weil ihm verständlicherweise daran liegt, nicht in ein falsches Licht gerückt zu werden. Die britische Fischereiindustrie im Allgemeinen und die schottische im Besonderen sind, was ihr Ansehen in der Öffentlichkeit, aber auch die Unterstützung durch die Politik betrifft, in einer schlimmen Lage. John ist ein geborener Seemann, dessen Familie seit mindestens hundert Jahren von Peterhead aus auf Fischfang geht, und er möchte, dass sein achtzehnjähriger Sohn (der diesmal als Deckshelfer mit von der Partie ist) in derselben Industrie eine Zukunft hat. Als intelligenter Mann versteht Buchan die Argumente der Umweltschützer nur zu gut. Als ich anmerke, es sei mir nicht wohl bei dem Gedanken, dass das ganze Jahr hindurch Tag und Nacht Tonnen von Fisch aus dem Meer gezerrt würden, bricht er zwar keinen Streit vom Zaun, doch entgegnet scharf: »Haben die Fische für Mensch oder Tier den geringsten Nutzen, wenn sie dort unten bleiben?« Ich muss mir fairerweise die Frage stellen, welchen Nutzen die einstmaligen Bisonherden und Wandertaubenschwärme für die Ökologie Nordamerikas gehabt haben. Es sieht nicht so aus, als sei seit ihrem Verschwinden etwas Entscheidendes zusammengebrochen. John vertritt die pragmatische Ansicht – welche auch Meereswissenschaftler zunehmend zu teilen scheinen –, dass die Tiefseefischerei, was Ausrüstung und Benzin betrifft, dermaßen teuer sei und gleichzeitig dermaßen abhängig von den Preisschwankungen des Marktes, dass die Fischerei sehr rasch kommerziell unrentabel werden wird. Das geschehe, lange bevor ganze Bestände verschwänden; und eine Art bis zu ihrem tatsächlichen Aussterben zu fischen, gilt selbst mit den heutigen technischen Möglichkeiten als unmöglich – in begrenzten Gebieten kann es freilich sehr wohl geschehen. Vielleicht seien Tiefseefischarten tatsächlich empfindlicher als solche, die in den höheren Schichten leben, räumt Buchan ein, aber genau diese Tiefe biete ihnen auch einen Schutz. Je tiefer man fische, desto schneller überstiegen die exponentiell wachsenden Kosten nämlich die Profitmarge (die gleiche Rechnung gilt auch für Erdölförderung aus großer Tiefe). Zurzeit sind die Benzinkosten lähmend hoch. Tieferes Wasser bedeutet schwerere und teurere Ausrüstung, schwerer schleppen, mehr Zeit, bis man den Fischgrund erreicht, und höheren Benzinverbrauch. Je weiter hinaus man gefahren ist, desto mehr Benzin verbraucht man im Bestreben, seinen Fang so schnell wie möglich anzulanden und auf den Markt zu bringen – in John Buchans Fall in Frankreich. Die Fischpreise auf den Auktionen schwanken täglich: Das ganze Unternehmen ist ein Glücksspiel, ein Wettlauf gegen unbekannte Gegner … (Hört man John zu, bekommt man das Gefühl, die Fische dort unten seien besser dran als die armen Fischer, die von ihnen zu leben versuchen.)

Natürlich sind Fischer ebenso gut im Sichrechtfertigen wie alle anderen auch. So können sie im selben Atemzug »frühere Fehler« eingestehen und bekannte Geschichten von der Erholung von Fischbeständen auftischen. So ist allgemein bekannt, dass die Kabeljaubestände der Nordsee sprungartig anstiegen, als die Aktivitäten deutscher U-Boote im Ersten Weltkrieg die Fischerei vier Jahre lang drastisch einschränkten. Und heute, wo die Nordsee ganz offensichtlich leer gefischt ist, scheinen Heringe da und dort wieder zurückzukehren. Ein Hoffnungsschimmer, der trügt, denn das Überleben ist wenigstens zum Teil auf die älteren, weniger effizienten Schleppnetztechniken zurückzuführen. Was heute im Fall des rücksichtslosen Überfischens einer bestimmten Art mit größerer Wahrscheinlichkeit passiert, zeigt der Fall des Neufundland-Kabeljaus: Auch nach einem achtjährigen Moratorium gibt es keine Anzeichen für eine Erholung der Bestände. Wird eine Art so übermäßig ausgebeutet wie der Kabeljau im Gebiet der Großen Neufundlandbank, werden die Fische zu einer verfrühten Geschlechtsreife gezwungen. Die Folge davon ist, dass sie schwächer und weniger resistent gegen Krankheiten werden, wodurch sie ihren Platz in der Nahrungskette an andere verlieren – im Fall des Kabeljaus an einen Kapelan genannten Weißfisch (dessen Jungfische früher der Kabeljau gefressen hatte) und an die Robben, die jetzt Kapelane jagen. Das Gleichgewicht hat sich verschoben, nach Meinung mancher Wissenschaftler unwiderruflich, der geschwächte Kabeljau ist von seinem Platz verdrängt worden und wird ihn wahrscheinlich nie wieder einnehmen. Infolgedessen hat sich auch die Fischerei verlagert, die sich nun mit den Robben um Kapelane und Garnelen streitet. Der ganze Vorgang wird sich zweifellos so lange wiederholen, bis man endlich lernt, die Fischerei im Sinne der Nachhaltigkeit zu regeln.

Die Große Neufundlandbank liegt jedoch in seichten Gewässern, weshalb sich ihr Ökosystem – obschon es von den staatlichen Wissenschaftlern und den Fischern geflissentlich ignoriert wurde – leichter erforschen lässt als Tiefseegebiete wie die im Nordostatlantik. Es ist fast nichts bekannt über die Ökologie des Lebens unterhalb von tausend Metern, außer dem einen primitiven Prinzip: Je tiefer das Wasser, desto weniger Nahrung – außer um Schlote und das daraus austretende, wärmere und nährstoffreichere Wasser herum. Niemand hat die geringste Ahnung, was geschieht, wenn eine Tiefseeart intensiv gefischt wird. Sogar John Buchan, der diese Gewässer seit Jahren kennt, muss zugeben, dass er keine Ahnung hat, wann und wo Schwarze Degenfische laichen. Er weiß bloß, dass sie ihm in gewissen Jahreszeiten und Gebieten in größerer Zahl ins Netz gehen als in anderen. Er hat auch nicht gewusst, dass Meeresbiologen mittlerweile der Ansicht sind, dass Tiefseearten einen viel langsameren Lebenszyklus haben als in höheren Schichten lebende Arten; dass ein Fisch wie der Granatbarsch erst mit fünfunddreißig geschlechtsreif wird und nur eine begrenzte Zahl Junge hervorbringt. Man kann sich mulmiger Gedanken nicht erwehren: Wenn täglich zwei Tonnen schwere Scherbretter und hundert Meter breite Netze über den Tiefseeboden schrappen, könnte dies früher oder später Schäden von planetarischem Ausmaß nach sich ziehen. Natürlich müssen Kapitäne und Besatzungen von Booten wie der *Atlantic Challenge* ihren Lebensunterhalt verdienen; doch da die Folgen ihrer Aktivitäten von der Wissenschaft noch nicht verstanden worden sind, liegt hier ein eindeutiger Verstoß gegen das viel gerühmte »Vorsichtsprinzip« der EU vor, wonach eine industrielle Tätigkeit erst dann zugelassen wird, wenn der Beweis vorliegt, dass sie nicht umweltschädlich ist.

Es ist 7:15 Uhr, und im ersten Morgengrauen lässt sich erahnen, wie weit der Himmel über diesen Breiten der Shetland-Inseln und der Färöer ist. Wir haben mit dem Wetter unglaubliches Glück gehabt. Während der letzten Woche haben die Wetterkarten der BBC die Britischen Inseln immer von Winterstürmen und Regen gepeitscht gezeigt. Obschon es Ende November ist, verblassen mit dem Hellerwerden die Sterne und offenbart sich der ruhige, nur von der üblichen Dünung gewellte Atlantik. Die See um die *Atlantic Challenge* herum ist getüpfelt mit schlafenden Möwen, die vom ersten Geräusch jener Winden, die für sie aus den schwarzen Tiefen das Frühstück heraufholen, zu einem flatternden Wirbel aufgescheucht werden.

Nie käme man auf die Idee, dass dieses Gebiet ein Schlachtfeld ist, zumal die absurden, Kabeljau-Kriege genannten 1970er-Jahre-Scharmützel zwischen Großbritannien und Island längst beigelegt sind. Dennoch herrscht in diesen Breiten ein streitbares Klima. Als die jeweils exklusiv einem Land vorbehaltenen Zweihundert-Meilen-Wirtschaftszonen vertraglich zugeteilt wurden, zog man Großbritanniens nordwestlichste Grenze von der fernen Insel Rockall aus, was den Briten die Hoheit über Zehntausende Quadratmeilen reichster Fischereigewässer bescherte. 1998 erkannten die Vereinten Nationen jedoch Rockall den Status als Großbritanniens westlichstes Festland ab, da die Insel unbewohnbar ist, und so wurde die Grenze von St. Kilda aus neu gezogen, einer Insel vor den Äußeren Hebriden, hundertfünfzig Meilen weiter östlich. Dadurch verlor Großbritannien schlagartig die Kontrolle über ein riesiges Ozeangebiet, das sofort zum internationalen Gewässer wurde. Wochen später schon fuhren leistungsstarke russische Trawler auf und begannen intensiv, den erstklassigen Schellfischbestand vor Rockall auszubeuten, was sie auch heute noch tun. Diese Schiffe kennen weder Vorschriften ihre Fischereiausrüstung betreffend noch die Größe der von ihnen angelandeten Fische. Ihnen liegt daran, sich zu profilieren und einen möglichst hohen jährlichen Fang vorzuweisen, damit sie später einen proportional größeren Anteil des jeweiligen TAC (Total Allowable Catch: zulässige Gesamtfangmenge) bekommen. Mit anderen Worten: Die eigentlichen Grundlagen der Gesetzgebung regen zum Überfischen an.

Doch an dem Morgen, als die *Atlantic Challenge* ihren exzellenten Tiefwasserfang in Ullapool anlandet, trifft die Nachricht ein, dass die Nordostatlantische Fischereikommission – der auch Russland angehört – beschlossen hat, die Schellfischfischerei im Gebiet von Rockall zu regulieren. Ein kleiner, aber wichtiger Sieg. »Und als Nächstes brauchen diese spanischen Gauner einen Schuss vor den Bug«, sagt unser Kapitän. Eben hat er noch unrasiert und todmüde sein Schiff zwischen den Summer Isles hindurchmanövriert, doch jetzt wirkt er aufgekratzt. Wie den meisten schottischen Fischern liegt auch ihm manches schwer im Magen, und dazu gehört, dass er im Gegensatz zu vielen seiner europäischen Konkurrenten keine staatlichen Zuschüsse zu seinen Benzinkosten bekommt. Noch größer ist sein Groll über die schleichende Entwicklung der EU von einem einfachen Handelsabkommen (»Wirtschaftsgemeinschaft«) zu einer Institution, die vorschreiben kann, dass schottische Gewässer nicht mehr Schottland gehören, sondern allen möglichen Ländern, von denen manche (wie Italien und Griechenland) sich für diese nördlichen Gewässer nicht die Bohne interessieren, doch bei Abstimmungen über Fischereifragen ihre Stimmen abgeben, im Tausch gegen Gefälligkeiten auf anderen kommerziellen Gebieten.

»Mit der CFP (Common Fisheries Policy: gemeinsame Fischereipolitik) haben sie uns beschissen«, sagt John kurz und bündig. Der EU-Kommissar für Fischerei Franz Fischler hat im Oktober zugegeben, dass das gegenwärtige System eine totale Enttäuschung ist: »Ineffizient, wirkungslos, und vor lauter Bürokratie bewegungsunfähig. Wir müssen die Sache vollkommen neu überdenken.«

»Die Kontrolle funktioniert offensichtlich nicht«, sagte auch Neils Wichmann, der Vorsitzende des Advisory Committee on Fisheries Management (des im Internationalen Rat für Meeresforschung für Fischereifragen zuständigen Gremiums): »Da wird andauernd gemogelt, doch manche Mitgliedstaaten ignorieren das geflissentlich.«

Kurz, das Ganze ist ein Riesendurcheinander, darüber ist man sich einig. Die EU will mehr nationenübergreifende Kontrolle, während Leute wie John Buchan die lokale, nationale Kontrolle loben, wie sie heute von Island, den Färöern und Norwegen mit Erfolg praktiziert wird: »Selbstverständlich kann man diese Gewässer im Sinne der Nachhaltigkeit befischen. Wir, die lokalen Fischer, haben daran doch ein viel größeres Interesse als irgendwelche Bürokraten in Brüssel. Das ist unser Lebensunterhalt. Seit hundert Jahren fischt meine Familie in diesen Gewässern. Ich will nicht mehr als klare Vorschriften und dass alle – nicht nur die Briten – sich daran halten. Ich habe immer noch Hoffnung für die Zukunft der Fischerei.«

Die kann er nicht zuletzt deshalb haben, weil er so schlau war, sich einen Trawler für die Tiefwasserfische bauen zu lassen, von denen es am äußersten Rand des europäischen Kontinentalsockels so reiche Bestände gibt. Im Gegensatz zu vielen anderen schottischen Fischern werden ihn die neuen drakonischen Beschränkungen der Kabeljau-Fangquoten nicht treffen. John Buchan steht jetzt am Hafen von Ullapool, während im Hintergrund die schneebedeckten Höhen des Beinn Eilideach sich immer schärfer gegen den frühmorgendlichen Himmel abheben, und überwacht das Ausladen seiner kostbaren Ladung in am Kai bereitstehende Kühlwagen. Ich betrachte die blauen Fässer und Kisten, die über die Reling gehievt werden, mit dem persönlichen Interesse dessen, der an ihrem Vollpacken mit beteiligt war, um sein Gleichgewicht kämpfend im Gestank des glitschigen Kühlraums. Ironischerweise wird wegen des zutiefst konservativen Geschmacks der Briten nichts von diesem Fang in Großbritannien verkauft werden. All die Schwarzen Degenfische, Blaulenge, Seeteufel und Grenadiere werden so schnell wie möglich über britische Autobahnen und den Ärmelkanal zu Buchans Agenten in Lorient verfrachtet, wo mit etwas Glück die morgigen Preise hoch sein werden. Für die meisten europäischen Konsumenten ist Fisch einfach Fisch. Die wenigsten wissen, wo er herkommt, oder interessieren sich dafür; sie machen sich keine Gedanken darüber, was der wahre Preis für diese Fülle ist, und fragen sich nicht, wie lange es noch so weitergehen kann.

Spüren Fische Schmerz?

Fische zu harpunieren ist brutal. Das Tier wird dabei schwer verwundet, aber selten sofort getötet. Im Laufe mehrerer Jahre habe ich immer wieder monatelang auf einer unbewohnten kleinen Insel auf den Philippinen gelebt und für meine Ernährung Fische harpuniert, wie die Einheimischen dies tun. Ich musste eine Menge lernen: wie man ein Unterwassergewehr konstruiert und ohne Tauchgerät unter Wasser jagt, allein oder in der Gruppe. Ich musste aber auch verlernen, was in unserer Kultur als akzeptable Art, mit Jagdtieren umzugehen, gilt.

Sportsgeist ging den Einheimischen jedenfalls ab: Sie jagten am liebsten in der Nacht, wenn viele in Riffen lebende Tierarten schläfrig sind oder gar, wie die Meeräschen, wirklich tief zu schlafen scheinen. In der einen Hand hielten wir eine billige Taschenlampe, die wir mit Gummi oder Plastik wasserdicht gemacht hatten, in der anderen ein unhandliches hölzernes Unterwassergewehr mit Gummibändern aus Reifenschläuchen als Antrieb. Wir hatten also beide Hände voll, wenn wir den Atem anhielten und neun Meter in die pechschwarze Tiefe tauchten, um Nahrung für den nächsten Tag zu erjagen. Die Harpune hatte am hinteren Ende eine Öse wie eine Nähnadel. An dieser wurde eine Angelschnur aus Plastik mit einem Stopper hintendran befestigt. Hatte man einen Fisch oder Tintenfisch harpuniert, zerrte man ihn ans Ende der Leine, während man den Gummizug des Gewehrs neu spannte und weitere Beute suchte. Nach zwei, drei Stunden waren die Batterien der Taschenlampe leer, und wir schleppten uns aus dem Meer: zerschrammt von Korallen, ausgepumpt, mit lumineszierenden Punkten, die an unsern Körpern herunterliefen, und – wenn wir Glück gehabt hatten – ein paar Pfund essbaren Fleisches an unseren Angelschnüren.

Schnell wurde mir klar, dass es ein Riesenunterschied ist, ob man als Fischer am Flussufer sitzt, seinen Fang hochzieht und mit einem raschen Schlag seines Hammers tötet oder ob man sich mit seiner Beute im selben Medium bewegt. Unter der Wasseroberfläche, körperlich behindert durch die Ausrüstung und zeitlich durch das bisschen Luft in den Lungen, ist man bei der Jagd extrem im Nachteil. Andererseits kann man der Beute auf kurze Distanz ins Auge blicken, lernen, jedes Zucken oder jede Veränderung der Haltung zu deuten (Dinge, die von Spezies zu Spezies verschieden sind), und allmählich vertraut werden mit dem Verhalten und Erscheinungsbild aller möglichen Meeresbewohner. Hier unten hört man die Harpune einschlagen – *pok!* –, das Schwirren der Flossen, wenn das Tier sich zu befreien sucht, sein Schreien oder Ächzen, sieht die dunklen Fäden seines Bluts und wie das Tier das Maul aufreißt zu einem hoffnungslosen O.

Das war der Moment, in dem am meisten Adrenalin ausgeschüttet wurde, denn noch hatte man sein Abendessen nicht wirklich sicher: Oft schlug die Harpune zu weit außen in den Leib des Tiers ein oder die Widerhaken griffen nicht, das Tier konnte sich losreißen und mit einem Flossenschlag ins Dunkel verschwinden. Oft hatte man keine Luft mehr, musste dringend an die Oberfläche, und der Fisch war groß genug, dass er dem Gewicht der Harpune zum Trotz fortschwimmen konnte. Seine Harpune zu verlieren war beschämend; und eine neue zu machen war eine Heidenarbeit. Aus all diesen Gründen musste man sich also anstrengen, um Harpune und Fisch so rasch wie möglich zu fassen zu bekommen. Im Zweifelsfall zog man die Harpune durch das Beutetier hindurch und durchbohrte es noch einmal an einer geeigneteren Stelle: den Augen, hinter dem Kiemendeckel oder durch das Maul. Oft musste man, der verbrauchten Luft wegen fast platzend, an die Oberfläche sausen und dort mit schwindligem Kopf diese heikle Arbeit vornehmen, von schwarzen

Wellen gepeitscht, in einem Durcheinander von Angelschnur, spitzer Harpune und sich windender Beute, die Taschenlampe unter den einen Arm geklemmt und das Gewehr unter den anderen. Es gibt einfachere Arten, sich zu ernähren.

Doch auch in diesem triumphalen Moment der Jagd habe ich nie gern eine Stahlstange durch die Augen eines lebenden Wesens gestoßen, das weiß ich noch genau. Ich spürte das Knirschen von Knochen, und es war grausig, das Tier danach loszulassen und im Schein der Taschenlampe zu sehen, wie es mit der Angelschnur durch den Kopf hierhin und dorthin schwamm und dabei seine blind gewordenen Augäpfel hinter sich herzog. Handelte es sich um einen großen Fisch, war es am besten, ihn gleich zu töten, da er einen sonst beim Zielen zu sehr gestört hätte oder man Gefahr lief, dass der Stachel eines sterbenden Stachelrochens einen am Bein erwischte, was unglaublich schmerzhaft ist. Für einen solchen Gnadenstoß hatten wir jeweils ein Messer dabei, das wir uns ans Fußgelenk geschnallt hatten. Kleinere Fische und Tintenfische ließen wir jedoch einfach an ihren Verletzungen verenden. Manche Arten (Sepien, Papageifische) starben schneller als andere. Muränen (nachts unter Wasser furchterregende Gegner) und Igelfische (deren Leber köstlich schmeckte) lebten auch außerhalb des Wassers noch stundenlang. Und in solch abgelegenen Dörfern, wo es kaum Kühlschränke gibt, werden verletzte Beutetiere, egal ob Vögel, Flughunde oder Fische, so lange wie möglich am Leben erhalten.

Wenn ich tagsüber nicht gerade schlief, meine Ausrüstung reparierte oder vom Festland Trinkwasser holte, ließ ich mich stundenlang kopfunter über den Riffen treiben und beobachtete das tägliche Treiben der dort lebenden Geschöpfe. Ich glaube nicht, dass ein Naturfotograf auf der Suche nach dem einen tollen Bild oder ein Meeresbiologe, der eine Entdeckung zu machen sucht, die seiner Karriere Schub verleiht, mit größerer Aufmerksamkeit beobachtet als ein Jäger und Sammler, der etwas zu beißen braucht. Wer seinen Lebensunterhalt auf besondere Art verdient, sei es als berufsmäßiger Taschendieb oder Betrüger, versteht mit Sicherheit mehr von Körpersprache als die Akademiker, die den Begriff geprägt haben. Und so wird auch oft behauptet, die Beziehung zwischen Jäger und Beutetier, in der sich Furcht, Zuneigung und Respekt mischen, sei ebenso innig wie diejenige, die Zoowärter, Dompteure oder jene ledrigen Ladys aufbauen, die mit Affen in der Wildnis leben. Ob das nur vorgeschoben und sentimentale Verklärung ist, kann ich nicht beurteilen. Ich weiß hingegen mit Bestimmtheit, dass das Meer monatelang von mir ebenso Besitz ergriff wie ich von ihm; dass die Burgen, Durchgangsstraßen und Seitengassen der küstennahen Riffe und noch deren winzigste Bewohner mir so vertraut und lieb wurden wie eine Heimatstadt. Wie ein Angler, der eine innige Beziehung aufbaut zu dem uralten Hecht, den er doch nie erwischen wird, so schloss auch ich Bekanntschaft mit einem gewaltig großen Barsch, der in sechs Metern Tiefe in einem ausgehöhlten Korallenstock lebte. Ich war mir fast sicher, dass er nicht mehr herauskonnte, sondern vermutlich als junges Tier in die Höhlung hineingeschwommen war und sich dann vollgefressen hatte mit Fischen, die durch die kleinen Löcher schwammen, durch die ich seine gesprenkelte Haut sah. Ich entwickelte echte Zuneigung zu ihm: Er war eine Art hoffnungsloser Fisch-Garfield, der in seiner Trägheit das eigene Gefängnis ausfüllte. Es wäre ein Leichtes gewesen, ihn zu treffen, doch unmöglich, ihn herauszuholen. Ich hätte genauso wenig auf ihn schießen können wie auf meinen eigenen Fuß, und ich verriet nie jemandem, dass es ihn gab, da ich wusste, dass die Einheimischen keine solchen Bedenken gehabt und ihn in blutigen Stücken aus seiner Höhlung herausgerissen hätten.

Flüchtiger, aber ebenso intensiv waren die Begegnungen mit Sepien. Lange Momente lang lagen wir jeweils nur Meter voneinander entfernt und blickten uns in die Augen. Unwillkürlich meinte ich eine Art von Intelligenz zu spüren in diesen eingedellten Pupillen, den violetten Blitzen, die über ihr Pallium spielten, und in den sich verändernden Farbwolken der Chromatophoren unter ihrer Haut. In diesen langen Momenten, wenn sie fluchtbereit ihre Tentakel herabhängen ließen und so Pferdeköpfen ähnelten, sahen sie nicht nur aus, als würden sie nachdenken, sondern auch, als sei ihr Verstand messerscharf.

Ich war entzückt, doch bei aller Entzückung auch ein Jäger. Dennoch überrumpelten mich im Schlaf oder beim Sinnieren zuweilen Bilder der Gewalttaten, die ich Nacht für Nacht beging. Ich versuchte mein Unbehagen mit verschiedenen Strategien zu unterdrücken. Ich sagte mir, das Fischhirn sei viel zu rudimentär, als dass diese Tiere Schmerzen wie Menschen empfinden und damit ein bewusstes Verlangen verspüren könnten, der Schmerz solle aufhören. Außerdem waren sie Kaltblüter. Schließlich könnte ich mir nie vorstellen, einen Hundewelpen zu packen und ihm einen gezackten Speer durchs eine Auge hinein- und durch das andere hinauszustechen. Ich konnte mir sogar einreden, dass ich, indem ich die Augen eines Fisches durchbohre, diesen rasch töte, da ich sein Hirn zerstöre, und dass seine heftigen Schwimmbewegungen danach nichts anderes seien als das Flattern eines geköpften Huhnes. Ich sagte mir all das im Wissen, dass es nicht zutraf: Denn das Hirn der meisten Fischarten befindet sich nicht zwischen ihren Augen, wie ich regelmäßig feststellte, wenn ich noch das letzte Bröckchen aus den Schädeln meiner gegrillten Beute saugte. Ich sagte mir, dass das scheinbar gequälte Ächzen, das manche Fische ausstießen, wenn sie aufgespießt wurden, nichts als ein Alarmsignal für ihresgleichen sei; die Vorstellung von Schmerz sei zu anthropomorph, als dass man sie auf ein kaltblütiges und vergleichsweise hirnloses Wesen anwenden dürfe. Und wenn manche Arten das Maul aufrissen, als litten sie Todesqualen, sei das nur ein Reflex, um zur Förderung der Hyperventilation etwas auszustoßen, das sie zuvor gefressen hatten (denn öfter mal kamen tatsächlich Wolken von Partikeln heraus).

Am wirkungsvollsten ließen sich meine Bedenken jedoch durch den Verweis auf die Gewohnheiten der Einheimischen unterdrücken. Die jungen Leute des Dorfs und die Männer, die Familien ernährten, taten dies ohne jeden Anflug von Reue. Sie brauchten so schnell wie möglich so viel Nahrung, wie sie nur ergattern konnten, und die effiziente Hektik dieser Unternehmung machte Bedenken hinfällig. Ich wollte akzeptiert werden, mich als verlässlicher, wenn auch nicht besonders geschickter Jagdgenosse erweisen, als einer, der nicht in Panik geriet, wenn seine Harpune in fünf Metern Tiefe unverrückbar in Korallen festsaß und deren Nylonschnur sich im Dunkel um sein Fußgelenk schlang. Bei mir trat ein ähnliches Syndrom auf wie bei Soldaten auf dem Schlachtfeld, die durch die bloße Anwesenheit ihrer Kameraden vor Scham zu Tapferkeit gezwungen werden, da sie mehr Angst vor dem Vorwurf der Feigheit haben als vor tödlichen Verletzungen. Nun musste ich feststellen, dass der Gruppendruck mich dazu veranlasste, mich grausamer zu verhalten, als wenn ich allein fischen ging; was mich auf unangenehme Weise an etwas erinnerte, das mir dreißig Jahre früher schon aufgefallen war, als ich als Junge mit einer Flinte Tauben und mit einem Tötungsglas Schmetterlinge gejagt hatte: Wenn andere mit von der Partie waren, verloren meine Opfer ihre Individualität und wurden zu bloßen Gattungsvertretern. Ich frage mich, ob es sich um das gleiche Syndrom handelt, wenn auch auf verborgene und domestizierte Weise, das am Wirken ist, wenn wir Hühnerbrüste oder tiefgefrorene Fischstäbchen kaufen, ohne den geringsten Gedanken an die dafür getöteten Tiere. Unsere Freunde und Nachbarn tun es, alle tun es. Eine weltweit funktionierende Wirtschaft ist dieser Gewohnheit von uns förderlich. Wie also könnte etwas Unrechtes daran sein? Wir werden entlastet durch die überwältigende Komplizenschaft. Diese bleichen, in Plastik eingeschweißten Klötze tiefgefrorenen Zeugs sind eine Ware. Es wäre geschmacklos, gegen die Abmachung zu verstoßen und zu sagen, es handle sich um das Fleisch einst lebender Wesen, die unseretwegen umgebracht worden seien. Immerhin (sage ich mir) habe ich meine Hände oft direkt mit Blut besudelt, um etwas essen zu können. Ich habe persönlich dafür gesorgt, dass kleine Fischherzen zu schlagen aufhörten; ich habe meine eigenen Hennen hingerichtet. Hinsichtlich meines Gewissens habe ich ein besseres Gefühl, weil ich einzelne Tiere gejagt und getötet habe, um mich zu ernähren, statt anonyme Schlächter dafür anzustellen und dann zynisch so zu tun, als habe das »Produkt« nie gelebt. In ethischer Hinsicht gibt es da aber wahrscheinlich gar keinen Unterschied, und über Ethisches gilt es jetzt nachzudenken.

»Spüren Fische Schmerz?« ist eine untergeordnete Frage der allgemeineren, ob irgendein Tier Schmerz so erlebt wie wir Menschen. Und dieser Frage kann man auf zwei Ebenen nachgehen: der philosophischen und der physiologischen. Solche Untersuchungen werden genauestens überwacht von den Wortführern der Tierschutzbewegung, die sich diejenigen Antworten herauspicken, die ihrem Anliegen förderlich sind. Die Wissenschaften haben sich im Wesentlichen darauf konzentriert, die Nervenbahnen, die Nozirezeptoren (Rezeptoren, die auf Schmerz reagieren) und jene Bereiche des Hirns zu identifizieren, die mit Schmerzempfindung zu tun haben, sowie die damit verbundenen Symptome aufzuführen: Schreien, Beschleunigung des Pulses, Anspannung der Muskeln, Anstieg der Körpertemperatur usw. Unsere Einschätzung der unterschiedlichen Fähigkeiten nicht menschlicher Lebewesen, Schmerz zu empfinden, ist zwangsläufig anthropozentrisch, da wir sie danach beurteilen, wie ähnlich ihr Nervensystem dem unseren ist. Schmerzforschung hat man bisher vorwiegend an Säugetieren wie Affen, Katzen, Schweinen und Ratten betrieben; seltener an Vögeln; und in sehr geringem Maße an niederen Wirbeltieren oder Wirbellosen. In diesem Zusammenhang dürfte es nicht unwichtig sein, dass das US-amerikanische Tierschutzgesetz sich ausschließlich mit Vögeln und ausgewählten Säugetieren (jedenfalls nicht mit Ratten und Mäusen) befasst und Kaltblüter völlig außer Acht lässt. Die Ergebnisse dieser mechanistischen Vorgehensweise decken sich bisher im Wesentlichen mit der täglichen Erfahrung von Menschen, die im tierärztlichen Bereich tätig sind, und dem, was unsereiner instinktiv annimmt. Es gibt den Konsens, dass alle Wirbeltiere wahrscheinlich Schmerz empfinden und die meisten Wirbellosen wahrscheinlich nicht, mit der möglichen Ausnahme der Kopffüßer-Mollusken (Tintenfisch, Sepia, Oktopus, Nautilus).

Das klingt einleuchtend, doch so einfach ist die Sache nicht. Erstens: Die Vorstellung, ein normales menschliches Hirn sei das Musterbeispiel eines voll entwickelten Zerebrums, wie es für ein umfassendes Bewusstsein von Schmerz (und die Produktion von Intelligenz) nötig sei, bricht zusammen angesichts eines so dramatischen Fallbeispiels wie jenes, das der britische Neurologe John Lorber anführt. Zu seinen Patienten gehörte ein Doktorand mit einem IQ von 126, einem Spitzenexamen in Mathematik, einem normalen Privatleben, aber praktisch keinem Gehirn. »Statt einer normal 4,5 Zentimeter dicken Schicht von Hirngewebe zwischen den Ventrikeln und der Hirnoberfläche gab es nur eine dünne Mantelschicht, die allenfalls einen Millimeter dick war. Sein Schädel war vor allem mit Zerebrospinalflüssigkeit gefüllt.«[1] Wir können daraus und aus ähnlichen Fällen in der Literatur zurzeit wenig Schlüsse ziehen und müssen Steven Mithen beipflichten, der schrieb: »Wir verstehen die Bedeutung der Hirngröße für das Denken und das Verhalten schlicht und einfach nicht.«[2]

Zweitens haben die Entdeckungen von Patrick Wall über die Ätiologie von Schmerz gründlich aufgeräumt mit den simplen, linearen Vorstellungen, mit denen die meisten von uns aufgewachsen sind, nämlich dass sich Signale vom Ort der Verletzung an den Nervenbahnen entlang zu einem Schmerzzentrum bewegen oder, wie Wall es ausgedrückt hat, »dass eine Art Alarmanlage losgeht, wenn man verletzt wird«. Wall und ein Kollege entwickelten stattdessen das zurzeit geltende Modell der Kontrollschrankentheorie (Gate Control Theory) des Schmerzes. Diese besagt, dass Schmerzreize, die ins Nervensystem gelangen, eine Reihe von Schranken oder Kontrollen im Rückenmark durchlaufen. Diese Schranken können einen Schmerz verstärken, abschwächen oder seine Wahrnehmung verschieben, durch körpereigene Narkotika, Enkephaline und Endorphine, die man unter dem Begriff endogene Opioidpeptide zusammenfasst. Diesem Modell zufolge ist das Hirn nicht einfach der passive Empfänger von Schmerzimpulsen: Es entscheidet vielmehr aktiv, wie viele Schranken es je nach Situation öffnen will. Auch hier sei, wie bei der Diskussion der Tapferkeit, erneut auf das Schlachtfeld verwiesen: Klassisch sind die Beispiele von Soldaten, die im Kampf schwer verwundet werden, aber weiterkämpfen, als wenn nichts wäre. Erst später, wenn die unmittelbare Gefahrensituation vorbei ist, erlaubt ihr Hirn den neuralen Schranken, sich zu öffnen und den Schmerz spürbar zu machen. Doch auch aus eigener Erfahrung wissen wir, dass Schmerzen und unsere Reaktionen darauf nicht immer gleich sind, sondern in hohem Maße von den Umständen und der kulturellen Zugehörigkeit abhängen. Ob wir ein großes Theater darum machen, dass eine Nadel unsere Haut durchsticht, hängt fast vollständig davon ab, wer in Hörweite ist und ob wir gerade eine Socke stopfen, Blut spenden, einer Akupunktur unterzogen oder tätowiert werden. Gegen unseren Willen tätowiert zu werden, würden wir als ziemliche Qual empfinden; sich aus Modegründen oder als Teil eines Volljährigkeitsrituals tätowieren zu lassen, macht stolz und wird angeblich sogar als lustvoll empfunden. Ich habe erlebt, wie Bauern auf den Philippinen, in Ägypten und in Italien wegen kleiner Verletzungen ein Riesentrara machten, dafür aber mit erstaunlichem Stoizismus Schmerzen aushielten, von denen ich mir vorstellte, sie müssten unerträglich sein. Apropos: Einer weitverbreiteten rassistischen Vorstellung zufolge spüren Ausländer Schmerz »nicht auf die gleiche Art wie wir«, das heißt, man verschiebt sie auf dem phylogenetischen Spektrum instinktiv in die Nähe von Rindviechern.

Bei diesem Stichwort sei daran erinnert, dass unsere gewohnten Vorstellungen von Schmerz auch bei Tieren nicht immer funktionieren: So kann man beobachten, dass Kühe wegen Insektenstichen Sprünge vollführen, andererseits offenbar ungestört grasen, auch wenn eines ihrer Beine verstümmelt worden ist. Versucht man dies zu begreifen, kommt man entweder auf die Theorie, dass das Grasen für einen Wiederkäuer die gleiche Funktion hat wie das Kämpfen für einen Soldaten, also ein einprogrammierter Zwang ist, der alles andere außer Kraft setzt, oder darauf, dass Kühe tatsächlich so dumm und unsensibel sind, wie sie zuweilen wirken. Das Gleiche gilt übrigens für Haie, die ihren Konkurrenten beim Futterstreit große Stücke aus dem Leib reißen und diese verschlucken, ohne zu merken, dass ihr eigener Bauch aufgerissen ist. Sogar Schimpansen, die man gegenwärtig albernerweise der menschlichen Rasse zuschlagen möchte, als lasse sich diese so beliebig erweitern wie die EU, scheinen schwere Verletzungen kaum etwas auszumachen.

Im Buch *Lives in the Balance: The Ethics of Using Animals in Biomedical Research* (herausgegeben von Jane A. Smith und Kenneth M. Boyd) werden die sechs physiologischen Kriterien, die zurzeit benutzt werden, um zu beurteilen, ob ein Tier Schmerz empfindet, in einer Tabelle zusammengefasst, samt Querverweisen zu verschiedenen Gruppen von Tieren. Es sind die folgenden:

1. Vorhandensein von Nozirezeptoren – das Tier verfügt über ein Nervensystem mit spezifischen Sensoren für Schmerz.
2. Ein zentrales Nervensystem.
3. Nozirezeptoren sind mit dem zentralen Nervensystem verbunden.
4. Vorhandensein von endogenen Opioidpeptiden – das Tier kann eigene Schmerzmittel produzieren.
5. Die Reaktionen des Tiers auf Reize, die Verletzungen signalisieren, lassen sich durch Schmerzmittel verändern.
6. Die Reaktionen des Tiers auf Reize, die Verletzungen signalisieren, entsprechen menschlichen Reaktionen.

Dies entspricht unserem aktuellen Wissensstand und bildet eine Schmerzbewusstseinshierarchie ab, die vom Menschen über andere Säugetiere, Vögel, Lurche und Kriechtiere (Reptilien und Amphibien), Fische, Kopffüßer, Insekten bis zu Würmern reicht.

So amtlich (und einleuchtend) sie auch aussehen mag: Es gibt immer noch sehr viel Platz für Unsicherheiten und Ausnahmen. Die Annahme, ein Lebewesen habe die Fähigkeit, Endorphine zu produzieren, deshalb entwickelt, um Schmerzen entgegenzuwirken, scheint vernünftig. Doch möglicherweise haben Endorphine bei Nichtsäugetieren eine ganz andere Funktion. Andererseits hat man sie nun auch bei Kopffüßern festgestellt, was darauf hindeuten könnte, dass dieser Zweig der Mollusken sehr wohl Schmerz empfindet und deshalb auf unserer Skala nach oben gerückt werden muss. Reagiert ein Tier auf Verletzungen signalisierende Reize wie wir, scheint die Annahme plausibel, dass es etwas Ähnliches wie wir empfindet; doch zwingend ist das nicht. Wir Menschen lernen schnell, Hitze mit Schmerzen zu assoziieren, und oft wird diese Assoziation durch lebhafte Erinnerungen unterstützt. Doch auch eine geköpfte Kakerlake ist »lernfähig«, wie G. A. Horridges klassisches Experiment gezeigt hat: Er befestigte geköpfte Insekten über Bädern mit elektrifizierter Salzlösung. Sowie eines der Beine diese berührte, erhielt es einen Stromschlag. Nach weniger als einer Stunde »Ausbildung« ließ sich aus der Haltung der Beine schließen, dass das Strickleiternervensystem dieser Insekten den Lernvorgang vermittelte. Das ist zugegebenermaßen eine ziemlich weit gefasste Definition von Lernen, und nur wenige würden wohl behaupten, hier empfinde ein kopfloses Lebewesen Schmerz, und nicht, hier reagiere ein biologisches Präparat auf Reize. Dennoch können solche Beispiele unsere festen Überzeugungen leicht ins Wanken bringen.

Unversehens finden wir uns in dem grauen Grenzgebiet zwischen Naturwissenschaften und Philosophie wieder, wo alles davon abhängt, wie wir Dinge wie Schmerz, Empfindung und Bewusstsein bei Tieren definieren; wo wir Menschen doch gerade erst mit der Erforschung unseres eigenen Bewusstseins begonnen haben. Es ist eine uralte Binsenweisheit, dass wir nie genau wissen können, wie es ist, ein anderer zu sein – nicht einmal ein naher Verwandter, und schon gar kein Ausländer. Und egal wie menschlich manche Tiere uns vorkommen mögen: Die ontologische Kluft lässt sich niemals überwinden. Nie werden wir das Hundsein aus der Sicht eines Hundes erleben oder wie es ist, eine Fledermaus zu sein – dem Gedankenspiel des Philosophen Thomas Nagel[3] zum Trotz. Welche Art von Leid ich Tausenden von Fischen und Dutzenden von Hennen zugefügt habe, lässt sich also ebenso wenig nachempfinden, wie diese Tiere es nicht auszudrücken in der Lage sind, jedenfalls nicht so, dass ich es unmissverständlich begreifen könnte. Klar ist nur eines: Wer sich für die philosophischen Aspekte des Tierschutzes interessiert, muss sich auf dem Laufenden halten über die relevanten und rasch wechselnden naturwissenschaftlichen Forschungsergebnisse. Rechte werden gerichtlich zuerkannt, und damit etwas von einem Gericht zuerkannt werden kann, braucht es Beweise.

Dem wäre beispielsweise so, wenn man das Konzept der »Ersetzbarkeit« durchsetzen wollte. Dieser Begriff bedeutet in der Sprache der Tierschutzphilosophen, dass das humane Schlachten von Tieren wie Hühnern oder Fischen sich dann rechtfertigen lasse, wenn man nachweisen könne, dass diese Tiere »in der Gegenwart leben«, also keine Erinnerung an ihre unmittelbare Vergangenheit haben und auch keinen Zukunftssinn. Richard Hare (bei dem der berüchtigte Tierschutzphilosoph Peter Singer promovierte) meinte, Tiere, die in einer sich ständig verschiebenden Gegenwart lebten, hätten keine Veranlassung, lieber ein einziges langes Leben als eine Reihe kürzerer Leben zu haben. Peter Singer stellt diesem Leben »ein Leben, das biografisch und nicht nur biologisch ist«[4], entgegen und befindet, ein solches führten Schweine und Kühe sehr wohl, nicht jedoch Fische und Hühner. Dazu meinte der Philosoph Gary Varner: »Die utilitaristische Begründung ist einfach: Wird so ein Tier auf humane Weise getötet, wird das Glück in der Welt so lange nicht verkleinert, wie dieses Tier durch ein ebenso glückliches ersetzt wird; die menschlichen Produzenten und Konsumenten hingegen profitieren von diesem System. Q. e. d.«[5] Singers Ansicht, Fische und Hühner seien ersetzbar, weil sie – im Gegensatz zu den nicht ersetzbaren Kühen und Schweinen – keine Memoiren schreiben können, ist nicht ohne Witz. Ich verstehe aber nicht, wie er sie in Einklang bringen will mit seiner anderen Ansicht, dass die Grenze zwischen schmerzempfindlichen und schmerzunempfindlichen Tieren weiter unten, nämlich zwischen Garnelen und Austern, gezogen werden müsse. (Ich glaube allerdings gehört zu haben, dass er unterdessen seine Jugendsünden bereut und auch keine zweischaligen Muscheln mehr isst.) Als vielversprechender Komiker sollte Herr Singer unbedingt ernst genommen werden; als philosophische Grundlage scheinen mir seine skurrilen gastronomischen Vorlieben aber wenig zu taugen – und vice versa.

Richard Hares Kategorie der gleichsam zen-buddhistischen Tiere, die in einer immerwährenden Gegenwart ohne Erinnerung an Vergangenes leben, wirft aber eine überaus interessante Frage auf: Macht eine Droge, welche die Erinnerung löscht, einen Menschen, der Schmerz empfindet, vorübergehend zu einem von Singers abiografischen Tieren? Bestimmte Anästhetika vermögen nämlich in der Tat die Erinnerung zu löschen, am berüchtigsten ist 4-Hydroxybutansäure (GHB), auch bekannt als K.-o.-Tropfen. Ist Schmerz, der gespürt, aber sofort vergessen wird – eine Qual ohne Echo also –, weniger schlimm als das, was wir gemeinhin unter Schmerz verstehen, und dessen Dauer mindestens so wichtig ist wie seine Heftigkeit? Falls dem so ist, dürfte dies die Begründung dafür sein, dass man (im Westen heute nicht mehr so oft wie früher) neugeborene Jungen ohne Anästhesie beschneidet. Wir sagen uns, ihr Körper, aber nicht ihr Geist weinte, da wir annehmen, sie seien geistig noch nicht fähig, Schmerz zu »verstehen«. So verteidige natürlich auch ich mich gegen die armen Gespenster der Tausende von Fischen und Dutzende von Hühnern.

Ich führe all diese Ausnahmen und Vorbehalte deshalb an, um zu zeigen, wie fadenscheinig der krude Reduktionismus ist, der bei öffentlichen Diskussionen dieser gefühlsmäßig so aufgeladenen Themen betrieben wird; ich will deutlich machen, dass die angeführten Fälle alles andere als klar und simpel sind. Bevor ich diesen Schauplatz moralischer Entrüstung verlasse, muss ich aber noch auf die sogenannte Tiefenökologie-Bewegung zu sprechen kommen. Gemeint sind Anhänger des norwegischen Bergsteiger-Philosophen Arne Næss. Zu seinem Weltbild gehört, dass eine heilige Beziehung zwischen dem Menschen und der Natur (was immer das ist) besteht. Næss hat einen »ökosophischen« Glauben begründet, für den er sich an Taoismus, Buddhismus, Pantheismus und bei Mahatma Gandhi bedient. Noch fundamentalistischer ist eine Sekte innerhalb dieser Bewegung. Sie nennt sich *Cosmic Preservationism.* Den Cosmic Preservationists ist jeder Stein im Universum heilig, er lebt in »einem glückseligen Zustand des *satori,* wie er nur nicht lebenden Entitäten zuteilwird«[6]. Bevor wir über die Vorstellung von glückseligen Steinen nachsichtig lächeln, sollten wir uns daran erinnern, dass in den 1970er-Jahren in Kalifornien »pet rocks«, Streichelsteine, Mode waren. Das war mit Sicherheit die lukrativste Umsetzung dessen, was der englische Sozialphilosoph John Ruskin einst als »pathetic fallacy« bezeichnete: dass man unbelebte Dinge behandelt, als hätten sie menschliche Gefühle. Die Cosmic Preservationists jedenfalls reden bei der Debatte über die Erforschung des Sonnensystems mit, vor allem wenn es darum geht, wie man mit dem Mars umgehen sollte. Die Idee, diesen Planeten an menschliche Lebensbedingungen anzupassen, ist für sie schier Blasphemie. Ich verwende dieses Wort mit Bedacht, denn dadurch, dass die Cosmic Preservationists theoretisch jedes Atom im Kosmos für heilig erachten, geben sie sich als Angehörige einer Religion, nicht als Vertreter einer bestimmten Ethik zu erkennen, und damit sind sie für diesen Artikel nicht von Belang. Unser säkularer Widerwille gegen das Anthropomorphisieren dürfte ein Grund dafür sein, warum wir ungern über die Schmerzen von Tieren sprechen. Doch nichts spricht dagegen, den humanen Überzeugungen Ausdruck zu verleihen, dass unser rüder Umgang mit der Natur in vielerlei Hinsicht schlicht und einfach nicht in Ordnung ist. Im Dezember 2000 bekam ich Einsicht in den Fischraum eines schottischen Trawlers, der im Nordatlantik unterwegs war. Über eine riesige Stahlrutsche kam ein Durcheinander von Fischen herein – manche waren kommerziell verwertbar und wurden ausgenommen, doch der Großteil war nutzloser Beifang, der über Bord geworfen wurde. Besonders großen Eindruck machten auf mich die Portugiesenhaie, in der Industrie Sikihaie genannt, mit ihren rasiermesserscharfen Zähnen, der rauen braunen Haut und ihren wunderschönen gelbgrünen Augen. Ein krasserer Gegensatz war kaum vorstellbar: auf der einen Seite die Welt der Lebewesen (leidensfähig oder nicht), auf der anderen die Welt der kommerziellen Fischerei, die diese Geschöpfe ungerührt verarbeitete. Wir denken lieber nicht daran, dass jahrein, jahraus und rund um die Uhr eine industrielle Schlächterei im Gange ist, so wenig wie wir an die Schlachthäuser denken, deren blutiges Geschehen hinter unscheinbaren Fassaden verborgen bleibt, und an die EU-Vorschriften, von denen wir uns einreden, sie seien bestimmt human. Ich will Sikihaie und Menschen in moralischer Hinsicht nicht auf dieselbe Stufe stellen, doch die Mechanismen, die hier am Werk sind, sind mit Sicherheit ganz ähnliche wie die, die den Genozid an unseresgleichen immer wieder möglich machen. In diesem – und nur in diesem – Sinne gibt es Parallelen zwischen der Verwendung von Wörtern wie »Tonnen« und »Produkte« und Bezeichnungen wie »Schlitzaugen« und »Kanaken« und der Einstellung, dass Leute, die rosa Winkel oder gelbe Sterne auf ihren Kleidern tragen, Untermenschen seien. Solche Wesen sterben keinen echten Tod, denn sie sind nie auf die gleiche Art lebendig gewesen wie wir. Wir haben echte Gefühle und feine Empfindungen, sie nicht. Nur Menschen wie wir mit hoch entwickelten Nervensystemen, Erinnerungen und autobiografischen Fähigkeiten vermögen die feinsten Schattierungen des Leidens zu reflektieren und dem exquisitesten Jammer des *homme sensible* Ausdruck zu verleihen.

Diese hominide Sicht der Dinge ist die Ursache unseres Unbehagens, wenn es um Tiere und deren Rechte, ja wenn es ganz allgemein um die Umwelt geht. Da sind große Widersprüche und Heucheleien im Spiel, und nirgendwo wird dies deutlicher, als wenn es um Haustiere geht. »Mein« Barsch und »meine« Sepia waren Individuen, und zu Individuen können wir ein vertrautes Verhältnis entwickeln, sogar wenn wir gelegentlich welche ermorden. Als Kind hatte ich eine Henne namens Blackie als Haustier, und nie hätte ich sie essen können. Seither habe ich natürlich ganze Berge von ihresgleichen verspeist. Wie den meisten Leuten wuchsen auch mir bestimmte Hunde und Katzen sehr ans Herz, doch im Laufe der Jahre sind in Südostasien verschiedene Angehörige beider Tierarten aufs Angenehmste durch meinen Verdauungstrakt gewandert. Der Mensch verhält sich nun einmal so; genauso können wir uns für die Unantastbarkeit der Regenwälder starkmachen und gleichzeitig das Fleckchen Erde vor unserem Vorstadthaus zu einer jener Gartenlandschaften hinquälen, wie sie das Fernsehen vorführt und die das Ende aller Hummeln, Schmetterlinge und der Artenvielfalt sind.

Im Mai 2003 gab es lautstarke Proteste, als ein dänischer Künstler Ausstellungsbesucher dazu einlud, lebende Goldfische durch einen Mixer zu jagen. Der Kurator der Ausstellung wurde zunächst wegen Tierquälerei bestraft, später entschied ein Richter, Quälerei sei nicht zutreffend, da die Fische augenblicklich und human getötet würden. Der Künstler beschrieb seine Arbeit als »Protest gegen den Zynismus und die Brutalität, die in der Welt herrschen, in der wir leben«, und ein Tierarzt bestätigte, dass die Fische schmerzlos gestorben seien. Auf jeden Fall sagte das Ausstellungsobjekt einiges über jene Besucher aus, die bereit waren, den Mixer einzuschalten (was mehrere taten). Die Sache erinnert an das klassische Experiment von Stanley Milgram aus dem Jahr 1961: Es ergab, dass fügsame sechzig Prozent der Probanden bereit waren, wildfremden Menschen tödliche Elektroschocks zuzufügen, bloß weil ein Mann in einem weißen Labormantel sie dazu drängte und sagte, er übernehme die Verantwortung. Der Finger, der auf den Knopf drückt, ist freilich der unsere, nicht der von jemand anderem. Selbstgerechtigkeit ist immer ein Widerspruch in sich. Wir sind nicht nett, nicht einmal diejenigen von uns, die freundlich zu zweischaligen Muscheln sind; und solche ethischen Widersprüche sind für fast alle vollkommen normal.

Nachdenklichen Menschen macht zu schaffen, dass Mediendebatten über Tierquälerei in der Regel rein emotional geführt werden, vor allem von Pressure-Groups wie PETA (People for the Ethical Treatment of Animals). Auf welchem intellektuellen Niveau sich die PETA-Leute bewegen, ließ sich vor ein paar Jahren an ihrem gescheiterten Versuch ermessen, die Stadt Fishkill im US-Bundesstaat New York gerichtlich dazu zu zwingen, ihren Namen zu ändern; offenbar wusste man nicht, dass das alte holländische Wort *kill* (das in jener Gegend Bestandteil vieler Namen ist, man denke nur an die Catskill-Berge) »Bach« bedeutet. In jüngerer Zeit führte PETA eine Kampagne gegen das Angeln, mit dem Plakat eines Hundes, in dessen Kinnbacke ein Haken steckte, und der Unterzeile: »Wenn Sie dies keinem Hund antun würden, warum dann einem Fisch?« Oder einem Köderwurm?, könnte ein Anhänger des Jainismus einwenden. Wie weit soll man gehen? Zum Gesprächsthema wurde im Mai 2003 die Entdeckung von Lynne Sneddons Forscherteam am Roslin Institute, dass das Nervensystem einer Forelle dem Hirn ein Schmerzsignal übermitteln kann. Das war in Anbetracht der bemerkenswerten sensorischen Ausstattung der meisten Fische (deren Grenzen noch immer unklar sind) nicht weiter verwunderlich, und es beantwortet die im Titel dieses Essays gestellte Frage. Es bringt uns aber nicht weiter, wenn wir wissen wollen, ob eine Forelle Schmerz so *erlebt,* wie Menschen ihn begreifen. Oft werden Sportfische mit alten Angelhaken im Kiefer gefunden, und Angler sagen, Lachse werden Haken manchmal los, indem sie ihr Maul am Flussbett reiben – die gleiche Reaktion stellte Sneddon bei der Forelle fest, in deren Lippen sie aufmerksamerweise Bienengift injiziert hatte. Wir können schlicht nicht beurteilen, ob das bei einem Fisch nicht vielleicht ein angenehmes oder prickelndes Gefühl hervorruft: Man denke nur an die kleinen Chilischoten, welche die meisten Menschen als unerträglich scharf empfinden – Vögel picken sie mit allen Anzeichen von Genuss von der Pflanze.

Definitionen von Leid neigen dazu, mit allerlei Vorurteilen belastet und damit undurchschaubar zu sein. Zu den widerwärtigen salbungsvollen Redensarten unserer Zeit gehört: »Ich teile deinen Schmerz.« Es fällt schwer, sich vorzustellen, dass jemand ebenso feierlich sagt: »Ich teile deinen Orgasmus.« Wir halten es offenbar nur für wünschenswert, uns in das Leid anderer einzufühlen, nicht aber in deren Lust. Nicht umsonst sprechen wir von »Mitleid«, und in »Sympathie« und »Empathie« steckt *pathos,* das griechische Wort für »Leiden«. Doch sollten wir uns immer wieder in Erinnerung rufen, dass das eine sehr relative Sache ist, dass wir die Dinge vom Gesichtspunkt des egozentrischen Abendlandes aus betrachten – und dass wir nur eine kleine Minderheit der Weltbevölkerung sind. Egal wie weit die Betroffenheitsapostel unser Gewissen mit ihren Kampagnen zu besetzen vermögen: Außerhalb unserer Gestade ist ihre Wirkung praktisch gleich null. Die meisten Kulturen werden weiterhin das tun, was sie immer schon getan haben, bis sie es nicht mehr tun. Briten und Amerikaner mögen meinen, dass »niemand« mehr echte Pelze trage, doch das gilt eindeutig nicht für die Italiener, von denen viele weiterhin Tierpelze tragen, weil sie besser aussehen, sich besser anfühlen und in vielerlei Hinsicht besser sind als künstlicher Ersatz. Aus ähnlichen Gründen wird man erst dann zu fischen aufhören, wenn es keine Fische mehr gibt, ebenso wie die chinesischen Fischhändler erst dann damit aufhören werden, ihre lebende Ware auf dem Tresen der Länge nach aufzuschlitzen, damit man an der aufgeblasenen Schwimmblase und dem zuckenden Herzen sehen kann, dass sie frisch ist.

Wir irren uns, wenn wir glauben, diese Dinge ließen sich durch wissenschaftliche Erkenntnisse, Ethik oder das Verabschieden schöner, eindeutiger Gesetze regeln. Die Kluft zwischen unserer einzigartigen Spezies und allen anderen wird immer unüberbrückbar bleiben. Unsere Entscheidungen werden im Wesentlichen Sache des persönlichen Gewissens bleiben, da es keine klaren Lösungen gibt, angesichts der einander widersprechenden Ansichten darüber, was Schmerz oder Grausamkeit sei. Die goldene Regel »Was du nicht willst, dass man dir tu ...« (oder wie George W. Bush es formulierte:

»Mag deinen Nächsten so, wie du gemocht werden möchtest«[7]) funktioniert nicht im Falle von Tieren, die wir zu jagen oder zu essen beschließen; und entsprechend bricht das ökologische »Vorsichtsprinzip«, nichts zu tun, wovon nicht wissenschaftlich erwiesen ist, dass es keinen Schaden anrichtet, unter der Menge der Negativformulierungen zusammen. Dennoch machen uns diese Dinge zu schaffen, und das ist gut so. Dass sie Unbehagen verursachen und uns auf Trab halten, ist ein Anzeichen dafür, dass wir Menschen sind. Zivilisation wurde einst durch den Abstand definiert, den Menschen zu ihren Exkrementen hielten. Nun, da Kanalisation allgemein verbreitet ist, ließe sich Zivilisation vielleicht dadurch definieren, in welchem Maße wir unsere Grausamkeit delegieren. Je mehr wir sie hinter Schlachthausmauern drängen und durch Tiefkühlprodukte mit fröhlich lachenden Fischen auf der Verpackung kaschieren, desto mehr scheint sie uns an die Nieren zu gehen; eben weil nicht wir persönlich uns entschieden haben für jene industrialisierte Gleichgültigkeit und die Verbrechen gegen das Meer, die in unserem Namen begangen werden. Wir sind alle unschuldig; doch genau daran sind wir alle schuld.

Der Kulturhistoriker Mark Cousins sagte mir einmal, er tadele ein Kind, wenn es sich einem Backstein gegenüber grausam verhalte. Er meint damit Folgendes: Welchem Gegenstand die Grausamkeit eines Menschen gelte, sei oft weniger wichtig als die Anwandlung von Grausamkeit selbst; würden geringfügige Grausamkeiten ungehindert ausgelebt, könnten sie sich zu viel Schlimmerem auswachsen. Auf ähnliche Ansichten stößt man in der Literatur bei den Klassikern und in den Kinderbüchern des 18. Jahrhunderts, die den Kindern beibringen sollten, keine Vögel zu quälen und Fliegen keine Flügel auszureißen. Bei manchen Menschen scheint die goldene Regel tiefer verwurzelt zu sein als bei anderen. Susan Sontag bemerkte dazu bissig: »Manchen Menschen ist jedes Mittel recht, um zu verhindern, dass sie gerührt werden könnten.«[8] Das Problem bei alldem ist, dass die Menschen je nach Zeitalter und je nach Kultur durch anderes gerührt werden. Was in der einen Kultur als Tierquälerei gilt, ist in einer anderen die alltägliche Praxis des Speerfischens.

Ich werde also weiter mit meinen vergangenen blutigen Taten leben, doch ohne davon gepeinigt zu werden. Was sie in mir auslösen, ist nicht wirkliches Unbehagen; es ist eher wie das unterschwellige Zittern eines Schiffsmotors, welches die Gesamtheit des Schiffs durchdringt, ein Anzeichen dafür, dass etwas ständig in Bewegung ist. Dass mir solche Dinge durch den Kopf gehen, ist alles andere als unerwartet bei einem Mann meines Alters und meiner Herkunft. Es liegt mir fern, meine Gewissenhaftigkeit überzubewerten oder sie gar zu einer Ethik oder einer Kampagne aufzublähen. Bombast ist nicht angebracht in einem Universum, dessen Lebewesen so leicht entbehrlich sind.

1   Zitiert nach: Roger Lewin, *Science,* vol. 210.
2   Zitiert nach: New Scientist, vol. 178, issue 2395, p. 40.
3   Thomas Nagel, *What Is It Like To Be a Bat?,*
    Philosophical Review, 83 (1974), p. 435–450.
4   Peter Singer, *Practical Ethics,* 2nd ed.,
    CUP, 1993 [*Praktische Ethik,* Reclam, 1984].
5   Gary Varner, *Harey Animals,* discussion draft,
    Texas A & M University, Sept. 2002.
6   Zitiert nach: New Scientist, Jan. 4, 2003, p. 43.
7   Zitiert nach: Financial Times, Jan. 14, 2000.
8   Susan Sontag, *Regarding the Pain of Others,* Farrar, Straus and Giroux, 2003
    (*Das Leiden anderer betrachten,* Hanser, 2003).

Kugelfische

In einer mondlosen Nacht, wahrscheinlich 1989, war ich beim Speerfischen in den Saumriffen vor dem philippinischen Dorf, das meine zweite Heimat geworden war. Ich trug eine Flosse aus Sperrholz, hielt in der einen Hand eine billige Taschenlampe, die mit dem Schlauch eines Motorradreifens wasserdicht gemacht worden war, und in der anderen ein selbst gebasteltes Unterwassergewehr. Keine Tauchflaschen, kein Taucheranzug: nur Lungen voller Luft, die man beim Auftauchen gierig einsog. Ich hatte dieses einsame Geschäft acht Jahre zuvor erlernt: Da war ich vierzig gewesen, nach den Begriffen der Dorfbewohner bereits ein alter Herr und auf jeden Fall viel zu alt, um mich in einer Form des Jagens auszuzeichnen, die man am besten als Kind erlernt. Doch war ich immerhin gut genug, um mich selbst ernähren zu können und um in einer guten Nacht genug Fische zu ergattern, sodass ich welche abgeben konnte. Eines Nachts, nach einem solchen Ausflug, kamen ein Gefährte und ich mit mehreren Kilo Fisch an unseren Angelschnüren aus dem Meer. Als wir über den Strand auf erwartungsvolle Dorfbewohner zugingen, die sich um ein Treibholzfeuer geschart hatten, hörte ich eine Frau auf Tagalog sagen: »Was für eine Verschwendung, dass der nicht verheiratet ist. Eine Menge Frauen in diesem Dorf könnten einen Mann brauchen, der Essen nach Hause bringt statt Bierflaschen.« Absurder Stolz durchzuckte mich, und ich schäme mich heute noch beim Gedanken daran, dass ich daraufhin wahrscheinlich die lässige Haltung eines müden, aber erfolgreichen Jägers annahm.

In dieser dunklen Nacht im Jahr 1989 jedoch hatte ich kein Glück gehabt. Nach fast zwei Stunden fruchtlosen Tauchens und Lauerns war ich erschöpft, und die Batterien meiner Taschenlampe erlahmten. Es war noch früh, am fernen Strand sah ich im Feuerschein Kinder herumrennen, während die Erwachsenen schwatzten und tranken. An meiner Angelschnur hatte ich zwei junge Meerbarben, die ich normalerweise als zu klein verschmäht hätte, doch in dieser Nacht mit der Rücksichtslosigkeit des Frustrierten harpuniert hatte, um wenigstens etwas Essbares zu haben. So schwamm ich auf die Küste zu. Es war keine Schande, nach stundenlangem Fischen ohne Beute heimzukehren. Jeder wusste, dass es gute und schlechte Nächte gab, und das trockene Eingeständnis »Ay, walang huli!« erntete verständnisvolles Gelächter. Andererseits brachten die besten Jäger dennoch immer etwas heim, und wenn es nur kleine Kraken waren, die sie aus den Korallen gestochert hatten.

In diesem Augenblick traf ich auf einen riesigen Kugelfisch. Diese Tiere sind in den Riffen sehr verbreitet: Sie sind träge und von sympathischer Hässlichkeit, ein Grund, weshalb man sie in Ruhe lässt. Ein weiterer Grund ist, dass sie sich wie Ballone aufblähen, wenn sie erschreckt oder verletzt werden, und das kann ein Harpunentaucher an seiner Angelschnur wahrlich nicht gebrauchen. Der beste Grund jedoch, wieso man diese Vertreter der Familie der *Tetraodontidae* (der Name rührt von den vier zu Zahnleisten verwachsenen Zähnen her) in Ruhe lassen sollte, ist ihre hohe Giftigkeit: Ihre Eingeweide und Eierstöcke enthalten das nach ihnen benannte Alkaloid Tetrodotoxin. In Japan haben nur ein paar wenige Köche in darauf spezialisierten Restaurants die Erlaubnis, *fugu,* das hoch geschätzte und äußerst teure Fleisch des Kugelfisches, zuzubereiten. Diesen Vorsichtsmaßnahmen zum Trotz gibt es jedes Jahr Tote, und zum Essen dieser kulinarischen Köstlichkeit gehört immer auch ein Element von russischem Roulette. Normalerweise hätte ich dem alten Kugelkopf also alles Gute gewünscht und wäre weiter heimwärts geschwommen.

Doch er war unbestreitbar riesig, sogar wenn man mit einberechnete, dass Dinge unter Wasser größer aussehen, als sie tatsächlich sind. Die meisten Kugelfische werden ungefähr dreißig Zentimeter lang, doch dieser war mindestens doppelt so groß. Im schwächer werdenden Licht meiner Taschenlampe sah er unermesslich alt aus, seine weit auseinanderliegenden Augen trüb und milchig. Konnten Fische an grauem Star erkranken?, fragte ich mich. Ich streckte die Hand aus und streichelte seinen Kopf. Er zeigte keinerlei Anzeichen von Beunruhigung. Er zeigte vielmehr keinerlei Anzeichen von irgendwas, und ich fragte mich, ob er vielleicht tot sei. Gelegentlich bewegte sich jedoch eine seiner Flossen träge, er lebte also. Nun begann mein innerer Kampf. Man verdiente sich keine Lorbeeren damit, dass man einen gewöhnlichen Kugelfisch nach Hause brachte, dafür waren sie zu einfach zu erlegen, und die wenigsten Dorfbewohner wagten, sie zu essen. Doch als guter Jäger galt, wer einen außergewöhnlichen Fisch aufspürte, und das war ein außergewöhnlicher Fisch. Außerdem wusste ich, dass der Bruder eines Freundes von mir gerade im Dorf war, und dieser hatte den Ruf, zu wissen, wie man Kugelfisch gefahrlos zubereitete.

Der eigentliche Kampf war jedoch der Kampf mit meinem Gewissen. Fische zu töten hatte mir nie Freude gemacht, auch wenn ich die Jagd auf sie als aufregend empfand. Im Laufe der Jahre wuchs mein Widerstand dagegen, meinerseits zur Dezimierung der Riff-Fische beizutragen, die durch Dynamit- und Zyanidfischerei ohnehin in Bedrängnis geraten waren. Doch als ich in dieser Nacht den Kopf dieses ehrwürdigen alten Tiers streichelte, das möglicherweise sowieso nicht mehr lange leben würde, traf mein Körper eine Entscheidung, gegen die mein Verstand nicht heftig genug protestierte. Sorgfältig richtete ich meine Harpune auf das Hirn des Wesens, denn ich wusste: Starb es sofort und ohne dass seine Eingeweide verletzt wurden, war die Gefahr, dass das Toxin in seinen Blutkreislauf geriet und das ganze Fleisch vergiftete, viel kleiner.

Fast ängstlich feuerte ich aus nächster Nähe, und die Harpune traf ihn zwischen den Augen. Das hornige kleine Maul des Kugelfisches öffnete sich langsam, doch soweit ich sehen konnte, war dies das einzige sichtbare Anzeichen dafür, dass er starb. Seine weißlich grünen

Augen schienen noch immer die meinen zu fixieren, die hinter der Tauchermaske weit geöffnet waren. Doch am wichtigsten war, dass mein Opfer sich nicht aufgebläht hatte. Dennoch war es schwierig, es Richtung Strand zu zerren, ohne dass es sich zwischen den Korallen verfing. Es schien eine Tonne zu wiegen, was vielleicht aber auch mit der Last meines Gewissens zu tun hatte. Im seichten Wasser kniete ich mich hin und löste heimlich den Knoten am Ende der Angelschnur, um die beiden Meerbarben loszuwerden, als würde meine eine Beute dadurch aufgewertet und weniger wie das Ergebnis einer Verzweiflungstat wirken. Die beiden Kadaver sanken, kleine Leben, sinnlos geopfert auf dem Altar meiner Eitelkeit.

Noch widerwärtiger war, wie sehr ich das Staunen der Dorfbewohner genoss, die angerannt kamen, um einen derart großen Kugelfisch zu bewundern. Ein paar konnten sich erinnern, ähnlich seltene Exemplare gesehen zu haben, »aber das war in den alten Zeiten«. In einem Triumphzug wurde er zum Haus meines Freundes getragen, wo dessen Bruder im flackernden Licht einer Öllampe die heikle Operation vornahm, die nötig war, bevor man den Fisch über der Holzkohle garen konnte. Nicht alle mochten davon essen; doch diejenigen, die genug Vertrauen (oder Tollkühnheit) hatten, sagten, er schmecke exquisit. In einem letzten Akt der Feigheit in dieser Nacht weigerte ich mich, es zu versuchen. Ich verzog mich in meine Hütte im Wald und verachtete mich dafür, dass ich dem sanftmütigen Tier, das ich um öffentlicher Anerkennung willen hingerichtet hatte, nicht einmal die Chance gegeben hatte, sich an mir zu rächen.

Der schändliche Tod dieses Wesens bewirkte bei mir einen Sinneswandel. Nach dieser Nacht machte es mir nichts mehr aus, mit leeren Händen aus dem Meer zu kommen. Ich wurde äußerst wählerisch, verschmähte leichte Beute wie schlafende Riff-Fische und versuchte stattdessen viel schwieriger zu fangende, im offenen Meer lebende Fische wie Pompanos oder Butterfische zu bekommen oder Sepien, von denen es auch in diesem überfischten Archipel wimmelte. Seit meinem letzten Besuch im Jahr 2005 habe ich das Harpunieren wohl endgültig aufgegeben. Angesichts der weltweiten Massenschlächterei von Meerestieren, habe ich das Gefühl, ist selbst mein ungeschicktes Auge-in-Auge-Jagen nicht mehr zulässig, obschon die Chancen für die Fische dank meiner mittelmäßigen Fähigkeiten in der fremden Unterwasserwelt immer sehr gut waren. Letztendlich, glaube ich, wurde mir die Freude daran von einem Kugelfisch vergiftet.

In den letzten dreißig Jahren ist klar geworden, dass weder Gesetze noch Überwachung die Überfischung wirklich einzudämmen vermögen. Die unterschiedlichen Bedürfnisse – Nachfrage, lokale Arbeitssituation, Einkünfte der Industrie, einander widersprechende wissenschaftliche Untersuchungen und nationale Interessen – haben sich immer als unversöhnlich erwiesen. Während die Politiker noch zaudern und Verzögerungstaktiken verwenden, bricht schon wieder ein kommerziell ausgebeuteter Fischbestand zusammen. Ein ebenso trauriges wie schändliches Geschehen: Statt Sorge zu tragen für die Geschöpfe des Meeres als eine lebende, sich erneuernde Ressource, schürft man sie wie minerale Bodenschätze. Man braucht sich einfach nur vorzustellen, wie es aussähe, wenn die Schleppnetzfischerei auf dem Festland stattfände: Nicht lange würden wir den Anblick von schweren Geräten hinnehmen, die hundert Meter breite Schneisen in Felder, Wälder und Hecken rissen, wahllos Käfer, Feldmäuse, Igel und Kaninchen wegfegten, bloß um gelegentlich auch mal eine Kuh zu erwischen, und die immer wieder über dasselbe Stück Land scharrten, bis es komplett verödete. Doch da dieser Vorgang, für uns nicht sichtbar, unter dem Meer stattfindet, wollen wir davon nichts wissen. Und so wird der nicht gesehene Schaden von Jahr zu Jahr immer größer.

Da nun einmal die Nachfrage nach Fisch stetig steigt und gleichzeitig das Angebot an wild lebenden Fischen rapide abnimmt, wäre auf Nachhaltigkeit ausgerichtete Fischzucht die einzig vernünftige Zukunftsperspektive. Und tatsächlich haben sich Aquakultur allgemein und die Fischzucht im Besonderen in den letzten beiden Jahrzehnten enorm entwickelt. 1984 lieferte Aquakultur acht Prozent aller weltweit konsumierten Fischprodukte. Heute (2002) beträgt diese Zahl fünfundzwanzig Prozent, und die Food and Agriculture Organization (FAO) sagt voraus, dass 2015 mehr als fünfzig Prozent der von uns gegessenen Fische Zuchtfische sein werden. Allein in Großbritannien überstiegen die im Jahr 2000 gezüchteten 150 000 Tonnen gezüchteten Lachses (ihr Wert betrug 375 Millionen Pfund) die Summe aller von britischen Fischern gefangenen, wild lebenden Tiefseefische. (Im selben Jahr wurden in Norwegen 300 000 Tonnen Lachs gezüchtet.)

Das sieht auf den ersten Blick nach einer für die Meere guten Nachricht aus. Doch die Fischzucht bringt beträchtliche Probleme mit sich, von denen viele den Problemen intensiver Tierhaltung auf dem Festland entsprechen. Die Hauptprobleme sind: Abfall; Parasiten und Krankheiten; Chemikalien; Nahrung. Da der Lachs der erste Fisch ist, der im größeren Stil gezüchtet wurde, und da in der schottischen Lachszuchtindustrie Nachteile wie Vorteile dieser Art Aquakultur sichtbar geworden sind, kann sie als eine Art Musterbeispiel für Fischzucht allgemein betrachtet werden, obschon ein Großteil des Know-how und der Investitionen aus Norwegen stammen.

Die überwiegende Mehrheit schottischer Zuchtlachse wird in Netzgehegen gehalten, die vor der Küste in geschützten Meeresarmen vertäut sind. Anfangs waren diese Gehege noch von bescheidener Größe und fassten jedes um die siebentausend Fische oder vierzehn Tonnen. Heute können sie einen Umfang bis zu neunzig Metern haben und mehr als hunderttausend Fische mit einem Gesamtgewicht von zweihundertfünfzig Tonnen fassen. Die Gehege sind rund und bestehen aus über die Wasseroberfläche hinausragenden schwarzen Plastikschläuchen, an denen ein Netz hängt, das bis zu fünfzig Meter tief reichen kann. Gruppen solcher Gehege gehören heute zum gewohnten Bild vieler schottischer Fjorde, ebenso wie die parallelen Reihen schwarzer Plastikfässer, die als Bojen dienen, an denen Taue für die Muschelzucht hängen.

Die Hauptprobleme intensiver Lachszucht wurden schon bald offensichtlich. Die Züchter wählten natürlich leicht erreichbare, geschützte Stellen aus, in der Regel am Ende eines Fjords oder in kleineren Buchten. Unglücklicherweise waren dies oft wissenschaftlich so genannte energiearme Standorte, das heißt, dass dort die Gezeiten und Strömungen träge sind. Statt ins Meer gespült zu werden, lagern sich der Fischkot und die nicht verzehrten Nahrungskügelchen unter den Netzen ab. Dieser stickstoffhaltige Abfall tötet schon bald die meisten Meeresbodenlebewesen in der Nähe ab und bewirkt eine Überdüngung, welche die Ausbreitung giftiger Algen bewirken kann. Ich habe Unterwasservideos, die Wissenschaftler unter Lachsgehegen aufgenommen haben, gesehen: Der Boden dieser Fjorde war schwarz und kahl wie eine Mondlandschaft. Im September 2000 publizierte der WWF Schottland einen Bericht, wonach der stickstoffhaltige Abfall sämtlicher schottischer Lachsfarmen zusammengenommen dem einer Stadt mit 3,2 Millionen Einwohnern entsprach – und dies in den angeblich unberührten Gewässern einer der bezauberndsten Landschaften Europas. (»Unberührt« ist ein Adjektiv, das in der Verpackungs- und Vermarktungsprosa der Industrie nur allzu gern verwendet wird.)

Ein zweiter Problembereich ist eine direkte Folge der zu großen Zahlen. Von Anfang an erwiesen sich die Lachszüchter als ebenso habgierig wie ihre Festland-Kollegen, die Hühner in Batterien gehalten haben, und entsprechend bekamen sie es mit ähnlichen Problemen zu tun. Je mehr Tiere in Gehegen zusammengepfercht werden, desto anfälliger werden sie für Parasiten, Krankheiten und Missbildungen und desto höher ist ihre Sterblichkeitsrate. Der Tierschutz hat in den letzten zehn Jahren viel gegen die Konzentrationslagerbedingungen bewirken können, unter denen Generationen von Hühnern gelitten haben, doch erst seit Kurzem erheben sich Stimmen gegen die Bedingungen, unter denen viele gefangene Lachse ihr Leben fristen müssen. Diesen starken Wanderfischen, die den Atlantik zu durchschwimmen vermögen, wird oft nur Bewegungsraum von der

Größe einer Badewanne gelassen. Die Folge sind Meerassel-Plagen und äußerst ansteckende Krankheiten wie die infektiöse Salm-Anämie (ISA). Derentwegen wiederum wird zu starken Insektengiften und Arzneimitteln gegriffen, von denen viele illegal und für die Anwendung bei Wassertieren nicht freigegeben sind. Tendiert man in letzter Zeit zu einer geringeren Dichte von Fischen pro Gehege, geschieht dies weniger aus altruistischen als aus wirtschaftlichen Gründen. Zu ihrem (wenn auch sonst niemandes) Erstaunen haben die Lachszüchter festgestellt, dass Fische, die in weniger beengten Verhältnissen gehalten werden, gesünder sind, schneller wachsen und dass ihre Sterblichkeitsrate geringer ist.

Die von den Fischzüchtern verwendeten Chemikalien sind oft gefährlich und können Rückstände in den Produkten hinterlassen. Dazu gehören Antibiotika wie prophylaktisch verabreichtes Oxytetrazyklin, künstliche Hormone, Wachstumsregler und Appetitanreger. Die Meerassel-Plagen haben zu besonders verzweifelten Maßnahmen geführt. Natürlich kommt eine Meerassel gelegentlich auch bei einem wild lebenden Lachs vor, doch in den überfüllten Gehegen vermehren sich die Asseln wie Viehzecken. Sie befallen nicht nur die gefangenen, sondern auch die wilden Lachse, die an den Zuchten vorbeischwimmen, auf ihrem Weg zu den Flüssen, in denen sie ablaichen wollen. 1999 wurde ein Wildlachs entdeckt, der von mehr als tausend Meerasseln bedeckt und dessen Hinterkopf so zerfressen war, dass der Schädel frei lag. Im Bestreben, diesen Parasiten zu bekämpfen, haben die Züchter nach dem Heilen-oder-töten-Prinzip zu allen möglichen Substanzen gegriffen. Am berüchtigtsten sind ein Antiparasitenmittel für Rinder, Schafe und Pferde namens Ivermectin (das mittlerweile verboten worden ist, doch von dem gelegentlich noch immer Rückstände im Lachsfleisch nachgewiesen werden) und Deosect, ein Insektengift auf Cypermethrin-Basis, das ursprünglich für die Bekämpfung von Zecken und Milben bei Pferden und Hühnern freigegeben wurde, in Wasser aber äußerst giftig wird. Vor Kurzem haben die Züchter mit Wasserstoffperoxid experimentiert. Dafür muss jedes Gehege vollkommen mit Plastikplanen einge-hüllt werden (man stelle sich vor, was das bedeutet, bei einem Netz, dessen Durchmesser dreißig Meter beträgt und das fünfzig Meter in die Tiefe reicht!), und dann wird eimerweise Wasserstoffperoxid hineingegossen. Die Fische reagieren augenblicklich: Bis zu zwan-zig Prozent sterben, und bei den übrigen sind mehr oder weniger heftige Anzeichen von Leiden feststellbar. Die neueste Hoffnung ist, die Meerasseln durch Nahrungszusätze bekämpfen zu können. Den Lachsen werden mit ihren Nahrungskügelchen Chemikalien verab-reicht, die systemisch wirken. Das klingt nicht sonderlich vertrauen-erweckend für den menschlichen Konsumenten, das nächste Glied in der Nahrungskette.

All die bisher erwähnten Faktoren (die Auswirkungen der Ab-fallprodukte von Lachszuchten auf die Umwelt, die Parasiten und Krankheiten, welche die Fische befallen, und die Anwendung giftiger Chemikalien und Medikamente) lassen es als wenig wahrscheinlich erscheinen, dass diese Art Fischzucht dem Prinzip der Nachhaltig-keit genügt. Doch der wohl kritischste Faktor überhaupt ist die Nah-rung. Mittlerweile ist die Effizienz so hoch, dass ein hundert Gramm schwerer junger Lachs im Februar oder März in ein Gehege gesteckt werden kann und im Dezember bereits zwei Kilo wiegt. Mit ande-ren Worten: Verkäuflicher Lachs lässt sich binnen eines Jahres züch-ten. Das ist eine doppelt so große Wachstumsrate, als wie sie noch vor zehn Jahren möglich war, und ein drei- bis viermal schnelleres Wachstum als bei wild lebenden Tieren. Möglich geworden ist dies im Wesentlichen dank der Nahrungstechnologie, und wirtschaftlich entscheidend ist die Nahrungsumsetzungsrate.

Entscheidend ist nämlich, dass der Lachs ein Fleischfresser ist und seinen Platz weit oben in der Wassernahrungskette hat. Sein Futter besteht deshalb im Wesentlichen aus Fischmehl und Fischöl, was be-deutet, dass andere Fische getötet werden müssen, um die Futter-kügelchen herzustellen. Die Abwegigkeit des Unterfangens ist offen-sichtlich: Alle an Land lebenden Zuchttiere (Hühner, Rinder, Schafe usw.) sind Pflanzenfresser, sogar Allesfresser wie Schweine lassen sich mit pflanzlichen Proteinen erfolgreich großziehen. Doch im großen Stil Fische wie Sandaale und Sardellen zu fangen, um die Lachse zu füttern, die wir essen, heißt, täglich Peter zu berauben, um Paul zu bezahlen, in der Annahme, Peter sei unermesslich reich. Die Folge davon ist, dass die industrielle Fischerei (zum Beispiel die dänische) eine Fischart wie den Sandaal auswählt, Millionen Tonnen davon fängt und zu Dünger verarbeitet, der auf Feldern verstreut wird, oder zu Fischmehl, aus dem Futterkügelchen gemacht werden (oder gelegentlich auch Brennstoff für Kraftwerke). Es fällt schwer, darin keinen Wahnsinn zu sehen: Da wird, ohne jede Rücksicht auf Nachhaltigkeit, eine Spezies ausgebeutet, was in die Unterwassernahrungskette eine Lücke reißt und, was für unsereins schon eher sichtbar ist, Seevogelpopulationen dezimiert, die für ihre Ernährung auf Sandaale angewiesen sind. Das Gleiche gilt für die Sardellenschwärme, denen im Pazifik riesige chilenische und peruanische Flotten nachstellen. Die Lachszüchter argumentieren, der wilde Lachs fresse ja auch Sandaale und andere kleine Fische. Stimmt schon, doch sind die Auswirkungen davon viel weniger heftig, da Lachse nicht in Schwärmen jagen und außerdem ein breites Spektrum von Fischarten fressen. Die Bestände werden also lange nicht so intensiv und gezielt erschöpft und können sich regenerieren. Außerdem dezimieren Lachse ihre Nahrungsvorräte nicht noch dadurch, dass sie einen Großteil davon in Dünger verwandeln.

Diese unnachgiebige Ausbeutung von »Müllfisch«-Populationen, bloß um Futter für Aquakultur zu beschaffen, ist jedoch nicht der einzige Nachteil. Da Lachse in der Nahrungskette weit oben stehen, reichern sich in ihrem Körperfett Schadstoffe an. Das seichte Meer des Kontinentalsockels um Nordeuropa ist ohnehin in einem solchen Maße von Industrie- und Landwirtschaftsabwässern verschmutzt, dass Fischmehl und Fischöl europäischen Ursprungs im Durchschnitt achtmal mehr Dioxine, polychlorierte Biphenyle (PCB) und Flammschutzmittel enthalten als ihre Pendants aus dem Pazifik.

Diese Schadstoffe werden natürlich an die Lachse weitergegeben und von diesen an die menschlichen Konsumenten. Vor Kurzem publizierte Richtlinien der Food Standards Agency der britischen Regierung empfehlen, wir sollten pro Woche nicht mehr als eine Portion mageren Fisches und eine Portion öligen Fisches essen, damit wir nicht zu viele dieser Toxine aufnehmen. Die sogenannten Omega-3-Fettsäuren – die zurzeit als ganz besonders gesund gepriesen werden – mögen sehr wohl eine wertvolle Ergänzung unserer Ernährung sein, doch wenn sie gleichzeitig eine Ansammlung von Giftstoffen und bekannten Karzinogenen mit sich bringen, scheint ihr Wert unter dem Strich eher zweifelhaft. Außerdem sind nicht nur Menschen gefährdet: Dies sind ebenjene Giftstoffe, die sich im Körperfett von Seevögeln, Seehunden und Walen in fatalen Mengen angesammelt haben.

Zurzeit wird intensiv geforscht, um für Lachszuchten geeignete Öle und Trockenfutter auf pflanzlicher Basis produzieren zu können, doch noch ist nicht klar, ob sich ohne den Zusatz von Hormonen vergleichbare Wachstumsraten erzielen lassen. Und damit hat die Liste der Schadstoffe in Zuchtlachs noch kein Ende, denn da gibt es noch die Xanthine, welche die Züchter dem Futter zusetzen, damit ihr Produkt auch den richtigen Rosa- oder Rotton bekommt. Das Fleisch wild lebender Lachse erhält seine charakteristische Farbe von den Garnelen und anderen Krustentieren, welche die Lachse mit Vorliebe fressen, doch bei Zuchtlachs (und Zuchtforellen) lässt sich die gleiche Wirkung nur mit Farbstoffzusätzen zum Futter erzielen. Canthaxanthin ist ein Karotinoid, das verwandt ist mit Substanzen, die bei allen möglichen Pflanzen und Tieren, von Karotten bis zu Sittichen, für deren rötliche Farbe verantwortlich sind. Synthetisches Canthaxanthin hat als erlaubter Lebensmittelfarbstoff die Nummer E 161g erhalten und wird in der Lebensmittelindustrie häufig verwendet, zum Beispiel bei der Geflügelzucht, wo es, ins Futter gemischt, die Farbe des Eigelbs verstärkt. In gewissen Dosen ist es aber auch schon mit Netzhautschäden bei Kindern in Zusammenhang gebracht worden. Im Jahr 2003 wurde die erlaubte Menge dieser Substanz – die auch unter dem Namen *Food Orange 8* bekannt ist – stark reduziert und stattdessen ein anderes Karotinoid, Astaxanthin, für die Anwendung bei Forellen- und Lachszuchten empfohlen. Nach wie vor ist Canthaxanthin aber weit verbreitet: In Tablettenform eingenommen sorgt es für künstliche Sonnenbräune mit einem typischen Orangestich, die gegen Sonnenschäden und Hautkrebs helfen soll.

Leider ist die Liste der Umweltschäden, die bis dato durch die schottischen Lachszuchten entstanden sind, damit noch nicht zu Ende. Mit großer Wahrscheinlichkeit sind sie nämlich der Hauptgrund für die Dezimierung des Wildlachses, für den Schottlands Flüsse unter Sportfischern bis vor Kurzem international bekannt waren. Lachsgehege, die unüberlegterweise zu nahe an Flussmündungen platziert wurden, haben Lachse, die zum Ablaichen in ihre Flüsse zurückkehren wollten, angesteckt und verwirrt. Außerdem geben ausgebrochene Zuchtlachse, die sich mit wild lebenden paaren, an diese Infektionen und genetische Veränderungen weiter, mit bisher unbekannten Folgen. Doch wie auch immer: Fischzuchten wird es weiter geben, und im langfristigen Interesse der Gesundheit der Ozeane ist das auch richtig so. Was also lässt sich tun? Worauf können wir hoffen?

Die wirtschaftlichen Aspekte des extremen Wettbewerbs machen gewisse Verbesserungen schlicht unumgänglich. Das Problem der stickstoffhaltigen Abfälle unter den Lachsgehegen wird zumindest teilweise mit technischen Mitteln gelöst. Der gesteigerten Produktion wegen sind die Lachspreise gesunken und die Gewinnmargen der Züchter kleiner geworden. (Noch den tüchtigsten Züchter kostet die Produktion eines Kilos 1,60 Pfund, doch in Zeiten des Überangebots haben Züchter bisweilen für ein Kilo bloß 63 Pence erhalten. Da der Ladenpreis nie weniger als 4 Pfund pro Kilo beträgt, macht jemand anders als der Züchter einen Riesenprofit.) Trockenfutter kostet zurzeit um die 650 Pfund pro Tonne, und kein Züchter kann es sich leisten, dass das nicht gefressene Futter durch den Boden seiner Gehege einfach auf den Boden des Meeresarms fällt. Aus diesem Grund werden jetzt elektronische Geräte installiert, die, sowie sie hinausfallende Futterkügelchen feststellen, den Fütterungsmechanismus automatisch stoppen. Ebenfalls hilfreich ist das sogenannte Brachlegen: Man verschiebt die Gehege, damit alte Standorte durchgespült werden und sich regenerieren können. Doch wird es immer schwieriger, neue Standorte zu finden, für die heute außerdem eine Umweltbelastungsstudie erforderlich ist. Das Problem lässt sich auch nicht einfach dadurch lösen, dass man die Gehege an »energiereiche« Standorte auf dem offenen Meer verlagert, denn je rauer die See, desto größer ist die Wahrscheinlichkeit, dass die Wellen Schäden anrichten und Fische ausbrechen. Solche Verluste zu decken ist keine Versicherung bereit. So wird die Sache zu guter Letzt wohl darauf hinauslaufen, alles in Fischteiche an Land zu verlegen.

Nun ist Lachs natürlich nicht die einzige Fischart, die gezüchtet wird. Allein in Schottland versucht man es (oder hat man es versucht) mit der Zucht von Seesaibling, Steinbutt, Heilbutt, Forelle und Kabeljau. Mit jeder Spezies gibt es bei der kommerziellen Aufzucht andere Probleme. So ist es im Fall des Kabeljaus besonders schwierig, ihn vom Ei über das Larvenstadium bis zu dem Punkt zu bringen, da man die Jungfische für die Intensivzucht in Teichen aussetzen kann. Im Marine Environmental Research Laboratory in Machrihanish erklärte Bill Roy, die frisch geschlüpften Larven würden zunächst mit einer Planktonsorte namens *Rotifer* gefüttert, die wiederum in Algenteichen gezüchtet werde. Sowie sie etwas größer sind, fressen die Kabeljaularven winzige krillartige Ruderfußkrebse namens *Artemia*. Doch Roy sagte auch: »Noch kennen wir nicht alle für die kommerzielle Aufzucht von Kabeljaularven wichtigen Faktoren. Wir wissen zwar, dass sie höchst empfindlich auf Temperatur- und Lichtunterschiede reagieren, aber brauchen sie beispielsweise Umweltgeräusche oder leiden sie darunter?« Die erfolgreiche kommerzielle Zucht von Kabeljau könnte den Zusammenbruch der großen Kabeljaufischereien auffangen helfen, doch noch ist man weit davon entfernt. Zurzeit gibt es in Schottland erst vier Kabeljau-Laichplätze.

Zu den wichtigsten Faktoren für die Rentabilität gezüchteter Fischarten gehört ihr Ertrag. Bei einem Kabeljau beträgt der Fleischertrag vierzig Prozent, bei einem Lachs hingegen sechzig Prozent, weil der Kabeljau einen vergleichsweise größeren Kopf hat. Einen so begehrten Fisch wie den Seeteufel zu züchten – der für die kommerzielle Ausbeutung demnächst ausgestorben sein wird –, würde sich wirtschaftlich nicht rechnen, weil sein Kopf mehr als die Hälfte des Tiers ausmacht. Weitere Faktoren sind die Temperatur (es kostet natürlich Geld, große Becken voller Wasser aufzuheizen), die Absetzbarkeit (der britische Markt zum Beispiel ist notorisch konservativ) und die Wachstumsrate. Rotzungen könnten in Großbritannien gezüchtet werden, doch ihr Wachstum ist unwirtschaftlich langsam, Seezungen hingegen gedeihen besser bei mediterranen Temperaturen.

Mit einem Sektor der Aquakultur liegen die schottischen Lachszüchter dauernd im Streit: den Schalentierzüchtern, die vor allem Austern, Mies- und Jakobsmuscheln züchten. Sie sind seit Jahren Opfer der Verschmutzung durch nahe gelegene Lachsgehege. Schalentierzuchten sind im Gegensatz zu Fischzuchten recht umweltfreundlich. Man kann für Schalentiere nicht viel mehr tun, als ihnen eine geschützte Umgebung zu bieten, in der sie heranwachsen können. Da sie sich ihre Nahrung selbst aus dem Wasser herausfiltern, brauchen sie weder Futter noch Medikamente. Sie vermehren sich sogar von selbst. Im Fall der Miesmuscheln werden einfach lange Taue unter Bojen aufgehängt, und nach kürzester Zeit schon setzen sich winzige schwarze Muscheln zwischen den Strängen der Taue fest. Eine einzige Zucht am Eingang des Loch Fyne hat mittlerweile dreißig Meilen Taue, die dicht mit Miesmuscheln bewachsen sind. Austern hingegen werden in steifen Säcken aus schwerem Plastikgeflecht gezüchtet, jeweils hundert pro Sack. Im Loch Fyne werden diese Säcke im bei Ebbe seichten Wasser an flachen Eisengerüsten festgebunden. Bei Flut ist davon nichts zu sehen, außer ein paar kleinen Markierungsbojen rund um das Zuchtgebiet herum. Doch bei Ebbe tauchen die schlammfarbenen Säcke kurz auf, zur großen Freude der Austernfischer genannten Vögel, die nur darauf warten, dass das zurückgehende Wasser die Austern freigibt. Sie haben unterdessen den Trick heraus, wie sie mit ihren langen roten Schnäbeln durch die Plastikmaschen hindurch in die leicht geöffneten Muscheln stechen müssen. Als ich hinauswatete, um die Säcke zu inspizieren, gab es deutliche Hinweise auf Diebstahl: In jedem Sack glänzten leere Muschelschalen, nur die von tieferem Wasser bedeckten waren unversehrt.

Viele Umweltschützer sind sich mit Andy Lane von der Loch Fyne Oysters Ltd. einig, der sagt, dass man in Zukunft die intensive Monokultur von Fischen, die ohne Rücksicht auf Nachhaltigkeit in Meeresgehegen gehalten werden, aufgeben müsse, zugunsten eines Systems, in dem Fische, Krustentiere und andere Wasserlebewesen wie Seeigel gemeinsam gehalten werden können, also möglichst ähnlich wie in der Natur. Wie Andy Lane bemerkt hat, gibt es kein einziges Beispiel einer Monokultur auf dem Festland, die nicht schlimmste Folgen für die Umwelt gehabt hätte. Die klotzigen kommerziellen Nadelholzplantagen, welche die schottischen Highlands entstellen, sind ein Musterbeispiel dafür. Das aus diesen Gebieten abfließende saure Wasser verschmutzt alle Meeresarme, in welche diese Bäche münden. Das sanftere Vorgehen des vielseitigen Anbaus könnte auch allerlei Nebenprodukte bringen, wie zum Beispiel Tang, von dem sich manche Sorten vermarkten lassen. Und keiner, der schottische Jakobsmuschel-Trawler ihre zerstörerisch schweren Ketten über den Boden des Loch Fyne hat ziehen sehen, wird bezweifeln, dass sanftere und nachhaltigere Alternativen dringend nötig sind. Ja, um langfristig existieren zu können, müssen alle Zuchten – zu Lande wie zu Wasser – nach ökologischeren Grundsätzen geführt werden. Werden Fische und Säugetiere in einer vernünftigen Populationsdichte gehalten, und in Lebensräumen mit einer großen Artenvielfalt, so erübrigen sich drakonische Krankheitsbekämpfungsmaßnahmen, üble Pestizide, Pharmazeutika und der ganze Rest. (Vergessen wir dabei aber nicht: Damit Zuchtlachs als biologisch etikettiert werden kann, muss zum Beispiel das Futter, mit dem er großgezogen wurde, aus Fischen bestehen, deren Bestände sich erneuern können. Doch wie wir gesehen haben, gibt es bei den meisten in europäischen Gewässern gefangenen Fischen beträchtliche chemische Rückstände.)

Diese offensichtlich vernünftige und wünschenswerte Alternative hat einen großen Nachteil: Die so entstandenen Lebensmittelprodukte kosten mehr. Die Lachszucht ist mittlerweile so gnadenlos effizient geworden, dass der Fisch auf dem Markt richtig billig geworden ist. Die Konsumentin und der Konsument, die nur entbeinte, verlockend rosafarbene Tranchen Fischfleisches sehen, denken nicht an Canthaxanthin, PCBs, Dioxine und Flammschutzmittel. Sie rufen sich auch keine zerstörten Meeresböden und giftigen Abfälle vor Augen. Sie sehen nur das Preisschild und glauben: »Je billiger, desto besser«. Diese Denkweise richtet unseren Planeten zugrunde. Einige schottische Lachszüchter haben die Organisation Scottish Quality Salmon (SQS) gegründet, welche die Fische ihrer Mitglieder mit einem Schottenmuster-Gütesiegel versieht. Doch vielen Detailhändlern kommt SQS zunehmend wie das eigennützige Komplott der internationalen Nahrungsmittelkonzerne vor, denen letztlich mehr als achtzig Prozent der schottischen Fischzuchten gehören. Don Staniford, welcher für Schottlands Friends of the Earth den sehr scharfsinnigen Jahresbericht 2001 über Lachszuchten (*The One That Got Away*) schrieb, sagte zu mir: »Das unlösbare Problem ist, dass SQS beides will: Quantität und Qualität, und das ist nun mal nicht möglich, weder bei dieser noch bei irgendeiner anderen Form der Zucht. Einige der größeren Supermarktketten sehen das mittlerweile ähnlich und entwickeln von sich aus strengere Qualitätsmaßstäbe.«

Unter dem Strich kommt es kaum darauf an, was für ein Tier gezüchtet wird oder wo. Egal, ob es sich um Schweine in Holland, Lachs in Schottland, Hummer in Maine oder Thunfisch im Mittelmeer handelt: Intensivhaltung mit dem Ziel, zu Tiefstpreisen ständig für Nachschub zu sorgen, wird immer ökologische und ökonomische Probleme nach sich ziehen. Holland schwimmt in der stickstoffreichen Gülle seiner Schweinezuchten, so wie die bis vor Kurzem unberührten schottischen Fjorde heute von Lachsabwässern mehr oder weniger verdreckt sind. Und die Seebarsch- und Seebrassenzuchten im Mittelmeer hatten in der letzten Zeit eine solche Überproduktion, dass der Markt zusammengebrochen ist und die Züchter pleitegehen. Mit anderen Worten: die klassische Abfolge »rascher Aufschwung, tiefer Absturz« – und das Gegenteil von Nachhaltigkeit. Wollen wir den Planeten wirklich retten, kommen wir nicht darum herum, für unsere Nahrung mehr zu bezahlen.

Outports

1998 fuhr ich nach Neufundland, um *Outports* genannte Fischerdörfer zu besuchen, für eine Reportage über abgelegene Gemeinschaften. Und abgelegen sind in der Tat viele von Neufundlands Outports. Die meisten sind bloß Siedlungen auf Inseln vor der windgepeitschten Küste oder am Ende schmaler Buchten, eingepfercht zwischen kahlen, aber schützenden Felswänden. Die isoliertesten sind vom Land her gar nicht zugänglich, und das ist einer der Hauptgründe, warum sie heute um ihr Überleben kämpfen.

Begründet wurden diese Fischerdörfer vor allem im 18. und im 19. Jahrhundert. Sie sind für Briten besonders interessant, da viele um einen Kern von Menschen entstanden, die aus einzelnen Dörfern im Südwesten Englands stammten. Bewegt man sich gemächlich von Dorf zu Dorf, ist es, als reise man von der Grafschaft Devon über Dorset nach Cornwall: Auf den Grabsteinen finden sich getreulich Namen alter Familien aus den erwähnten Grafschaften. Manchmal hat man gar das Gefühl, unter der Oberfläche des Kanadischen seien die regionalen Akzente noch schwach zu hören, und in kleinen Variationen der lokalen Dialekte haben sich Ausdrücke erhalten, die im modernen Großbritannien bereits ausgestorben sind. Es gibt auch Variationen religiöser Art. Mal stößt man auf eine stockkatholische irische Gemeinschaft, während sich in der nächsten Bucht seltsame Überreste der Plymouth-Brüder gehalten haben, fremdartig und strenggläubig.

Was alle Outports verbindet, ist die Fischerei. Besser gesagt: was sie *verbunden hat,* bis 1992 die Neufundlandbank-Fischerei zusammenbrach und das Fangen praktisch aller einheimischen Fischarten verboten wurde. Diese Dörfer waren in jeder Hinsicht Monokulturen. Sie wurden auf Fischerei gegründet und von ihr am Leben erhalten. Zwei Jahrhunderte lang war diese ein sicherer, wenn auch anstrengender und gefährlicher Lebensunterhalt, gefolgt von zwei kurzen Jahrzehnten in den 1970er- und 1980er-Jahren, wo sie regelrecht boomte und die Leute vergleichsweise wohlhabend machte. Dann platzte die Blase. Und heute können sich die Outports kaum noch selbst versorgen.

Das ist wohl ein zu simpler und gedrängter Überblick. Tatsächlich sind die Outports seit einem halben Jahrhundert im Sterben begriffen, und schuld daran ist ebenso sehr die Politik wie der Rückgang der Fischbestände. Die eigentliche Insel Neufundland (zur gleichnamigen Provinz gehört auch noch Labrador) ist ungefähr so groß wie England, und ihr Landesinneres ist größtenteils noch immer eine Wildnis. In den Fünfzigerjahren kam Joey Smallwood, Neufundlands erster und noch immer berühmtester Ministerpräsident, zu folgendem Schluss: Dutzenden isolierter Outports, die oft weniger als zweihundert Einwohner hatten, Dienstleistungen wie Straßen zu bieten, sei eine zweifelhafte Verwendung der kargen öffentlichen Gelder. Er traf die fast ein wenig stalinistisch anmutende Entscheidung, viele dieser Dorfgemeinschaften in bequemer zu erreichende Orte umzusiedeln – in einige der wenigen Städte der Provinz zum Beispiel. Outport-Bewohner schottischer Abstammung muss die Maßnahme schmerzlich an die *Highland Clearances* im 19. Jahrhundert erinnert haben, als die dortigen Ackerbauern umgesiedelt wurden, weil die Grundbesitzer auf Schafzucht umzustellen beschlossen hatten. Seither fristen die noch vorhandenen Outports eine prekäre Existenz, mal geht es aufwärts, aber meistens abwärts. Sollten sich die Fischbestände nicht wundersamerweise erholen (was realistischerweise kaum jemand erwartet), sind die meisten dieser historischen Siedlungen wohl zu einem langwierigen Sterben verurteilt. Ihre Bevölkerung wird immer älter, die Kinder gehen weg an die Universität und kehren nicht zurück. Kommt einer Siedlung der zentrale Grund für ihre Existenz abhanden, wird sie fast nur noch durch Nostalgie und staatliche Unterstützung zusammengehalten. Und mit dieser Unterstützung ist es jetzt vorbei.

Neufundland an diesem kritischen Punkt seiner Geschichte zu besuchen, ist faszinierend. Sowie ich in der Hauptstadt St. John's ankomme, wird klar, dass das Überleben der Outports das brisanteste Gesprächsthema ist. Seit dem Zusammenbruch der Fischerei geht es der Provinz wirtschaftlich immer schlechter und die Zahl der Arbeitslosen wächst. Das betrifft alle, und die dadurch entstehenden Ängste schüren die Selbstgerechtigkeit der Städter gegenüber den Outport-Bewohnern. Der Hassbegriff schlechthin ist TAGS, die Abkürzung von »Trans-Atlantic Groundfish Strategy«. Das ist die monatlich erfolgende staatliche Unterstützung für Fischer, die keinen Lebensunterhalt mehr haben. Eingeführt wurde sie 1992, als die Neufundlandbank-Fischerei eingestellt wurde, und Ende August 1998 sollte damit Schluss sein. Die Bewohner der Outports sehen dies als Todesurteil für ihre Dörfer an. Die Städter hingegen finden, es sei höchste Zeit, dass man diesen Nichtstuern am Rande der Welt den Geldhahn zudrehe, damit sie einsehen, dass das Ende der Fahnenstange erreicht sei, und sich einen neuen Lebensunterhalt suchen.

Es geht hoch her, und die Fischergewerkschaften demonstrieren lautstark vor den Regierungsgebäuden von St. John's. Eine Kellnerin namens Nikki, die mir ein sehr neufundländisches Essen – gebackene Kabeljauzungen mit frittierten Stücken gepökelten Schweinefleisches – serviert, erzählt, sie komme aus Harbour Grace, einem ungefähr neunzig Fahrminuten entfernten Hafen. Obschon all ihre Verwandten aus dem Fischgewerbe stammen, sagt sie, sie habe die Nase voll vom Gejammer der Fischer. Mit vierzig Wochenstunden harter Arbeit verdient sie weniger, als die Fischer an TAGS dafür bekommen, dass sie herumsitzen und nichts tun. Sie hätten die Krise voraussehen sollen, und nun haben sie auch schon wieder sechs Jahre

Zeit gehabt, um aufzuwachen und Arbeit zu suchen. »Von mir müssen die kein Mitleid erwarten«, sagt Nikki schroff.

Ganz Ähnliches hörte man in Großbritannien in den Achtzigerjahren unter Thatcher, als die Konservativen die sogenannten Rostgürtel-Industrien, also Kohle und Stahl, angriffen, im Namen der Verschlankung der Wirtschaft. Was Nikki sagt, klingt wie ein Echo dessen, was Norman Tebbitt 1981 auf einer Parteikonferenz der Konservativen gesagt hatte: »*On yer bike!* – Setzt euch aufs Rad und sucht euch Arbeit!« Zwar konnte ich die Argumente beider Seiten durchaus nachvollziehen, meine Sympathien galten aber jenen, welche die Rücksichtslosigkeit der Politiker mit voller Wucht zu spüren bekamen. Und deren Kurzsichtigkeit. Denn zu Beginn der Achtzigerjahre hatte ich mich erstmals mit der europäischen Fischereiindustrie und den ökologischen Auswirkungen von deren Techniken, illegalen Praktiken und der Lähmung der Politik beschäftigt. Was ich zu sehen bekam, war eine Gruppe hoch entwickelter und wissenschaftlich gebildeter Länder, die fröhlich ausgesprochen liberale Fischereiabkommen unterzeichnet hatten, doch offensichtlich nicht einmal diese durchzusetzen gewillt waren. Wie sich herausstellte, fiel es dann Kanada zu, gegen die illegalen Fischereipraktiken der Europäer einzuschreiten, allerdings erst 1995. In diesem Jahr nahmen die Kanadier die Besatzung der *Estai,* eines spanischen Trawlers, fest, der im Gebiet der Neufundlandbank Steinbutt gefischt hatte, und zeigten dessen Fang und die illegalen Netze weltweit im Fernsehen. Diese Aktion trug Brian Tobin, dem damaligen Fischereiminister, den Namen *Turbotnator* (Steinbuttator) ein, in Anlehnung an Schwarzeneggers *Terminator.* Sie machte ihn in Kanada auch unglaublich populär – ganz besonders in Neufundland, wo man ausländische Schiffe wie diejenigen der spanischen und portugiesischen Flotte schon lange als Wilderer in den Gewässern der Neufundlandbank empfunden hatte. Der Medienrummel stand in keinem Verhältnis zum enttäuschenden Ausgang der Sache: Denn nicht die gesamte Neufundlandbank liegt innerhalb der zweihundert nautische Meilen breiten kanadischen Wirtschaftszone, und der Kapitän der *Estai* behauptete, zum Zeitpunkt der Verhaftung habe er sich in internationalen Gewässern befunden. Sofort klagten die Spanier wegen Piraterie. Zum Schluss wurden alle Klagen stillschweigend fallen gelassen, die beschlagnahmten Fische wurden freigegeben, und der kanadische Staat musste die Kosten von 41 000 Dollar für die Rückgabe der Fische an ihren Besitzer übernehmen. Jetzt, in der Hitze des politischen Gefechts um die Absetzung von TAGS, vergessen die Neufundländer nicht nur gern, dass die Spanier und die Portugiesen spätestens seit dem 16. Jahrhundert (mit anderen Worten: bevor Neufundland von jemand anders als den einheimischen Beothuk bewohnt wurde) in den Gewässern der Neufundlandbank Kabeljau gefischt haben, sondern auch dass die *Newfies* selbst in hohem Maße dazu beigetragen haben, dass ihre Ressourcen überfischt wurden.

Als erste Etappe auf meiner Reise zu den abgelegeneren Outports fliege ich über die Insel nach Stephenville, das übrigens der Geburtsort von Brian Tobin ist. Auf Neufundland sind Flugpläne nicht sonderlich verbindlich, da es hier noch schlimmere Wetterumschwünge gibt als in Schottland. Plötzlich aufkommender Nebel oder Böen und Regenschauer sind hier gang und gäbe. Sogar in St. John's ist einem bewusst, dass man sich an der Schwelle einer gewaltigen kontinentalen Landmasse befindet, die tief in den nördlichen Polarkreis reicht. Es ist Juni, dennoch sieht man eine Parade von Eisbergen an der Hafenmündung vorbeiziehen. Vor ein paar Tagen ist eine Gruppe Franzosen, deren Interesse durch den Film *Titanic* geweckt worden war, in einer gecharterten Air-France-Concorde nach St. John's geflogen, um einen Tag lang Eisberge zu beobachten und dann zum Abendessen nach Paris zurückzufliegen.

Da das Wetter freundlich ist, startet und landet mein Flugzeug pünktlich. Stephenville, stellt sich heraus, hat mit der Fischerei nicht direkt zu tun: Es ist eine küstennahe Stadt, die sich um eine amerikanische Fliegerbasis entwickelt hat, die ihrerseits ein Produkt des Kalten Kriegs war. Die Basis hat sich seither in einen zivilen Flughafen verwandelt, zu dem eine neue Stadt gehört, deren Bewohner vor allem in der Dienstleistungsindustrie und in einer großen Papierfabrik am Stadtrand tätig sind. Ich miete ein Auto und fahre über eine einsame Landstraße entlang der Südküste Richtung Burgeo; die Strecke ist um die hundertachtzig Kilometer lang, und der letzte Teil wurde erst 1992 asphaltiert. Dies war ein kostspieliges Projekt, vor allem wenn man bedenkt, dass diese Straße nur nach Burgeo führt; allerdings dürfte sie einen Teil des Landesinneren zugänglicher machen für Holz verarbeitende und Bergbauunternehmen sowie für Freizeitjäger und Sportfischer. Meile um Meile breitet sich die gleiche Landschaft aus, mit den für ein ehemaliges Gletschergebiet typischen abgerundeten oder platt gewalzten Hügeln. In den niedrigen Fichtenwäldern sollen sich Elche und Schwarzbären verbergen, und in den weiten Sumpf- und Seengebieten sollen Karibuherden heimisch sein. Während der ganzen Fahrt erblicke ich kein einziges Tier. In engen Hügelschluchten, wo sie vor der schwachen Sonne geschützt sind, finden sich immer noch Flecken Schnee.

Für Reisende ist Burgeo insofern von Belang, als man von hier aus Fähren zu weiter entfernten Outports nehmen kann. Doch wenn man das Ende der verlassenen Autobahn erreicht hat, kommt einem die Stadt selbst dennoch ziemlich abgelegen vor. Sie wird gebildet von einigen der größeren von 365 kleinen Halbinseln und Inseln, die sich in Küstennähe drängen. Als ich ankomme, demonstrieren mehrere Hundert der zweitausend Menschen umfassenden Stadtbevölkerung vor einem Regierungsgebäude aus Holz. Frauen und Kinder tragen Plakate, auf denen *Lasst unsere Stadt nicht sterben!* oder *Wir wollen Jobs, nicht Stütze!* steht. Auf dem Transparent der Fish, Food & Allied Workers Union steht: *Wir schlagen zurück!* Der einzige industrielle Arbeitgeber der Stadt, eine Fischverarbeitungsfabrik der Firma Seafreez Foods, ist geschlossen worden. Die Leute sagen, der Besitzer wolle sie weder wieder aufmachen noch an jemanden verkaufen, der zum Kauf bereit wäre. Der Groll darüber, dass ein Fischfabrikbesitzer eine ganze Stadt erpressen kann, reicht in Burgeo und in anderen Outports weit zurück, wie ich später feststelle, als ich *The Outport People* lese, worin Claire Mowat als Außenstehende über diese Region schreibt. 1962 zogen sie und ihr Mann, ein Schriftsteller, vom kanadischen Festland in einen Outport auf Neufundland, der, wenn auch kaschiert, Burgeo sein muss, in der Zeit, als die Landstraße noch nicht gebaut war. Mowat entdeckte eine seltsame, gleichsam in einer Zeitfalte lebende Gemeinschaft von Menschen, die von Telefon und Fernsehen unberührt waren und von denen die wenigsten je ein Auto gesehen hatten. Sie waren scheu und introvertiert und sprachen einen sonderbaren Dialekt, der sich aus demjenigen des Dorfs in Südwestengland entwickelt hatte, aus dem ihre Vorfahren im 19. Jahrhundert aufgebrochen waren. Auch ihr Lebensunterhalt war von der örtlichen Fischfabrik abhängig, deren Besitzer sich, der Beschreibung nach, wie ein unbelehrbarer englischer Fabrikbesitzer zu Beginn des 19. Jahrhunderts gebärdete. Der Mann bezahlte mickrigste Löhne, während er selbst gewaltigen Reichtum anhäufte. Als einige der jüngeren und zornigeren Männer zu einem Streik aufriefen (was es in einem Outport noch nie gegeben hatte), rief er per Funk die Mounties, schloss die Fabrik und zog einfach an einen anderen Ort, wo eine weitere seiner Fabriken stand. 1998 beschweren sich die Bewohner von Burgeo über ein ähnlich selbstherrliches Verhalten seitens der Seafreez-Foods-Direktion.

Für einen Besucher, der sich schon daran gewöhnt hat, dass von den Outports nur als »sterbenden Dörfern« gesprochen wird, haben sie etwas sonderbar Trügerisches an sich. Man würde heruntergekommene, deprimierende Orte erwarten, deren verhärmte Bewohner in Hütten dahinvegetieren. Doch so sehen sie absolut nicht aus. Inmitten von grauen Felsen, kurz geschnittenem saftigem Rasen und kleinen Buchten mit tiefblauem Atlantikwasser stehen gepflegte Schindelhäuser, oft fröhlich gestrichen in Blau und Grün. Auf den ersten Blick gleichen sie den Fischerdörfern in Cape Cod und Neuengland rund siebenhundert Seemeilen weiter südwestlich. Die Vorgärten sind gepflegt, in den offenen Garagen stehen Schneemobile,

Geländewagen, große US-amerikanische und japanische Lieferwagen. Im Wasser schaukeln, wie ruhende Möwen, Scharen kleiner weißer vor Anker liegender Boote mit Außenbordmotoren. Wer, wie ich, Dörfer in Südostasien gewohnt ist, wo nur für den eigenen Lebensunterhalt gefischt wird, dem kommen diese Dörfer vergleichsweise wohlhabend vor. Doch genau das ist das Trügerische. Erstens ist dieser Wohlstand gleichsam versteinert; er ist das, was geblieben ist vom Fischereiboom der Siebziger- und Achtzigerjahre, welcher nach knapp zwei Jahrzehnten 1992 ein abruptes Ende nahm. Zweitens fischten die meisten Outport-Bewohner damals längst nicht mehr für den eigenen Bedarf. Sie waren schlicht und einfach Industriefischer geworden, und zwar schon bevor Claire Mowat in die Region gezogen war. Sie aßen nur selten, was sie gefangen hatten. Stattdessen verkauften sie ihren Fang an große Unternehmen, welche ihn verarbeiteten, verpackten, tiefkühlten und in die Welt hinausschickten. Mit deren Geld kauften sie in den Supermärkten Beefburger, Backofen-Pommes-frites, Schneemobile und Videorekorder.

Mehrere Wochen später schilderte mir ein Historiker in St. John's eindringlich, wie der kanadische Staat in der Praxis mit der Fischerei der Neufundländer verfuhr. Danach muss die selbstgerechte Haltung der kanadischen Regierung im Konflikt mit den Spaniern von 1995 (gute örtliche Umweltschützer gegen böse ausländische Piraten) als allzu simpel bezeichnet werden, wenn nicht gar verlogen. »Das Ende des ländlichen Neufundlands kam, als die kanadische Regierung die Fischerei in unseren Küstengewässern kaltblütig an riesige Fabrikschiff- und Tiefseefischereiunternehmen verscherbelte – auf Kosten der an der Küste lebenden Fischer. Sie dürfen 1949 nicht falsch verstehen: Das Bündnis mit Kanada war immer nur als ein Gesellschaftsvertrag vorgesehen, nie als ein politisches oder gar wirtschaftliches Bündnis. Wirtschaftlich schon gar nicht. Man hat uns in den Ruin getrieben. Sehr wenig von dem unglaublichen Reichtum, den diese Insel in den letzten dreißig Jahren hervorgebracht hat, ist hier hängen geblieben. Bergbau, Holzverwertung, Papierherstellung und vor allem die Fischerei: riesige Vermögen sind nach Übersee verschwunden.«

Mein erster Anlaufhafen nach Burgeo soll Ramea sein, das per Fähre ein paar Stunden entfernt ist. Laut meiner Zimmerwirtin ist die Fischfabrik von Ramea zumindest teilweise noch in Betrieb, was die Bewohner von Burgeo erbost. Sie sind weniger neidisch als wütend über die offensichtliche Inkonsequenz der Regierungspolitik und die Launenhaftigkeit der Fabrikbesitzer. Nun, da es keinen Kabeljau mehr gebe, für dessen Verwertung die Fabrik in Ramea konzipiert worden sei, erzählt mir die Zimmerwirtin, habe man sie für die Verwertung verschiedener Fischarten umgebaut: für Krabben und Fische, die früher keinen kommerziellen Wert hatten. Auch die Fabrik in Burgeo sollte entsprechend neu eingerichtet werden, doch Seafreez weigert sich hartnäckig, sie wieder in Betrieb zu nehmen. Verlangt wird, dass die Firma den Betrieb aufnimmt und einen Fisch verwertet, der Rotbarsch heißt, aber kein Barsch ist sondern eine Art Goldlachs, der mit dem Kapelan verwandt ist sowie mit dem Stint. Ein Weißfisch wie der Goldlachs kann für die Herstellung sogenannter *crab sticks* verwendet werden, welche die Japaner schon seit Langem als *surimi* vermarkten: Diese angeblichen Krabbenstäbchen haben nie eine Krabbe gesehen, sondern man bearbeitet Weißfisch so, dass seine Textur derjenigen von Krabbenfleisch ähnlich wird, und fügt dann künstliche Aromen und rote Farbe hinzu. In anderen Fabriken auf Neufundland macht Seafreez bereits *surimi* aus Meerhecht; warum könne das Unternehmen hier keine aus Goldlachs machen und Burgeo so am Leben erhalten? Der Streit nimmt kein Ende. In den gastfreundlichen Häusern ist von nichts anderem die Rede als dem baldigen Ende von TAGS, dem Tod von Burgeo, dem Ende einer Lebensweise. Bisweilen wird das, was leider ein gewöhnlicher historischer Vorgang ist, von seinen Opfern finsteren Machenschaften zugeschrieben: Die Regierung versuche so, das Problem der Outports ein für alle Mal zu lösen. »Man hat zuweilen das Gefühl, es sei eine Verschwörung: Alle, die auf dem Land leben, sollen in die Städte ziehen, wo man sie administrativ leichter im Griff hat.« So klar hat noch selten jemand auf den Punkt gebracht, was Menschen, die ihre Unabhängigkeit lieben, so sehr verbittert: dass man sie um jeden Preis, mit fairen oder mit unsauberen Mitteln, zwingt, ihre Lebensweise aufzugeben und sich derjenigen der Mehrheit in den Städten und Vorstädten anzugleichen.

Manche Leute meinen, Burgeo könne man nicht mehr als Outport bezeichnen, weil es dank der Landstraße keine wirklich isolierte Gemeinschaft sei. Ramea, eine Insel, die nur per Fähre aus Burgeo erreicht werden kann, ist hingegen ohne Zweifel ein Outport. Die Fahrt dorthin ist ein bisschen wie Inselhüpfen auf einer etwas trübseligen Version der Hebriden. Mit ihrer Verszeile »stern and rock-bound« (karg und von Felsen umschlossen) hätte Felicia Hemans ebenso gut die hiesige Küstenlinie gemeint haben können. Wolken und Regenschauer kommen und gehen sonderbar schnell, sodass es bald hell, bald düster ist. Das Wasser reagiert auf das Licht der Umgebung mit der Empfindlichkeit eines Films. Unvermutet schiebt die Sonne Wolken auf die Seite und lässt Schattierungen von Aquamarin erstrahlen, die der Tropen würdig sind. Im nächsten Moment verfinstert sich das Meer wieder zur gewohnten grünschwarzen Tiefe. Gelegentlich taucht ein Stück weit entfernt ein Seehund oder ein Wal auf, und während man sich bemüht, ein fernes Stück Wasser genauer in Augenschein zu nehmen, gießt die Sonne urplötzlich lebhaftes Blau in den düsteren Ozean mit seinen grellweißen Schaumbüscheln auf den brechenden Wellen.

Ramea ist eine doppelte Handvoll Häuser mit flachen Hügeln dahinter, einem Funkmast und einem riesigen Öltank. Sonst nichts. Der Sonnenschein bei unserer Ankunft weicht schlagartig böigen Schauern und einem leichten Seenebel vor der Küste. Das verstärkt das Gefühl, vom Hauptteil des Planeten abgeschnitten zu sein. Allein spaziere ich über bebende Moore zum Leuchtturm, dem einzigen Ziel, das sich auf dieser Insel anbietet. Sie ist von einer sensationellen Trostlosigkeit. Das Kreischen der Möwen und das Klagen einer Heulboje verstärken die Melancholie. Ramea ist immer so gewesen, sage ich mir, das hat nichts damit zu tun, dass der Versuch, dieser unwirtlichen Landschaft einen Lebensunterhalt abzutrotzen, nun endgültig gescheitert ist. Auf der Fähre hat mir jemand erzählt, dass ein Arzt, der vor ein paar Jahren von Toronto aus auf diese Insel geschickt worden sei, hier fast wahnsinnig geworden wäre. Sechs Wochen lang habe Ramea ununterbrochen im Nebel gesteckt, und während dieser Zeit habe er die Sonne kein einziges Mal gesehen. Daraufhin sei der Arzt wegen Krankheit seines Amts enthoben worden. Mein Informant hatte die Geschichte mit Gusto erzählt: voller Stolz auf das Klima seiner Heimat und voller Verachtung für Auswärtige, die zu schwach waren, um es auszuhalten.

Die Rameaner, mit denen ich spreche, sind alle höflich; dennoch kann ich etwas von der Zurückgezogenheit und Reserviertheit spüren, die Claire Mowat seinerzeit als charakteristisch für Outport-Bewohner empfand. Durch moderne Kommunikationsmittel, das Fernsehen, den regelmäßigen Fährverkehr und gelegentliche kühne Touristen sind sie etwas offener geworden; und wegen der heftigen politischen Debatte, die zurzeit über ihre Zukunft geführt wird, haben sie sich vermutlich ein bisschen daran gewöhnt, sich Außenstehenden gegenüber zu äußern. Dennoch kommt es mir vor, als ließen sie meine Fragen mit der Passivität Todkranker über sich ergehen, die nicht mehr die Kraft haben, sich dagegen zu wehren. Aus einer Abzugsöffnung auf dem Dach der Fischfabrik quillt Dampf; das Herz des Städtchens scheint also noch schwach zu schlagen. Ich gehe durch die paar Straßen, zusammen mit einem Handelsvertreter aus Gander, der im selben Bed-and-Breakfast wohnt wie ich. Seit zehn Jahren kommt er alle sechs Monate hierher und versorgt den Eisenwarenladen der Stadt mit Plastikeimern, Arbeitshandschuhen, Gummistiefeln, Angelschnur, Ersatzteilen für Außenbordmotoren und Verkleidungsmaterial aus Polyäthylen: all dem, was man zum Überleben braucht an einem Ort, der durch *glitter storms,* üble Stürme mit horizontal fliegenden Eiskörnern, und gigantische Wogen oft tagelang vom Rest der Welt abgeschnitten ist. »Ich glaube nicht, dass das noch lange so weitergeht«, sagt der Mann düster. »Die Leute gehen weg, Krabbenstäbchen hin oder her. Die Grundlage dieses Dorfs ist der Kabeljau. Da können die so lange mit Goldlachs und Seehasenrogen herumspielen, wie sie wollen: Es ist einfach nicht dasselbe. Da geht es um Delikatessen. Kabeljau dagegen war etwas Solides, ein Grundnahrungsmittel. Kabeljau war wie dicke, fette Schichten Eisenerz, wie auf Bell Island, nicht wie eine kleine, feine Goldschicht. Damit eine Stadt entstehen und sich wirtschaftlich halten kann, braucht es Eisenerz oder Kabeljau, wenn Sie mich fragen.«

Ich nehme in Ramea die Fähre und fahre an der Südküste Neufundlands entlang Richtung Osten. Die wenigen Leute an Bord sind unterwegs nach Grey River oder François, das hier *Fränswej* ausgesprochen wird: Vor langer Zeit schon hat man sich für eine englische Aussprache jener Namen entschieden, die ursprünglich von französischen Fischern gewählt worden waren, die in den Sechzigerjahren des 18. Jahrhunderts von Saint-Pierre und Miquelon aus hierhergesegelt waren, nahen Inseln, deren Mutterland noch immer Frankreich ist. Die Küste, backbord ein paar nautische Meilen entfernt, ist auf grandiose Weise karg und geologisch: Deutlich ist zu sehen, wo Gletscher vor langer Zeit Fjorde gruben, bevor sie abbrachen und als Eisberge davontrieben. Wir fahren an einem kleinen grellorange gestrichenen kanadischen Ozeanografenschiff vorbei, das den Meeresgrund in dieser Gegend vermisst. Dies sind, man glaubt es kaum, die ersten systematischen Lotungen seit denjenigen, die Captain James Cook im 18. Jahrhundert vorgenommen hatte, lange bevor er für immer mit der Südsee und tropischen Paradiesen assoziiert werden sollte.

Nachdem sie zwei Stunden lang kahle, graue Landspitzen umschifft hat, biegt die Fähre in eine schmale Bucht ein, und am Ende des Fjords liegt Grey River. Im Näherkommen sieht es aus wie eine weitere florierende »sterbende Gemeinschaft«: verstreute, säuberliche Schindelhäuser, ein kleiner Pier, Plankenwege statt Straßen, eine Schule, eine Kirche und ein Kraftwerk (das *Hydro*). Die Fähre lädt sechs Passagiere und Vorräte ab, auf welche sich die Jungen und Männer, die sich auf dem Pier drängen, sofort stürzen. Die Ankunft der Fähre ist offensichtlich ein Ereignis. Das Wasser um das Pfahlwerk des Piers ist flaschengrün und verfärbt sich, wo es plötzlich tiefer wird, ins Kobaltblaue. Es ist so extrem klar, dass man mit Leichtigkeit malvenfarbige Seesterne, grüne Seeigel und das perlmuttfarbene Glänzen leerer Muschelschalen erkennen kann. Fische sind hingegen nicht zu sehen, nicht einmal winzig kleine, die man sonst dort erwarten würde, wo die Abwasserrohre der nahen Häuser ins Meer münden. Das Wasser wirkt seltsam steril. Zwanzig Minuten später legen wir wieder ab.

Zwischen Grey River und François fahren wir an einer schmalen Bucht vorbei, in der man auch einen Outport vermuten würde. Ein einheimischer Passagier erklärt mir, da habe es auch einmal einen gegeben: Cape la Hune. Zu Beginn der Sechzigerjahre habe man seine Bewohner jedoch umgesiedelt, und vom Ort selbst sei kein Fitzelchen übrig geblieben. Auch Parson's Harbour in der Nähe von François gebe es nicht mehr, fährt er fort. Der weiter östlich gelegene Outport Sagona Island in der Fortune Bay hingegen ist durchaus fotogen, wenn man so etwas mag: Einige der verlassenen Häuser stehen noch, sie sind aber überwachsen und ducken sich unter dem unerbittlichen Wind.

Die schmale Bucht von François sieht kaum anders aus als diejenige von Grey River. Die kleine Fähre umfährt geschickt eine seichte Stelle an ihrem Eingang und zwängt sich durch eine schmale Lücke, die sich bei stürmischem Wetter nie passieren ließe. Wir fahren in einen langen Fjord ein, dessen Wände so hoch sind, dass er wie eine Kluft erscheint. Die weißliche Häuseransammlung an seinem Ende wirkt winzig angesichts der hoch aufragenden Felswände, die sie umgeben, und eines besonders massigen Felsens, der direkt hinter der Siedlung aufragt und *The Friar* (Der Mönch) heißt. Hier hat das Wasser die Farbe von Coca-Cola, wegen des Torfwassers aus den Sümpfen und Hochmooren. Als wir der Stadt näher kommen, wirkt das alles schon fast allzu vertraut. Wie in Grey River gibt es auch hier recht viele Quads, vierrädrige Motorräder, und das, obschon man alle Zement- oder Holzpromenaden von François innerhalb von zehn Minuten abschreiten könnte. Natürlich keine Autos. Und wieder künden die säuberlichen, gern mit Chintz dekorierten Häuser von nicht weit zurückliegendem individuellem Wohlstand, während der Hafen deutlich macht, wie viel der Staat dafür ausgibt. Die regelmäßige Fährverbindung ist dermaßen unwirtschaftlich (mit mir steigen nur drei weitere Passagiere aus), dass sie zu hundert Prozent subventioniert sein muss. Schon aus der Distanz kann man eine große Schule sehen mit einem hölzernen Hockeyfeld auf dem Dach ihres Anbaus, einen Gemeindesaal, das unvermeidliche Kraftwerk, einen Helikopterlandeplatz, eine Kirche, ein Postamt und sogar Straßenlaternen für die paar Wege. Hoch oben über den steil aufragenden Felswänden steht der Sendeturm einer Relaisstation, die Telefonanrufe und Radionachrichten aus der Außenwelt auffängt und hinabschickt in das in seinem Fjord untergehende, kleine bedrängte François.

Die am leichtesten zugängliche Quelle historischer Informationen zu einer isolierten Gemeinschaft ist immer der Friedhof. Ich hatte bereits die Friedhöfe von Ramea und Burgeo besucht, und auch hier tauchten wieder Namen aus Devonshire, Dorset und Cornwall auf: Fudge, Dollimount, Greene, Snook, Priddle, Durnford. Und weil diese Familien hier alle weiterexistiert haben, sind auch die Gräber von Menschen, an die sich unmöglich noch jemand erinnern kann, meist gut gepflegt. Wie schwierig in einem derart abgelegenen und wilden Fischerort das bloße Überleben ist, zeigt sich daran, wie viele Kindergräber es hier gibt und wie oft auf einem Grabstein *Ertrunken* steht. In Outports wie François zu leben, hat immer großes Durchhaltevermögen erfordert, auch wenn die Bewohner in ihrer ruhigen, bescheidenen Art kein großes Gewese darum machen und das Leben in der letzten Zeit etwas einfacher geworden ist. Dies ist ein selbstbewusster zäher Menschenschlag. Es ist unklar, ob und wie François überleben wird: Vielleicht wird eine touristische Sehenswürdigkeit daraus – wahrscheinlich ein »Outport-Kulturdenkmal«. In jedem Fall zeugen solche Orte immer davon, wie hartnäckig und anpassungsfähig der Mensch ist.

Nach wie vor ist bei den Neufundländern diese ländliche Eigenheit spürbar: Offenheit und hermetische Abgeschlossenheit zugleich. Für jemanden, der von außen kommt, hat diese Offenheit etwas ausgesprochen Entwaffnendes. Da es in diesen Regionen keine Hotels gibt, reist man immer aufgrund persönlicher Empfehlungen, und in Burgeo hatte man mir den Namen einer möglichen Zimmervermieterin hier in François angegeben. Lorna Pink hat aber nicht nur ein Bett zu bieten: Sie ist alt genug, um sich an die Zeit vor dem großen Fischereiboom zu erinnern, ja sogar an frühere Zeiten als die von Claire Mowat beschriebenen. Tatsächlich sind Mrs Pink und ich genau gleich alt, waren zu Beginn des Zweiten Weltkriegs also Babys. Das schafft Gemeinsamkeiten, und ich stelle fest, dass diese Art Freimaurertum von Menschen mittleren Alters durchaus nicht unangenehm ist.

»Wir haben uns damals stärker auf uns selbst verlassen«, erzählt sie mir eines Abends. »Wir haben so viel Gemüse angebaut, wie wir konnten, der Boden ist hier halt sehr dünn. Das ist an den meisten Orten an der Küste so. Ich habe einen Cousin in Wesleyville im Osten drüben, und der hat immer gesagt, sie mussten Erde importieren für den Friedhof, weil sonst der Sarg direkt auf dem Fels gelegen hätte. Und was man draufgetan hat, wurde vom Regen weggespült, drum weiß er noch, dass er immer mal wieder auf den Friedhof gegangen ist, um etwas Erde auf seinen Großvater zu tun. Mit dem Spaten haben sie den Sarg an einer Ecke aufgestemmt, um zu schauen, was der Alte drin so macht. Kinder halt! Wie gesagt, wir haben damals unser eigenes Gemüse gegessen, eigenen Fisch, eigenes Fleisch, also von Bären, Karibus oder Elchen, aber gepökelt und getrocknet, weil es damals keine Kühlschränke gab. Elektrischen Strom haben wir erst seit 1966, als das Hydro kam. Davor hatten wir Öllampen und haben mit Kohle und Holz gekocht. Viele von uns Älteren bauen immer noch eigene Kartoffeln an, Kohl, Rüben und Rhabarber. Die Leute fragen mich, wie die Zukunft hier aussieht, wenn es mit TAGS vorbei ist und so. Ich glaube, man macht zu viel her um diese TAGS, weil, schon vor 1992 haben die Leute hier mit den Füßen abgestimmt und sind nach Corner Brook gezogen, nach PEI (Prince Edward Island), Moncton oder Toronto. Das Wichtigste für jede Dorfgemeinschaft sind die Kinder, nicht wahr? Solange immer noch Kinder in dem Gewerbe weitermachen, sieht die Zukunft nicht so schlecht aus. In der Schule hier haben wir siebenunddreißig Schüler, sieben gehen jetzt auf die Universität – die werden ganz bestimmt nicht Fischer, das kann ich Ihnen sagen –, und nur ein Kind ist nachgewachsen. Sehen Sie, was ich meine?«

Wie soll eine solche Gemeinschaft weiterexistieren, wenn nicht als Fischerdorf? Alternativen gibt es wenig. Vielleicht wird ein Mineralienvorkommen entdeckt, das sich abzubauen lohnt. (In der Nähe des Hafens von Grey River sah ich Bergbau-Abraum, die Überreste einer kleinen Wolframmine, die sich rasch als unwirtschaftlich erwiesen hatte.) Oder man überlebt als Touristenort oder gar als »Künstlerkolonie«. Touristen und Künstler sind aber heikle, saisonabhängige Wesen, und der lange, harte Winter Neufundlands kann sich auf die Fährverbindungen verheerend auswirken. Touristen sitzen jedoch ungern irgendwo auf unbestimmte Zeit fest. Wie auch immer: Ohne Kontinuität geht das Wesen eines Outports verloren. Aus einer fluktuierenden Bevölkerung, die aus Durchreisenden besteht, kann sich nie wieder eine wirklich unabhängige Gemeinschaft herausbilden.

Ich verbringe einen langen Morgen damit, die Felswände hinter der Stadt zu erklimmen und um das Ende des Fjords herumzugehen. Das Panorama von dort oben ist den Aufstieg mehr als wert. Zwischen den Felswänden sieht man tief unten das ruhige Wasser der engen Bucht, das durch die Meerenge in den Ozean fließt, der sich am fernen Horizont ausbreitet. In meinem Rücken erstreckt sich eine Reihe miteinander verbundener Seen tief ins Hinterland. Moore, Kannenpflanzen, Flechten. Kein Mensch, kein Auto, keine Straße, kein Flugzeug. Nur die gewaltige, lebhafte Stille der Wildnis, die leisen Gespräche von Wind, Wasser und Fels.

Natürlich ist es traurig, dass hier eine ganze Lebensweise verschwindet, eine Kultur. Zu Hause in Italien überkommt mich oft Melancholie, wenn ich über die Hügel spaziere und Meilen einst produktiver Terrassen und gepflegter Steinmauern sehe, die heute von Unkraut überwuchert und von Wildschweinen aufgewühlt werden. Mit jedem Jahr, das vergeht, bleibt immer weniger übrig von jahrhundertelanger zermürbender Arbeit. Die Bauernhäuser haben keine Dächer mehr, sie begannen zu zerfallen, sowie sie verlassen worden waren. Vor fünfzig Jahren verlagerte sich die Wirtschaft anderswohin, und nach einer Zeit des Missmuts und der Desorientierung folgten ihr die Menschen. Auch hier in François tut es weh, dass mühsam erworbene Fähigkeiten und Traditionen wegen wirtschaftlicher und politischer Kräfte, auf welche die Bewohner keinen Einfluss haben, verloren gehen. Eine letzte Hoffnung lässt ein paar Einheimische hierbleiben, und manche sprechen sie auch aus: dass der Kabeljau in genügend großer Zahl wiederkehrt, sodass manche Outports am Leben erhalten werden könnten. Dass die wenigsten Fischer in François, Ramea und Burgeo daran glauben, liegt daran, dass sie der Zentralregierung im tausend Meilen entfernten Ottawa misstrauen. Sie misstrauen ihr, weil das, was sie selbst über Fische und die Ökologie des Fischens wissen, auf der praktischen Erfahrung von Generationen beruht und ihnen wiederum klar ist, dass kein Fischereiwissenschaftler der Regierung das Verhalten von Fischen je so hingebungsvoll studiert hat wie jene, deren Lebensunterhalt davon abhängt. *Sie selbst,* beteuern die Outport-Bewohner, hätten der Regierung lange vor dem Zusammenbruch der Neufundlandbank-Fischerei gesagt, dass in industriellem Ausmaß betriebenes wildes Fischen umweltschädigend sei. Sie, nicht die Wissenschaftler, hätten zuerst bemerkt, dass nicht genügend Fische nachwuchsen und

Jungfische einen immer größeren Anteil des Fangs ausgemacht hätten (Kabeljau ist eine langlebige Spezies und normalerweise erst mit sieben Jahren geschlechtsreif). Doch bis weit in die Achtzigerjahre vertraten kanadische Wissenschaftler den gleichen Standpunkt, den hundert Jahre zuvor ihre englischen Kollegen vertreten hatten, als man Befürchtungen geäußert hatte wegen der Überfischung von Heringen in der Nordsee. Der wissenschaftliche Berater der britischen Regierung, Thomas Henry Huxley (kein Fisch-Experte), hatte damals erklärt, solche Befürchtungen seien »unwissenschaftlich«.

»Im Gegensatz zu uns sagten die staatlichen Fischereiwissenschaftler, die Neufundlandbank sei eine ›unerschöpfliche Ressource‹. Das haben die so gesagt, nicht wir. Doch wir sind diejenigen, denen man jetzt die Schuld zuschiebt und sagt, wir seien zu gierig gewesen.« Aber hätten die Fischer nicht von sich aus entscheiden können, weniger Fische zu fangen? »Das ist leicht gesagt. Aber entweder einigen sich alle darauf, das zu tun, oder aber du schneidest dir ins eigene Fleisch, und die Konkurrenz lacht sich ins Fäustchen. Natürlich war Gier im Spiel, das gebe ich zu. Aber nicht nur unsere Gier, sondern auch die der Regierung. Zusammen haben wir schlicht und einfach unsere kostbare Ressource bis zum Aussterben leer gefischt. Dennoch glaube ich: Hätte die Regierung auf uns gehört, hätte man die Ausbeutung einschränken können, bevor es zu spät war. Doch die Regierung hatte mit anderen Fischereinationen alle möglichen Handelsabkommen, die mit der Fischerei nichts zu tun hatten, und wollte diese Länder nicht verärgern. Das übliche Gemauschel halt. Jetzt aber ist noch etwas anderes dazugekommen, was die Chancen, dass der Kabeljau zurückkehrt, beeinflusst. Wegen dem Kollaps ist das Ökosystem nicht mehr im Gleichgewicht. Wir haben hier eine echte Robbenplage, die Population der verdammten Viecher wird auf sieben Millionen geschätzt. Und die leben nicht von Luft. Weil kein Kabeljau mehr da ist, fressen die jetzt all die kleineren Fische, von denen der große Kabeljau früher gelebt hat. Die Regierung traut sich aber nicht, die abzuschießen. Die haben Angst vor diesen verdammten Greenpeace-Leuten. In die Hose machen die sich. Ich meine, warum kann die kanadische Regierung sich nicht für ihre eigene Bevölkerung einsetzen? Warum ist denen ihr globales Image wichtiger als das Leben der eigenen Bürger? Die Kinder, die in den Städten wohnen – die fallen auch auf den Greenpeace-Kram herein. Was meinen die denn, was mit all den Hühnern passiert, die sie jeden Tag im Kentucky Fried Chicken und bei McDonald's essen? Damit man Tiere essen kann, muss man sie schlachten. Glauben diese Kinder, die wachsen auf Bäumen oder was? Und noch etwas: Man hätte gedacht, unsere Regierung wäre stolz auf uns. Schließlich haben fast alle hier und in Ramea und in Burgeo ein eigenes Haus. Ich habe meines gebaut ohne einen Penny Kredit von einer Bank oder eine Hypothek, und meine Freunde haben das genauso gemacht. Unsere Fahrzeuge und Boote gehören auch uns. Weit und breit kein Kredit. Jeder einzelne Cent ist erarbeitet. Man hätte doch gedacht, eine Regierung würde einstehen für ihre Bürger, wenn die so selbstständig sind und sich selbst versorgen können, nicht?«

Und das ist das Ironische an der Sache: dass eine moderne Regierung zwar immer wieder sagt, wie sehr sie traditionelle Werte wie Selbstständigkeit unterstütze, aber gar nicht will, dass die Leute tatsächlich unabhängig sind, es sei denn, es kostet den Steuerzahler nichts. Allerdings sagen die Outport-Leute, sie wiedereinzugliedern würde die Regierung viel mehr kosten, als wenn man sie einfach weitermachen ließe ... Doch einmal mehr fällt der beschämende Schatten staatlicher Unterstützung auf die Proteste und Beteuerungen, und sie verstummen. Wahrscheinlich nimmt die Sache ein noch traurigeres Ende. Meine Zimmervermieterin in Burgeo sagte es so: »Wenn diese Stadt zusammenbricht, verliert hier alles an Wert. Wer würde denn so ein Haus kaufen? Wir werden eines schönen Tages einfach hier rausgehen und uns noch nicht einmal die Mühe machen müssen, die Tür zu schließen.«

Dieselbe Frau hatte mir am Tag nach meiner Ankunft gesagt, sie und ihr Mann würden in Stephenville übernachten, die Haustür werde aber nicht zugesperrt sein; ich könne kommen und gehen, wie ich wolle, und mich in der Küche bedienen, wenn ich Hunger habe. »Im Schrank ist Kaffee. Im Kühlschrank ist auch etwas. Fühlen Sie sich wie zu Hause.« So spricht man sonst mit alten Freunden oder Verwandten. Mich kannten meine Gastgeber noch keine vierundzwanzig Stunden. Mir graut davor, was mit ihnen geschehen wird, falls jemals größere Mengen von Rucksacktouristen aus der rauen Zivilisation hier auftauchen sollten. Andererseits sind die beiden dermaßen lieb und vertrauensselig, dass vielleicht sogar urbane Wilde eine Zeit lang dadurch in Schach gehalten würden. Doch auf jeden Fall darf man vermuten, dass mit dem Untergang solcher Gemeinschaften wieder ein Stück natürlicher Anständigkeit aus der Welt verschwinden wird.

Als ich aus François nach Burgeo zurückkehre, bringen mein Schlafzimmer und die Aussicht aus demselben die Dinge so auf den Punkt, wie meine Gastgeber sich das nie vorgestellt hätten. Das Zimmer hat etwas Verletzliches, das mich tief berührt. Auf den langflorigen Nylonteppich, das Bett mit der Patchworkdecke, die Kätzchen aus Porzellan, all die Rüschen und Plüschtiere fällt hartes Licht durch ein großes doppelverglastes Panoramafenster. An der Scheibe ist mit einem Plastiksaugnapf ein Ornament befestigt, das wie ein Buntglasfenster aussehen soll, das zwei Turteltauben in einem herzförmigen Rahmen darstellt. Dahinter liegt der Ausblick, gegen den all diese Heimeligkeit tapfer ankämpft. Man blickt direkt hinaus auf eine schmale Bucht, das kalte graue Wasser wird gelegentlich überwacht von einer einsamen traurigen Möwe, die sich gegen den Wind stemmt. Die Felsen gegenüber reichen hoch zu einer Wildnis, die sich hundert Meilen weit erstreckt: Moos, Sumpfland, verkrüppelte Fichten – und Elche, die hier jeweils für Frischfleisch sorgen. Das Zimmer wirkt so, als schaute man aus einer mit Chintz verzierten Luke hinaus auf eine widerspenstige, wirtschaftlich unrentable Landschaft. Ich spüre, dass mein Herz blutet für all die tröstlichen Scheußlichkeiten wie

Porzellanfiguren und kuschelige Klopapierrollenüberzüge, die keine Chance haben im Kampf gegen die Wirklichkeit draußen vor dem Fenster. Aus diesem selbst gebauten gemütlichen Heim, rufe ich mir in Erinnerung, fürchten seine gastfreundlichen Besitzer eines Tages resigniert ausziehen zu müssen.

Betrachtet man die Sache im größeren historischen Zusammenhang, darf man nicht vergessen, dass auf Neufundland früher einmal ganz andere Menschen gelebt haben: die Ureinwohner, die Beothuks, deren letzte Vertreter vor zweihundert Jahren ausgestorben sind. Vielleicht sind das unerbittliche Verschwinden einer auf Fischerei beruhenden Kultur und das Sterben der Outports nichts anderes als die moderne Version des Untergangs der Beothuks. Dass nichts beständig, sondern im Fluss ist, ist charakteristisch für die Geschichte der Menschheit, auch wenn wir nicht gern daran erinnert werden. Vielleicht befürchten wir insgeheim, unser moderner, urbaner Lebensstil könnte sich als ebenso unhaltbar erweisen wie die Ausbeutung der Fischgründe im Gebiet der Neufundlandbank (auch wenn Wissenschaftler und Politiker das Gegenteil behaupten) und auch wir könnten eines Tages gnadenlos durch etwas anderes ersetzt werden.

2001 **begegnete ich in London** zufällig einem mir bekannten Wissenschaftler, der gerade vom Kaspischen Meer zurückgekommen war, wo er eine Ölfirma bei ihren Bohrungen vor der Küste beraten hatte. »Übrigens«, sagte er, »Baku musst du unbedingt einmal erlebt haben.« In seiner Beschreibung klang es, als wäre die Hauptstadt von Aserbaidschan eine Boomtown im Wilden Westen während des Goldrausches – mit den üblichen Ingredienzen: massenhaft Armut, massenhaft Reichtum, massenhaft Gewalt, massenhaft Korruption. »Und massenhaft Kaviar«, fügte er hinzu. »Der Handel damit ist verboten worden von der CITES« – der *Convention on International Trade in Endangered Species,* dem Gremium, welches den Handel mit Pflanzen und Tieren überwacht, die vom Aussterben bedroht sind –, »weshalb dort alle Kaviar schmuggeln. Der Schwarzmarkt ist unglaublich. Für ein paar Dollar bekommst du das Zeug kiloweise.«

Einige Monate später hob die CITES das Verbot, das sie im Juni 2001 über die millionenschwere Kaviarindustrie verhängt hatte, wieder auf und überließ es »den vier (sic!) ans Kaspische Meer angrenzenden Ländern, die Störbestände zu überwachen und sich auf einen Plan für den Umgang mit dieser im zweiten Grad vom Aussterben bedrohten Tierart zu einigen«. Die CITES bezeichnete die von Aserbaidschan, Kasachstan, Turkmenistan und Russland angekündigten reduzierten Fangquoten als »befriedigend«. Der Iran, der ebenfalls an dieses Binnenmeer angrenzt und für seinen Kaviar berühmt ist, schien von der Landkarte verschwunden zu sein. Auch dieses Land verdient mit dem Kaviarhandel eine Menge Dollars. Achtzig Prozent der Jahresausbeute aus dem Kaspischen Meer werden in die USA exportiert, der Rest nach Europa. Zum Zeitpunkt, da ich dies schreibe, im September 2004, scheint die CITES drauf und dran zu sein, das Verbot wieder zu verhängen, denn alle kaspischen Störarten, besonders die am heftigsten überfischten und am höchsten gehandelten, aus denen Beluga- und Osietra-Kaviar gewonnen wird, sind offenbar kurz vor dem endgültigen Verschwinden. Ein Verbot ist allerdings das letzte Mittel, zu dem man nur in der größten Verzweiflung greift, da es den Schwarzmarkt und Schmuggel in diesen gesetzlosen Breiten erst recht anheizt.

Damit klar wird, mit welchen Größenordnungen wir es zu tun haben, empfiehlt sich ein Blick auf die von amerikanischen Kaviarimporteuren im Internet angegebenen Preise. Imperial Beluga kostet 60 Dollar für 28 Gramm, frischer Osietra 45 Dollar, Sevruga 39. 28 Gramm ist sind nicht sehr viel zu essen für 60 Dollar; aber hier geht es offensichtlich auch nicht ums Essen, wie das Beispiel von Almas, dem seltensten Beluga-Kaviar der Welt, zeigt. Für 28 Gramm müssen wir 666 Dollar hinblättern. Gourmets sagen: Je heller der Beluga-Kaviar, desto älter der Fisch, von dem er stammt, und desto exquisiter der Geschmack. Almas ist beinahe weiß und stammt von Fischen, die hundert Jahre oder noch älter sind. Geschmackvollerweise wird er in runden Döschen verkauft, die mit 24-karätigem Gold beschichtet sind. Er soll so rar sein, dass es pro Jahr nur zehn bis fünfzehn Kilo davon gibt. Das ist erstaunlich, denn wenn man einen Beluga-Stör *(Huso huso)* auswachsen lässt, kann er bis zu acht Meter lang werden, und ein so großer Fisch müsste doch mehr als fünfzehn Kilo Rogen enthalten. Entweder ist dem tatsächlich nicht so, was bedeuten würde, dass jährlich nur ein einziger hundertjähriger Stör gefangen wird; oder dem ist sehr wohl so, was bedeuten würde, dass Almas-Kaviar größtenteils gar nicht erst auf den freien Markt kommt.

Etwas zu essen, von dem eine Winzportion 666 Dollar kostet, ist pubertäre Wichtigtuerei, wie bei den römischen Kaisern, die in Tigerpisse aufgelöste Perlen tranken, oder wie bei den Superreichen von heute, die in Asien Restaurants frequentieren, wo angeblich nur aussterbende Tierarten aufgetischt werden. Wenn wir das nächste Mal versucht sind, über die Chinesen herzuziehen wegen ihres Elfenbeinverbrauchs oder ihrer medizinischen und kulinarischen Gewohnheiten – die gern vom Aussterben bedrohte Tiere betreffen –, dann sollten wir uns an den Kaviar erinnern. Der Stör ist ein edler und seit Urzeiten existierender Fisch, dessen Rogen entnommen werden muss, wenn das Tier noch lebt, weil der Kaviar sonst bitter wird. Man schlägt ihn also bewusstlos, bevor man ihn aufschlitzt, was mehr mit Eigennutz als Mitgefühl zu tun hat. Zurzeit finden Versuche statt, Störe zu züchten, wahrscheinlich solche von der Sevruga-Spielart *(Acipenser stellatus)*, die schneller geschlechtsreif wird und den am wenigsten teuren Kaviar liefert. Geplant ist, den Rogen zu entnehmen, wenn die Fische sieben Jahre alt sind: Mit einem Kaiserschnitt will man die Eier herausholen, dann den Fisch wieder zunähen und den Vorgang alle zwei Jahre wiederholen.

Das hat etwas Groteskes an sich, über das ich lieber nicht so genau nachdenken möchte. Ohnehin gibt es aber keine rasche Lösung des Problems, wo man erstklassigen Beluga- und Osietra-Kaviar hernehmen will: Der wird nämlich aus Fischen gewonnen, die mindestens zwanzig Jahre alt sind. Und was Almas betrifft, so dürfte der Nachschub wohl versiegt sein. Wenn der letzte hundertjährige Stör im Kaspischen Meer gefangen worden ist und der letzte Gourmet sich mit der Serviette die Lippen abgetupft hat – was dann? Dann muss etwas anderes in Mode kommen und dann wird einem das Verspeisen der allerletzten Eier einer majestätischen Spezies, die seit der Jurazeit überlebt hatte, ebenso widerwärtig vorkommen wie uns heute der Lerchenzungen-Pâté der alten Römer.

Der Walfänger Essex und Kannibalismus auf hoher See

Geschichten vom Überleben unter extremen Bedingungen sind immer faszinierend. In jeder Phase einer solchen Schilderung drängt sich die Vorstellung von uns selbst in einer ähnlichen Situation auf: Wie würden wir lange Entbehrungen – Hunger, Durst, Kälte oder Hitze – überstehen? Gern hielten wir uns für zäher, als wir durch die Annehmlichkeiten unseres modernen Lebens geworden zu sein befürchten. Gern wüssten wir auch, an welchem Punkt der feine Lack der Zivilisation Sprünge bekäme, abblätterte und der darunter liegende unfeine, tierische Überlebenswille zum Vorschein käme. Das ist ein im Grunde voyeuristisches Interesse, das bestimmt auch die gegenwärtige Popularität von Reality-TV-Sendungen erklärt, deren neueste französische Version laut *Le Monde* an die »Pornografie von Konzentrationslagern« erinnert. Doch egal welche Abgründe an Sadismus und Geilheit sich in diesen Sendungen auftun mögen, nie dürften sie an die Grauenhaftigkeit der kannibalischen Ereignisse herankommen, die sich 1820 nach dem Untergang des nordamerikanischen Walfängers *Essex* abspielten.

Heimat der *Essex* war der Fischereihafen von Nantucket, einer von Quäkern besiedelten Insel vor Cape Cod, damals die weltweit unbestrittene Hauptstadt des Walfangs. Von ihren einundzwanzig Mann Besatzung waren sechs schwarz und viele unerfahren. Der Jüngste, der Schiffsjunge Thomas Nickerson, war ganze vierzehn. Die Hälfte der Besatzung war auf Nantucket geboren und aufgewachsen und kannte sich seit der Kindheit. Dazu gehörten der zweiundzwanzigjährige Erste Offizier Owen Chase und der achtundzwanzigjährige Kapitän George Pollard. Am 12. August 1819 setzte die *Essex* die Segel für die lange und gefährliche Fahrt ums Kap Hoorn zu den reichen Walfanggründen, die Bewohner von Nantucket kurz zuvor zweitausend Meilen westlich von Peru entdeckt hatten.

Zu den Glaubensprinzipien der Quäker gehörte, dass es strikt verboten war, Zorn zu äußern oder mit Reichtum zu protzen. Die Besitzer der Walfangschiffe gaben sich daher in der Öffentlichkeit bescheiden und zurückhaltend, waren in Tat und Wahrheit aber reich und knallhart; ihre Mannschaften waren regelmäßig so unterernährt und überarbeitet, dass es oft zu Meutereien kam, und dies im gefährlichsten und mühseligsten Beruf der Welt. Das galt auch für das Leben an Bord der *Essex,* die mit zu wenig Proviant auf eine Reise ging, von der angenommen wurde, dass sie zweieinhalb Jahre dauern würde. Nicht dass das Leben für irgendwelche Bewohnerinnen und Bewohner von Nantucket einfach gewesen wäre, auch für solche nicht, die an Land blieben. Ihre Gemeinschaft war in vielerlei Hinsicht sonderbar. Die Crewmitglieder der Schiffe waren oft verheiratet, doch litten ihre Ehen darunter, dass das Eheleben in ein, zwei Monate hineingequetscht werden musste, bevor die Männer wieder lossegelten, bis zu drei Jahren verschwunden blieben und manchmal auch für immer. Was diese Männer verband, war die Kultur von Nantucket: ihre Leidenschaft, Wale zu jagen und in Fässer voller wertvollen Öls zu verwandeln, die im Laderaum des Schiffs gelagert wurden und an denen sie ein persönliches Interesse hatten, da ihre Heuer aus einem vor der Fahrt abgemachten Anteil am Ertrag bestand. Die zurückbleibenden Frauen zogen die fast vaterlosen Kinder auf (die oft Halbwaisen wurden), beteten für die Sicherheit und die profitable Rückkehr ihrer Männer und behalfen sich im Übrigen, so gut es ging, mit einem *he's-at-home* genannten Instrument. 1979 wurde in Nantucket ein solcher Dildo, der aus Gips gemacht und in einem Kamin versteckt worden war, entdeckt. Es war alles in allem kein gewöhnliches Leben, das da geführt wurde.

Die *Essex* hatte den Ruf eines Glücksschiffs erworben, insbesondere während der vergangenen vier Jahre unter Captain Pollard und dem Ersten Offizier Owen Chase. Dass dies nicht so bleiben würde, zeichnete sich bereits am dritten Tag der Reise ab, als das Schiff von einer plötzlichen Bö dermaßen stark auf die Seite gelegt wurde, dass die Enden der Rahen ins Wasser tauchten. Zwar richtete sich das Schiff wieder auf, doch eines seiner Fangboote war irreparabel beschädigt. In diesen schnellen, leicht gebauten Ruderbooten verfolgten die Männer die Wale, um sie zu harpunieren; der Verlust wog also schwer. Captain Pollard beschloss, dennoch weiterzusegeln, vielleicht war es ihm zu peinlich, im Bewusstsein dessen heimzukehren, dass er die Bö rechtzeitig bemerken und die Segel hätte reffen müssen, insbesondere da er wusste, wie grün viele seiner Jungs waren.

Während der nächsten vierzehn Monate segelte die *Essex* in Richtung Süden durch den Atlantik und brauchte fast einen Monat, um das notorisch gefährliche Kap Hoorn zu umrunden. Ab und zu legte sie in einem Hafen an der Westküste Südamerikas an, um Vorräte an Bord zu nehmen. Unterwegs fand sie ein paar Wale und verlor einen schwarzen Matrosen, der desertierte. Erst am 20. November 1820, fünfzehn Monate nachdem das Schiff aus dem Hafen von Nantucket ausgelaufen war, wurde eine vielversprechend aussehende Herde von Walen gesichtet. Das war weit draußen im Pazifik, tausendfünfhundert Meilen westlich der Galapagos-Inseln, praktisch auf dem Äquator. Auf den Ruf »Wal bläst!« wurden die drei übrig gebliebenen Fangboote zu Wasser gelassen, und die *Essex* blieb in der Obhut einer Schrumpfbesatzung zurück, zu welcher der Schiffsjunge Thomas Nickerson gehörte. Von allen drei Booten aus wurden Wale harpuniert, doch als Owen Chase' Opfer mit seinem Schwanz ein Leck in das leicht gebaute Boot schlug, war Chase gezwungen, die Harpunenleine zu kappen und zur *Essex* zurückzukehren, um das Boot zu flicken, während seine Kameraden weiter ihrem gefährlichen Geschäft nachgingen.

Aus diesem Grund bekamen die Männer in den anderen Booten jenes absolut ungewöhnliche Ereignis nicht mit, das Herman Melville zu seinem Roman *Moby Dick* inspirieren sollte. Wegen des Unfalls zu Beginn der Fahrt war kein Ersatzboot übrig, weshalb Chase und seine Mannschaft an Bord der *Essex* verzweifelt das ihre zu flicken versuchten, in der Hoffnung, die Jagd wieder aufnehmen zu können, als plötzlich der Schiffsjunge keine hundert Meter entfernt einen riesigen Pottwal auftauchen sah. Der mittlerweile fünfzehnjährige Nickerson hatte in seinem Leben noch nie etwas so Großes gesehen: ein Männchen von rund achtzig Tonnen und fast sechsundzwanzig Metern Länge. Unversehens raste das Monstrum auf das Schiff zu und rammte dessen Bug. Vom Aufprall wurden alle an Deck umgeworfen, doch was den Männern aus Nantucket wirklich in die Knochen fuhr, war, dass sie noch nie gehört hatten, dass ein Wal sich so verhalten hätte. Das Tier trieb steuerbord im Wasser, offenbar vom Zusammenstoß betäubt. Chase schnappte sich eine Harpune, zögerte dann aber, das Prachtexemplar damit zu erlegen, da der Schwanz des Tiers sich direkt neben dem Schiffsruder befand und dieses hätte zerschmettern können, wodurch die *Essex* mitten im Ozean lahmgelegt worden wäre. Dieses kurze Zögern genügte dem Wal, um Chase' Dilemma zu lösen, denn er schwamm ungefähr sechshundert Meter weiter, machte kehrt und raste noch schneller als beim ersten Mal auf das Schiff zu.

Die entsetzte Mannschaft dachte sich, das Tier sei wütend oder wahnsinnig geworden durch den Schlag gegen seinen Kopf oder es wolle seine harpunierten Gefährten rächen. Was immer seine Beweggründe sein mochten – es schien einen Frontalzusammenstoß zu beabsichtigen, um die Wucht der addierten Geschwindigkeiten optimal auszunutzen. Diesmal krachte der Wal mit einer solchen Kraft gegen den Bug, dass das 238-Tonnen-Schiff nicht nur zum Stillstand gebracht, sondern so heftig rückwärtsgeschoben wurde, dass das sich auftürmende Wasser durch die Heckfenster in die Kapitänskabine schwappte.

In Sekundenschnelle wurde klar, dass die *Essex* ein schlimmes Leck hatte und rasch zu sinken begann. Der schwarze Proviantmeister, William Bond, bewies große Geistesgegenwart, indem er unter

Deck ging und zwei Sextanten, zwei Navigations-Almanache und die Seekisten des Kapitäns und des Ersten Offiziers rettete. Unterdessen ließen Chase und die anderen ihr kaum repariertes Fangboot zu Wasser. Das Schiff krängte mittlerweile dermaßen stark, dass es von den beiden weit entfernten Fangbooten aus gar nicht mehr zu sehen war. Ungläubig ließen die beiden Mannschaften von ihren Walen ab und fanden ihr Schiff auf der Seite liegend vor. Minutenlang saßen die Männer in betäubtem Schweigen da, nachdem Chase ihnen erzählt hatte, dass das Schiff von einem Wal versenkt worden war. Dann riss der Kapitän sich zusammen, ließ die Maste fällen, und vom Gewicht der Segel befreit, richtete die *Essex* sich so weit wieder auf, dass die Männer an Bord gehen konnten. Sie machten Löcher ins Deck, durch die sie so viele Fässer mit Schiffszwieback und Trinkwasser heraufholten, wie sie konnten. Außerdem erwischten sie ein paar Werkzeuge, Planken, ein Fässchen voller Nägel, drei Pistolen und mehrere der Galapagos-Riesenschildkröten, die sie als lebenden Proviant mitgenommen hatten. Sie takelten die drei Fangboote behelfsmäßig mit Masten und Segeln und überließen ihr einstiges Heim seinem unvermeidlichen Schicksal.

Nun stellte sich die Frage, in welche Richtung sie fahren sollten. Die südamerikanische Küste lag mehr als tausendfünfhundert Meilen östlich. Tausend Meilen südwestlich hingegen lagen die nächsten Marquesas-Inseln (die heute zu Französisch-Polynesien gehören). Da die Südost-Passatwinde die kleinen Boote am leichtesten in diese Richtung treiben würden, schien klar, wofür Captain Pollard sich zu entscheiden hatte. Doch jetzt sollte sich der lange Jahre so stolz gewahrte Isolationismus der Insulaner rächen. Überzeugt, alles zu wissen, was es über den Walfang zu wissen gab, hatten sie sich nie groß dafür interessiert, was die Fischereiflotten anderer Nationen (inklusive der US-amerikanischen Handelsmarine) über abgelegenere Gegenden der Welt wussten. Anderenorts hatte es sich herumgesprochen, dass die Eingeborenen der Marquesas mittlerweile friedlich und auf dem besten Weg waren, von dort tätigen Missionaren christianisiert zu werden. Doch auf Nantucket war man nach wie vor absolut davon überzeugt, dass sie Kannibalen seien, weshalb die zwanzig Männer der *Essex* sich darauf einigten, statt das Risiko einzugehen, gefressen zu werden, die denkbar mühseligste Route zum Festland zu wählen: zweitausend Meilen südwärts und dann ostwärts in Richtung Valparaiso in Chile. Ein fataler Entschluss.

Was folgte, war eine abenteuerliche dreimonatige Reise in offenen Booten. Es dauerte einen Monat, bis sie Land sichteten: Henderson Island, ein unbewohntes und fast wasserloses Korallenatoll. Mittlerweile waren die Männer von Hunger und Durst schon äußerst geschwächt, und binnen weniger Tage waren das letzte Vogelei und das letzte essbare Blatt auf der Insel aufgezehrt. Eine Zukunft dort war schwer vorstellbar, doch drei Männer bauten sich einen Unterstand und beschlossen zu bleiben. Die anderen verabschiedeten sich von ihnen und nahmen ihren eigensinnigen südöstlichen Kurs wieder auf. Sie wussten nicht, dass die Insel Pitcairn, auf der die Nachkommen der *Bounty*-Meuterer in ihrem polynesischen Idyll lebten, nur ein paar Hundert Meilen südwestlich, vielleicht fünf Segeltage von ihnen entfernt, lag: In den amerikanischen Navigations-Almanachen war die Insel unglücklicherweise nicht eingetragen.

Von da an verschlechterten sich die Verhältnisse rasch, und am 10. Januar 1821 starb der kranke Kapitän des einen Boots, der Zweite Offizier Matthew Joy. Seine Leiche wurde der See übergeben. Kurz danach wurden die drei Boote durch Stürme getrennt. Aus Berichten der Überlebenden wissen wir, was in den Booten von Captain Pollard und Owen Chase geschah, doch das Boot, das Joy befehligt hatte, verschwand und ward nie mehr gesehen. Unterdessen starben auch andere Männer, dahingerafft von Durst und Hunger. Mit Ausnahme von Joy, der von Anfang an nicht richtig gesund gewesen war, starben zunächst lauter schwarze Mannschaftsmitglieder; tatsächlich sollte keiner der Farbigen überleben. Zunächst wurden die Leichen über Bord gekippt, doch bald schon war die Not so groß, dass jede neue Leiche zerlegt, das Fleisch, solange es Feuerholz gab, gekocht und danach roh gegessen wurde. Wenig später wurde eine zweite Grenze erreicht, als die Männer im Boot des Kapitäns in ihrer Verzweiflung beschlossen auszulosen, wer von ihnen getötet werden sollte, um die Überlebenschancen der anderen zu vergrößern. Den markierten Zettel aus dem Hut zog Owen Coffin, der erst siebzehn Jahre alt und Captain Pollards Cousin war. »Mein Junge, mein Junge«, rief Pollard, »wenn dir dein Los nicht recht ist, erschieße ich den Ersten, der dich anrührt!« Doch Coffin ergab sich in sein Schicksal und sagte: »Es ist mir so recht wie jedes andere.«

»Bald wurde ihm der Todesschuss gegeben«, berichtete später der Kapitän, »und nichts blieb von ihm übrig.«

Viele Meilen entfernt, auf Chase' Boot, war der Schiffsjunge Thomas Nickerson ebenso davon überzeugt, bald sterben zu müssen. Nur Chase, ein anderes Mannschaftsmitglied und er waren noch am Leben, nachdem sie ihre Kameraden gegessen hatten, sobald diese gestorben waren. Mittlerweile standen sie selbst kurz vor dem Tod und halluzinierten schon vor Erschöpfung. Am 18. Februar entdeckten sie ein Segel, das sie zuerst für eine Sinnestäuschung hielten, aber wie sich herausstellte, war es tatsächlich ein Schiff. So wurden sie vor der chilenischen Küste doch noch gerettet. Fünf Tage später, Hunderte von Meilen weiter südöstlich und fast schon in Sichtweite des Landes, wurden Captain Pollard und ein einziges übrig gebliebenes Mannschaftsmitglied ebenfalls gerettet. Die Retter trauten ihren Augen nicht, als sie in das ausgebleichte kleine Fangboot blickten und zwei lebende Skelette sahen, die das Mark aus den Knochen ihrer toten Gefährten sogen, zu schwach, um stehen zu können, doch nicht gewillt, sich von ihrem Vorrat an Fingerknochen zu trennen.

Erstaunlicherweise erholten sich alle Überlebenden. Sofort wurde ein Schiff zu Henderson Island geschickt, wo die drei übrigen Mannschaftsmitglieder zu bleiben beschlossen hatten. Sie wurden mehr tot als lebendig vorgefunden, doch auch sie wurden wiederbelebt, und schließlich machten sich die acht Überlebenden der *Essex* auf die Heimreise nach Nantucket. Ihre Geschichte wurde sofort legendär und in aller Welt, wenn Seeleute zusammenkamen, erzählt. Neunzig Tage in offenen Booten – das war eine erstaunliche Leistung von seemännischem Geschick und Durchhaltevermögen und übertraf in gewisser Weise sogar Captain Blighs abenteuerliche Fahrt nach der Meuterei auf der *Bounty;* am meisten Eindruck aber machte den Zuhörern die Schilderung, wie Weiße zu Kannibalen wurden und schließlich Lose zogen und einen der Ihren umbrachten, um etwas zu essen zu haben. Berichte von Überlebenskannibalismus bei Seeleuten waren damals nicht unbekannt, und die meisten sahen ein, dass extreme Not extreme Verhaltensweisen nach sich zog. Schon 1641 war ein Bericht über schiffbrüchige Seeleute, die Lose gezogen hatten, um zu überleben, veröffentlicht worden; und 1765 wurde bekannt, dass die verhungernde Mannschaft der vom Sturm beschädigten *Peggy* mitten im Atlantik einen schwarzen Sklaven getötet und gegessen hatte. Doch einen weißen Schiffskameraden umzubringen und zu essen, das war neu, und in der nach außen hin so tugendhaften Quäkergemeinschaft auf Nantucket wurden solche Dinge nicht leicht akzeptiert, ja manche weigerten sich sogar, sie überhaupt zu erörtern.

Monate später hatte Owen Chase seine Geschichte von einem Ghostwriter aufschreiben lassen, und schließlich traf er Herman Melville, den seine Schilderung tief beeindruckte. Wie viele der Walfänger war Melville gleichermaßen fasziniert vom Verhalten des Pottwal-Einzelgängers wie von der Kannibalismusgeschichte. Wale waren nämlich berühmt für ihre Passivität und hatten Boote einzig durch ihre Größe beschädigt oder im Todeskampf, nachdem sie harpuniert worden waren. Die Vorstellung eines vor Rachsucht wahnsinnigen Wals ließ Melville nicht mehr los und führte direkt zu *Moby Dick.*

Gerüchten zufolge soll Captain Pollard im Ruhestand ebenfalls seine Geschichte aufgeschrieben haben, doch, falls er dies je getan hat, gefunden wurde sie nie. Hingegen ist vor rund zwanzig Jahren ein Manuskript aufgetaucht, das als dasjenige des Schiffsjungen

Thomas Nickerson identifiziert wurde. Er bestätigte im Großen und Ganzen die Darstellung von Chase, doch kamen durch ihn interessante neue Details hinzu. So haben wir erst bei Nickerson von Chase' Unentschlossenheit gehört, als er mit der Harpune in der Hand an Bord der *Essex* stand und den Wal nicht tötete, der das Schiff bereits einmal gerammt hatte. Chase hatte dieses entscheidende Detail in seinem Bericht verständlicherweise unerwähnt gelassen. Der sonst so tapfere und unternehmungslustige Mann versuchte wahrscheinlich noch auf dem Sterbebett, sich seinen unbegreiflichen Lapsus zu erklären. Ebenfalls dank Nickerson erfahren wir, was im Boot des Kapitäns geschah, da Charles Ramsdell, der andere Überlebende in jenem Boot, ein Freund des Schiffsjungen war.

Wenige Jahrzehnte später waren die meisten Überlebenden der *Essex* gestorben, ebenso wie Nantucket als Walfängerhafen. Doch die Geschichte lebte weiter und wurde in all ihren schauerlichen Details immer wieder erzählt. Im Winter 1846/47 saßen siebenundachtzig Mitglieder der unglücklichen Siedlergruppe um George Donner im tiefen Schnee der kalifornischen Sierra Nevada fest und behalfen sich ebenfalls mit Kannibalismus. Vierzig starben, doch selbst dieses Festlanddrama konnte das Drama der *Essex* nicht übertreffen, vielleicht weil niemand umgebracht worden war, um gegessen zu werden. In jüngerer Zeit überlebten sechzehn Mitglieder eines uruguayischen Fußballteams siebzig Tage lang, indem sie ihre toten und gefrorenen Kameraden aßen, nachdem ihr Flugzeug 1972 in den Anden abgestürzt war. Piers Paul Reads Darstellung davon in *Alive: The Story of the Andes Survivors (Überleben!)* erregte weltweit leichenfledderisches Interesse. Doch auch in diesem Fall war niemand eigens dafür umgebracht worden, um »Gastronomen alter Schule«, wie Ambrose Bierce sie nennt, zu befriedigen, weshalb die katholische Kirche die Überlebenden freisprach.

Die *Essex*-Geschichte hat viele Bücher hervorgebracht, deren neuestes und bestes Nathaniel Philbricks *In the Heart of the Sea: The Tragedy of the Whaleship* Essex *(Im Herzen der See. Die letzte Fahrt des Walfängers Essex)* ist und welches den großen Vorteil hat, als erstes wirklich auf Nickersons so lange verschollene Schilderung zurückgreifen zu können. Es bietet eine glänzend geschriebene und kenntnisreiche Version der Geschichte, auch wenn der Autor nicht der Erste sein dürfte, dem aufgefallen ist, dass die Männer ironischerweise durch ihre Angst vor Kannibalismus zum Kannibalismus verurteilt wurden. Hingegen hat er eine moderne wissenschaftliche Hypothese dafür, warum der Wal die *Essex* angegriffen hat: Philbrick nimmt an, dass das Hämmern von Chase' Männern beim Reparieren des Fangboots vom Schiff wie von einem Resonanzkörper aufgenommen und in den Ozean übertragen worden sei, wo es für den Pottwal ähnlich geklungen habe wie das herausfordernde Knarren eines männlichen Rivalen. Das ist bestimmt eine wahrscheinlichere Erklärung als die anthropomorphisierende mit dem Motiv der Rache, denn Pottwalbullen sind Einzelgänger und haben nicht das Gefühl, angegriffene Weibchen beschützen zu müssen. Scharfsinnig bemerkt Philbrick, wie unheimlich sich das Sozialverhalten der Walfänger von Nantucket und dasjenige ihrer Opfer ähnelten.

Schließlich wendet er sich einem schwierigen Thema zu, das lange vermieden wurde: Warum überlebte keiner der sechs Schwarzen, die zur Mannschaft der *Essex* gehörten? Philbrick stellt mehrere vernünftige Theorien auf, die gegen den Verdacht sprechen, sie seien von vornherein zu Opfern auserkoren gewesen. Tatsächlich ging es auf den Walfängern aus Nantucket weniger offen rassistisch zu als in jenen Gebieten der USA, wo Sklaven gehalten wurden. Dennoch dürften die schwarzen Mannschaftsmitglieder mit großer Sicherheit weniger gut genährt auf die Reise gegangen sein als ihre weißen Gefährten, außerdem haben Afroamerikaner tendenziell weniger Körperfett als Weiße. In körperlicher wie geistiger Hinsicht hatten leicht korpulente, ältere Weiße wie Captain Pollard die beste Überlebenschance.

Sollte das heutige Reality-TV je so weit herunterkommen, Schiffbrüchige bis an die Schwelle des Todes hungern zu lassen, wäre den

zuschauenden Voyeusen und Voyeuren der Gedanke wohl angenehm, dass – der herrschenden Meinung der Mediziner zum Trotz –
ihre üppig gepolsterten Körper ihre Überlebenschancen erhöhen
dürften, besonders wenn sie weiß und weiblich sind. Doch vielleicht
würde ihr in diesen bequemen Zeiten erschlaffter Geist sie im Stich
lassen, vielleicht würde es ihnen am Ende an dem nötigen eisernen
Willen mangeln. Wer weiß. Doch sogar Nichtleichenfledderer müssen eingestehen, dass solche Spekulationen nicht uninteressant sind.

Ansichten vom Meer

Galapagos entmystifizieren

2001 geschah das Unvermeidliche: Vor den Galapagos-Inseln kam es zu einem Tankerunfall. Ich hörte eine Radiosendung, in der ein BBC-Reporter von einem Helikopter aus sagte, der Ölteppich bewege sich nun auf die »unberührten Strände« einer nahen Insel und die »unberührten Gewässer des Südatlantiks« zu. Was er damit wohl sagen wollte, war »nicht von Menschen verschmutzt«. Streng genommen gibt es heute aber keinen Kubikzentimeter der Biosphäre, keinen Milliliter Ozeanwassers ohne molekulare oder atomare Anzeichen der Anwesenheit des Menschen auf diesem Planeten. Vor Jahrzehnten in Wasserproben aus Tiefseegräben gefundene DDT-Moleküle waren nicht nur handfeste Beweise für die Haltbarkeit organischer Chlorverbindungen, sondern auch dafür, dass Wasser viel rascher zirkuliert und ausgetauscht wird, als man bis dahin für möglich gehalten hatte. Im Zusammenhang mit Galapagos bedeutete das »unberührt« des Journalisten einfach nur »vor der Ölkatastrophe«. Ich wiederum bezeichne den Unfall deswegen als »unvermeidlich«, weil es zwischen etwas, das eifersüchtig behütet wird, und dessen Schändung eine natürliche Affinität gibt. Wie im Fall der Jungfräulichkeit ist immer ein Gefühl von Überfälligkeit mit im Spiel, und für die Galapagos-Inseln war die Uhr schon lange abgelaufen. »Jungfräulicher Boden« bedeutete einst »für jedermann zu haben«, und »unberührte Umwelt« heißt »reif für Verschmutzung«, was meiner Ansicht nach die wahre Funktion der Galapagos-Inseln ist. Aber lassen Sie mich das erklären.

Wir machen uns eindeutig Illusionen, was diese Inseln betrifft, ebenso wie bei Dutzenden über den Planeten verstreuten Orten, die zum Welterbe erklärt worden sind. Einzelne Gebiete der Erde wie Museumsstücke erhalten zu wollen, ist ein mehr als zweifelhaftes Unternehmen. Noch absurder sind die dabei zutage tretenden religiösen Wurzeln einer weltlichen Panik, die diesen Gebieten Eigenschaften des Gartens Eden zuschreibt. Im Fall der Galapagos-Inseln wird dies besonders deutlich. Sie werden oft als der letzte Ort auf Erden beschrieben, an dem die Tiere zahm sind, weil sie noch nicht gelernt haben, den Menschen zu fürchten. Mit anderen Worten: Es handelt sich um einen Landstrich, wo der Sündenfall nicht stattgefunden hat und geheimnisvolle Harmonie herrscht.

Tatsächlich gibt es auf den Galapagos-Inseln eine Menge wütender einheimischer Fischer, die einen erbitterten und oft gewalttätigen Kampf gegen ausländische Wissenschaftler und die von der ecuadorianischen Regierung erlassenen Verbote und Quoten führen. Und so ist es von Anbeginn gewesen. Bewohner von Eden werden ihres Paradieses überdrüssig, so war es bereits bei Adam und Eva. Die Zoologin Dian Fossey, die in Ruanda Berggorillas erforschte, hat die Sache auf den Punkt gebracht: »Die Forderung von Nichteinheimischen, die Tier- und Pflanzenwelt als ein kostbares Erbe zu betrachten, ist ebenso arrogant wie realitätsfern: denn für den Großteil der verarmten, darniederliegenden Bevölkerung ist die einheimische Tier- und Pflanzenwelt nichts als ein Hindernis.« Ich selbst bin mit der schönen Vorstellung groß geworden, »primitive Völker« lebten in wundervoller intuitiver Harmonie mit ihrer Umgebung. Doch das haben die Archäologen als Blödsinn entlarvt. Es gibt heute handfeste Beweise dafür, dass Völker ihre Lebensgrundlagen zerstört haben, durch exzessive Jagd (australische Aborigines), Rodungen (das Volk der Anasazi in New Mexico), Raubbau (Azteken), Verseuchen des Frischwasser-Ökosystems durch Wal-Kadaver (Inuit) und dadurch, dass sie ganzen Seen in Ontario jeglichen Sauerstoff entzogen haben (Irokesen). Mit anderen Worten: Diese edlen Wilden lebten keineswegs in Einklang mit der nährenden Mutter Erde, sondern sprangen mit der Natur ebenso kurzsichtig und unbekümmert um wie wir.

Seither hat sich die Menschheit vermehrt und ausgebreitet, und es gibt nur noch ein paar wenige Gebiete, die etwas im weitesten Sinne »Unberührtes« oder Garten-Eden-Artiges an sich haben. Schuldbedingte Panik breitet sich fast ausschließlich bei den jüdisch-christlichen Westlern aus, deren Ehrfurcht gebietende wissenschaftliche und technische Errungenschaften die Erde für immer verändert haben. Ironischerweise werden diese angeblichen Paradiese in erster Linie dank der Wissenschaft geschützt und erhalten. Der Blick der Zoologen gilt als wichtiger und seriöser als das Glotzen der Touristen. Touristen sind okay (solange ihre Zahl beschränkt wird), schließlich leben wir in demokratischen Zeiten, ganz abgesehen von dem Geld, das für den Unterhalt der Museen nötig ist. Was der Tourismus für Verheerungen anrichten kann, ist mittlerweile bekannt. Bekannt sind aber auch zwei Paradoxe im Zusammenhang mit wissenschaftlichen Praktiken: Das eine ist, dass die Wissenschaftler selbst oft beträchtliche Umweltverschmutzer sind (man denke nur an die McMurdo-Station, den berüchtigten US-Stützpunkt in der Antarktis). Das andere ist, dass in einer »unverdorbenen« Landschaft der Mensch *per definitionem* der Verschmutzer und zugleich die Instanz ist, die diese Landschaft beobachtet und für unverdorben erklärt. Aus der Quantenphysik wissen wir, dass der bloße Vorgang des Beobachtens das Beobachtete grundlegend verändern kann. So produziert die ängstliche Pietät unserer westlichen Kultur eine Anzahl scheinbarer Schutzgebiete, deren geheime Funktion es ist, jungfräulich dazuliegen und auf die von Menschen hervorgerufene schreckliche Katastrophe (Brandrodungen, Petrochemie-Unfälle, atomare Verstrahlung, Masern) zu warten, die alles zerstört und einmal mehr aufs Befriedigendste unsere angeborene Bösartigkeit beweist.

Natürlich haben wir jede Menge *gute Gründe,* um unsere Sorge um Stätten wie die Galapagos-Inseln zu rechtfertigen, wir berufen uns auf den heiligen Namen Darwins und betonen, wie wichtig es ist, exotische und möglicherweise nützliche Tierarten zu studieren und zu erhalten, doch da ist auch pure Heuchelei im Spiel. Wäre uns die Erhaltung nützlicher Tierarten wirklich ein Anliegen, dann würden wir uns nicht einfach so damit abfinden, dass direkt vor unserer Haustür der Nordseekabeljau praktisch ausgerottet wird, ganz abgesehen von all den Vierbeiner-, Vogel- und Insektenarten überall in Europa und Nordamerika. Und was die These betrifft, dass die Beobachtung der Natur unser Wissen mehre: Sie mehrt ebenso sehr unsere präzise Wahrnehmung all dessen, was uns verloren geht. Und ganz bestimmt wird sie nie einen Öltanker daran hindern, auf Grund zu laufen.

Ansichten vom Meer

Hinter der sichtbaren Fassade des Meers verbergen sich Prozesse von unendlicher Komplexität, ebenso verschlüsseln moderne Darstellungen des Meers insgeheim Kulturgeschichte. Oft war im rechteckigen Rahmen eines Gemäldes oder einer Fotografie eine klassische Aussicht zu sehen: unten Meer, oben Himmel, dazwischen ein Horizont, der zwei Flächen unterschiedlicher Farben und Texturen trennte. Doch die Augen der Künstler, die diese Aussicht sahen, nahmen je nach Periode ganz unterschiedliche Dinge wahr. Das Meer und der Himmel des holländischen Malers Jacob van Ruisdael im 17. Jahrhundert waren nicht dieselben wie später bei John Constable, J. M. W. Turner oder bei Whistler. Die Bedeutung von Seestücken, ebenso wie die von Landschaftsgemälden, verändert sich von Generation zu Generation, weil in jedem Zeitalter andere Fragen im Vordergrund stehen und sich damit das Interesse verlagert.

Will man erörtern, wie sich die Einstellung der Menschen dem Meer gegenüber im Laufe der Geschichte verändert hat, muss man zunächst unterscheiden zwischen Menschen, die am Meer lebten oder auf ihm arbeiteten – Seeleute, Fischer, Strand- und Küstenbewohner –, und der großen Mehrheit der Bevölkerung, die von der Landwirtschaft oder in Städten lebte. Menschen, die am Meer wohnten, haben es immer unter dem Aspekt seines praktischen Nutzens betrachtet und gleichzeitig mit abergläubischer Scheu. Landratten wiederum sind ihm bis vor relativ kurzer Zeit mit einem Unbehagen und einer Abneigung begegnet, die komplexere Ursachen hatten als bloß die bekannten Gefahren und Unannehmlichkeiten des Reisens zur See. Vor dem 18. Jahrhundert und dem Beginn der Aufklärung nahmen gebildete Europäer die Welt der Natur gleichsam durch eine Brille wahr, deren eines Glas die Religion war und deren anderes die klassische Literatur und Kunst. Was das Meer anging, dominierte die religiöse Sicht.

Die orthodoxe christliche Sicht des Meers rührte im Grunde vom Alten Testament her. Die meisten Menschen wuchsen mit dem ererbten Gefühl auf, das Meer habe, von seinen offensichtlichen Gefahren abgesehen, etwas Böses und *Unfertiges* an sich: ein Überbleibsel des ursprünglichen Chaos, das in den ersten zwei Versen des Buchs *Genesis* beschrieben wird. Die zerklüftete Formlosigkeit von Küsten war beunruhigend. Das Land schien sich einfach irgendwie zu verlieren, ohne sauberen Abschluss oder Rücksicht auf Ästhetik. Es war schwierig zu erklären, warum der Schöpfer zugelassen hatte, dass das Festland auf so beliebige, ja fast schlampige Weise abbrach. Binnenlandbewohner, die als Siedler in die »Neue Welt« auswanderten, seien erleichtert gewesen, als am Ende ihrer gefährlichen Überfahrt endlich Land in Sicht kam, würde man meinen. Doch blieb ihnen von ihrem Landungsort so Schreckliches in Erinnerung, dass diese frühen Amerikaner die Küste von Neuengland ebenso sehr mit Wildnis assoziierten wie mit Sicherheit. Manche hatten wohl Thomas Burnets einflussreiches Buch *The Sacred Theory of the Earth* (1684) gelesen und wussten deshalb, dass es für diese Assoziation einen vernünftigen theologischen Grund gab. Burnet nämlich hatte darauf hingewiesen, dass das Meer in der biblischen Darstellung des Gartens Eden, der sich in der Sicherheit des Landesinneren befunden habe, nie erwähnt werde. Das bedeute, dass Gott nicht vorgesehen hatte, dass das Meer in der Zeit vor dem Sündenfall für die Menschen eine Rolle spielen sollte, weshalb es aus dem irdischen Paradies ausgeschlossen gewesen sei. Der Menschheit rückt es erstmals in Form der Sintflut zu Leibe, um uns an die Folgen unserer Sünden zu erinnern. Damit die Menschheit auch begreife, dass das Meer ein Werkzeug Seines Zorns sei, machte Er das Meer und dessen Herrschaftsgebiet furchterregend und monströs: ein flüssiger Abgrund, umgeben von zerklüfteten Küsten und Riffen, fähig, sich in plötzlichen Stürmen von überwältigender Macht zu erheben und dabei wie ein wildes Tier aus seinem Käfig auszubrechen und das Land zu überschwemmen. Für viele Gläubige war das Meer Ausdruck moralischer Strenge, als werde seine Fähigkeit zu strafen nur vom Willen Gottes im Zaum gehalten. Die Bibel so auszulegen, hatte etwas furchtbar Engstirniges, um nicht zu sagen: Landrattiges. Die Deutung mochte auf dem Buch *Genesis* fußen, aber im Alten Testament gab es auch andere Bücher. Für den Autor des Psalms 107 beispielsweise waren das Meer und seine Geschöpfe genauso bewundernswert wie Gottes andere Werke:

>»Die auf ihren Schiffen befuhren das Meer
>und Handel trieben auf großen Wassern,
>Die des Herrn Werke erfahren haben
>und seine Wunder im Meer.«

Mit den Naturwissenschaften – besonders der Geologie –, die sich während der ersten Jahrzehnte des 18. Jahrhunderts herauszubilden begannen, wurde es für die ausschließlich biblische Sicht auf das Meer zunehmend schwieriger, da immer mehr Naturphänomene dem Bereich des Dogmas und des Aberglaubens entrissen wurden. 1749 veröffentlichte der Naturforscher Comte de Buffon seine *Histoire et Théorie de la Terre*. Siebenundvierzig Jahre nach Burnet fügte er nicht nur das Wort »Geschichte« in Burnets Titel ein, sondern ging in seiner Unverschämtheit noch viel weiter: Als Erster stellte er die These auf, dass die Erde viel älter sein müsse als die rund sechstausend Jahre, von denen die Ausleger der Bibel sprachen. Das war gewagt, aber letztlich nur Ausdruck sich gründlich ändernder Ansichten überall in Europa. Jules Michelet, ein Historiker des 19. Jahrhunderts, trieb das Ganze auf die Spitze, indem er scherzhaft behauptete, das Meer sei im Jahr 1750 erfunden worden.

Es gibt natürlich nicht einen bestimmten Augenblick, in dem die Intellektuellen vom Einfluss eines alten theologischen Systems »befreit« worden wären: Revolutionen des Denkens verlaufen nie so linear und simpel, wie es im Nachhinein erscheinen mag. Was das Meer betrifft, so veränderte sich die Einstellung ihm gegenüber im Laufe von zwei Jahrhunderten und in mehreren Kulturen. Was einst Gefühle religiös begründeten Abscheus erweckt hatte, wurde im Laufe der Zeit mit Sentimentalität, Spielen und erotischen Vergnügungen assoziiert. Wie das im Einzelnen vor sich ging, ist eine komplexe Geschichte. Sie umfasst künstlerische und ästhetische Theorien, Naturwissenschaft, Medizin, Ozeanografie, Technologie, Soziologie, Mode, Demografie, den Bau von Eisenbahnstrecken, Wirtschaft, Fotografie, Umweltschutz und vieles andere mehr.

Zum einen ist es nicht so, dass die Wissenschaft die Religion einfach verdrängt. Der Glaube verändert sich – mit gewissen Ausnahmen – vielmehr so, dass er wissenschaftliche Entdeckungen in sein System einbauen kann. Natürlich gibt es immer ein paar unverbesserliche Fundamentalisten; die Mehrzahl der religiösen Menschen jedoch (und dazu gehörten die meisten Naturwissenschaftler des 18. Jahrhunderts) akzeptierten mit der Zeit die von den Wissenschaften hervorgebrachte neue Art, die Welt der Natur zu sehen. Die Natur war nicht mehr bloß ein bedrohliches Mahnmal alttestamentarischer Dogmatik, sondern nun, da ihr gewaltiges Alter und ihre Majestät enthüllt worden waren, wurden insbesondere das Meer und die Berge zu Manifestationen des Erhabenen. Wenn sich Menschen angesichts der Natur unbedeutend fühlten und von Staunen erfüllt wurden, wurde sie dadurch zum irdischen Zeichen all der unendlichen göttlichen Wunder der Schöpfung. In der Romantik (zu der so verschiedenartige Gestalten wie Jean Paul, Caspar David Friedrich, Hölderlin, William Wordsworth, Étienne Pivert de Senancour und John Constable gezählt werden) entstand aus dieser Einstellung eine Ästhetik, die uns bis heute zu bewegen vermag. Wenn der amerikanische Schriftsteller und Philosoph Thoreau in Cape Cod die sich ständig verändernden Farben des Meers bewunderte und Beobachtungen über dessen Bewohner anstellte, erwies er sich als natürlicher

Erbe dieser Tradition. Die Vorstellung, dass das Meer ein Quell des Wissens und ernsthafter Freuden, aber auch der Ehrfurcht sei, ist eine Vorwegnahme unserer modernen Einstellung der Natur gegenüber. Sie war eine direkte Folge der Fülle naturwissenschaftlicher Entdeckungen; indirekt folgte sie aus der Beliebtheit mittlerweile preisgünstiger Mikroskope und aus der Mitte des 19. Jahrhunderts aufkommenden Mode, auf beiden Seiten des Atlantiks in Felsenbecken an Küsten zu »botanisieren« und mit den Funden Aquarien in Wohnzimmern zu bestücken.

Lange zuvor, zu Beginn des 18. Jahrhunderts, kam die medizinische Theorie auf, Bäder im Meer seien ein Mittel gegen Melancholie. Man hielt den Schock kalten Wassers an sich schon für kräftigend, glaubte aber auch, das Meerwasser enthalte stärkende Elemente. Das ging zweifellos auf die Beobachtung Reisender zurück, dass Seeleute und Küstenbewohner in der Regel robust waren. In Großbritannien kamen dabei auch noch klassenbedingte Ängste mit ins Spiel: Die nachdenklicheren Mitglieder der städtischen Aristokratie und gesellschaftlichen Elite machten sich Sorgen wegen ihrer körperlichen Verfassung, die in der Regel von Inzucht, zu wenig Bewegung und zu viel Essen geprägt war. Verweichlicht und an *spleen* leidend (was man heute als chronische Langeweile diagnostizieren würde), sahen sie ihre Klasse bedeutungslos werden oder gar aussterben angesichts der strotzenden Fruchtbarkeit der Bauern. Nun schien es plötzlich, als könnte man stark und gesund werden, indem man seinen Körper in die Wellen tauchte und spielerisch mit den Elementen kämpfte. So kamen in Küstenstädten allerlei medizinische Kuren auf und so wurden diese Städte noch vor Ende des Jahrhunderts zu Kur- und Badeorten. Dass man dem Meerwasser medizinische Tugenden zuschrieb, führte zur Erfindung des Strands, der bis zu diesem Zeitpunkt nichts als das Ufer gewesen war.

War der Strand zunächst ein Ort ernsthafter Bemühungen um Gesundheit, kam doch rasch auch Sinnlichkeit ins Spiel. Sobald 1735 in Scarborough in Yorkshire die ersten *bathing machines* der Welt zum

Einsatz kamen (fahrbare Umkleidekabinen, die von Pferden ins Wasser gezogen wurden) und Damen in mit Volants besetzten Kostümen zu baden begannen, wurde der Strand unaufhaltsam erotisch aufgeladen. Schwimmen als Zeitvertreib war damals praktisch unbekannt, jedenfalls bei den Städtern und Ungebildeten. Wenn Männer überhaupt einmal schwammen, so taten sie dies nackt an abgelegenen Orten, eine Gewohnheit, die sie ablegen mussten, sobald Frauen in größerer Zahl an Stränden aufzutauchen begannen. Im 19. Jahrhundert kamen neben erschwinglichen Mikroskopen auch billige Teleskope in Mode und gehörten bald zur männlichen Standardausrüstung für den Strand. Gegen Ende des Jahrhunderts machte die Demokratisierung des Massentransports durch die Eisenbahn es den Leuten möglich, für einen Tagesausflug oder Urlaub zu den Stränden von Nordeuropa und Neuengland zu strömen. Bald ließ sich feststellen, dass auf Sandstränden die Verhaltensregeln um einiges lockerer waren als anderswo. Das wurde von Geistlichen, Priestern und anderen Moralaposteln aufs Heftigste beklagt, nützte aber nichts. Eine sonderbare Art von Freiheit schien am Meer zu herrschen, dem immer schon der Ruch der Gesetzlosigkeit und der Anarchie angehaftet hatte. Strand wurde gleichbedeutend mit Freizeit, Befreiung nicht nur von Arbeit, sondern auch von lähmenden gesellschaftlichen Konventionen. Menschen, die bleich waren wegen der schlechten Luft in Industriestädten, kamen mit der Eisenbahn und gingen hinaus an die frische Luft, die Sonne und in die erfrischenden Wellen. Städter entdeckten an den Stränden den Geschmack an der Natur. Sie flirteten; sie erfanden alberne Spiele; sie saßen in der Sonne oder paddelten; und sie gafften diskret, tankten reizende Anblicke, die sie sonst kaum zu sehen bekamen. Das Wort *bracing* (erfrischend, belebend) wurde in der Werbung für Badeorte oder die Eisenbahn oft illustriert mit einer jungen Frau in einem Badekleid, die ihre Arme in hedonistischer Ausgelassenheit der Sonne entgegenstreckte, und bekam so einen Unterton von etwas anderem als bloß unschuldiger Gesundheit. Nicht nur seiner Sorgen konnte man sich am Meer eine Zeit lang entledigen, sondern auch seiner Hemmungen. Ein Tag am Strand muss in Millionen Menschen, die für einen Hungerlohn schufteten, eine verlockende Ahnung von Freiheit geweckt haben. Wenn gegen Abend die Sonne unterging und die Brise kühler wurde, knöpfte man alles wieder zu, nahm den Zug und sorgte dafür, dass die Gedanken und das Verhalten in ihre gewohnten Bahnen zurückkehrten, sodass man beim Aussteigen wieder ein anständiger Bürger war. Doch man hatte etwas fürs Auge gehabt.

Der voyeuristische Aspekt des Strandlebens ist seither nicht mehr aus unserem Bewusstsein verschwunden. Und was die Grenze zwischen Bekleidet- und Nacktsein betrifft, wurde der Strand zu einem besonderen Terrain, auf dem die sozialen Normen umgekehrt wurden. Im Strandfilm *How to Stuff a Wild Bikini* aus dem Jahr 1965 wirkt ein Mann in Stadtkleidung, der am Strand mit einer Kamera herumspioniert, vollkommen deplatziert. Umgeben von spärlich bekleideten Strandschönheiten wird er seiner Kleidung und seiner Lüsternheit wegen ausgelacht, wobei das Vergnügen des Publikums seinerseits ein voyeuristisches ist. Die Verbindung von Meer und Erotik ist von der Populärkultur verfestigt worden, ganz besonders von Hollywood, einer subtropischen Stadt am Ufer des Pazifiks.

Seit Jahrhunderten befeuerten die Erzählungen von Menschen, die in exotische Weltgegenden gereist waren, die Fantasie der Massen und gaben Anlass zu Spekulationen über Stämme von »Eingeborenen« mit einer lockeren Einstellung gegenüber Sex. Mitte des 19. Jahrhunderts, als die Gesellschaftsnormen in den Städten oft besonders repressiv waren, wurden Vorstellungen von Polygamie und freier Liebe fast schon zu einer Obsession. Sie wurden angeheizt durch die wachsende Zahl von Missionaren, die überall auf der Welt in Kolonien tätig waren und davon berichteten, wie sehr die moralischen Vorschriften an diesen Orten sich von denjenigen zu Hause unterschieden. Die Faszination, die Tahiti auf Gauguin ausübte, wurde jedenfalls nicht missverstanden. (Umgekehrt hat die amerikanische Anthropologin Margaret Mead wahrscheinlich gewisse Aspekte der

Volljährigkeitsrituale der Samoaner missverstanden – was wohl auch auf eine Art Wunschdenken zurückzuführen war.) Ähnlich lüsterne Interessen lassen sich in *South Pacific* und tausend anderen Filmen nachweisen. Tropische Inseln wurden für Hollywood zur Standardkulisse, denn sie gestatteten es, jede Menge erotische Bilder zu zeigen. Das ging so weit, dass ein Bild von Kokospalmen und Wellen geradezu danach schrie, dass in der nächsten Szene dunkelhäutige Mädchen in Baströcken und mit Blumen hinter den Ohren auftauchten. Es war kein Zufall, dass der Bikini nach einem Atoll benannt wurde. Denn Atolle und ähnliche Orte waren angenehm weit von der »Zivilisation« entfernt, sodass man nicht befürchten musste, von Menschen überwacht zu werden, die zu schnellen Urteilen neigten. Ihres Klimas wegen konnte man gar nicht anders, als halb nackt durch die Gegend zu spazieren, und das Meer war so warm, dass es sogar nachts zu genüsslichem Baden verlockte. Und wenn es noch ein bisschen Action brauchte, um Schwung in solche Filme zu bringen, waren tropische Inseln immer auch für das andere Klischee gut: verborgene Schätze. Aus diesen Ingredienzen wurden Dutzende von Piratenfilmen zusammengekocht, die sich auch bestens eigneten, um den damals angesagten Typus Mann, den gefährlichen Latin Lover, in Szene zu setzen. Er war sonnengebräunt, umwerfend gut aussehend und erinnerte von fern an den verstorbenen Rudolph Valentino; er war ein tollkühner Korsar, und seine Leidenschaft war so wenig zu bändigen wie diejenige des Meers.

Wie gesagt: *Sonnengebräunt* war er. Eine makellos bleiche Haut war einst, zumindest in Europa, ein Anzeichen dafür gewesen, dass man einer gehobenen Gesellschaftsschicht angehörte, da man sein Leben vor allem drinnen verbrachte und seinen Lebensunterhalt nicht im Kampf mit der rohen Natur verdienen musste. Braun gebrannt waren Bauern und Arbeiter. Diese simple Gleichsetzung wurde durch die industrielle Revolution zunichtegemacht, die immer mehr Landarbeiter verschlang und in Fabriken steckte, wo sie oft unter Bedingungen arbeiteten, die sich von denjenigen in Gefängnissen kaum unterschieden. Henry Mayhews entsetzliche Beschreibungen in *London Labour and the London Poor* (1851–1862) wurden nicht nur zu einem der zentralen Texte für Sozialreformen, sie warfen auch die traditionelle Assoziation von Blässe mit Untätigkeit über den Haufen und stellten eine Verbindung zwischen Blässe und harter Arbeit her (»ungesunde Blässe«). Weil nun Ärzte in den Städten mehr und mehr Patienten an die Küste schickten, wegen der Sonne und der salzigen Luft (da man glaubte, beides sei gut gegen Tuberkulose), wurde die Hautfarbe zu einer Art Lackmustest in Sachen Gesundheit, und so kam es schließlich zur Annahme: Je braungebrannter, desto gesünder.

Man kann diese Veränderungen der gesellschaftlichen Einstellung gegenüber dem Meer auch in einem größeren Zusammenhang betrachten, denn zu jener Zeit beschäftigte Wissenschaftler und Intellektuelle ein Thema ganz besonders: die *Zähmung der Natur.* Die Welt der Natur hatte man durch Wissen, Technik und Vertrautheit immer besser im Griff. Das lässt sich anhand der Geschichte der Ozeanografie schön zeigen. Am Anfang ging es bei der Ozeanografie grob gesagt darum, immer tiefer ins Meer vorzudringen; und die immer besser werdende Technik, die dies ermöglichte, bewirkte, dass sich die Ansichten über das Meer ständig veränderten. Ein Beispiel: Bis ungefähr Mitte des 19. Jahrhunderts waren viele Wissenschaftler der Ansicht, unterhalb einer gewissen Tiefe des Ozeans sei kein Leben möglich, sei er »azoisch« (»ohne Leben«). Tatsächlich war diese Theorie ein letzter Überrest der religiösen Vorstellung, dass, wie im Buch *Genesis* beschrieben, *Licht* eine Bedingung für alles Leben sei; die Tiefen der Ozeane waren bekanntlich aber pechschwarz und eiskalt. Das Wort »abyssisch«, welches den Bereich der Tiefsee zwischen zweitausend und sechstausend Metern Tiefe bezeichnet, stammt vom Griechischen *abyssos,* was »bodenlos« heißt, in Bibelübersetzungen aber auch das vor der Schöpfung bestehende Chaos bezeichnet. Für die erwähnten Wissenschaftler waren die abyssischen Regionen also nicht nur »azoisch«, sondern »präzoisch«. Immer neue Möglichkeiten des

Sondierens und des Entnehmens von Proben zeigten jedoch, dass es selbst in den tiefsten Tiefen der Ozeane unbestreitbar Leben gab. So wurde der gottlose abyssische Bereich in die Biosphäre geholt; und die Wissenschaftler beschäftigten sich mit der Klassifikation der verschiedenen Arten von Meereslebewesen, aber auch mit Strömungen, Wetter, Kartografie, Fischerei, Geologie und vielem anderen.

Nun wagten sich auch Menschen unter die Meeresoberfläche. Schon 1538 waren zu Bergungszwecken primitive Taucherglocken eingesetzt worden; doch dank der Entwicklung verlässlicher Taucheranzüge, in die Luft gepumpt wurde – nicht zu reden von Unterseebooten (die zum ersten Mal während des Ersten Weltkriegs im größeren Stil eingesetzt wurden) –, konnten die obersten fünfzig Meter des Meers mit einiger Präzision erforscht und Proben entnommen werden. Im Laufe der Geschichte war die Meeresoberfläche immer schon eine Arena für kriegerische Auseinandersetzungen gewesen, doch im 20. Jahrhundert wurden auch die Meerestiefen aus diesem Grund sowie zu »reinen« Forschungszwecken ergründet. Heute sind Meeres- und Militärwissenschaften oft unauflöslich miteinander verstrickt. Das bedeutet, dass Forschungen, die einst als harmlose Domäne der Ozeanografie gegolten hätten, mittlerweile mit Geldern der Armee gefördert und von Wissenschaftlern vorgenommen werden, deren Forschungsergebnisse geheim gehalten werden. (Das gilt ganz besonders für die Bereiche Unterwasserkommunikation und -peilungen.)

Sogar der ehemalige Inbegriff ungeregelter Formlosigkeit, die Küstenlinie, musste sich der Wissenschaft ergeben. 1967 entwickelte der französische Mathematiker Benoît Mandelbrot aufgrund seiner Erforschung der Küstenlinie Großbritanniens geometrische Einheiten, die unter dem Namen Fraktale berühmt geworden sind. Er entdeckte, dass die Küstenlinie, wie so vieles in der Natur, auf symmetrischen Mustern beruhte, die sich bei abnehmender Größe unendlich oft wiederholten. Das im Buch *Genesis* beschriebene Bild von einem Schöpfer, der mit ein paar recht weit gefassten Befehlen alles entstehen ließ, ist der Vorstellung von einem detaillierten und selbstreferenziellen Prozess gewichen, der endlos viele, ästhetisch gefällige Muster hervorbringt.

Seit den Fünfzigerjahren hat sich unsere Einstellung der Natur gegenüber insofern tief greifend verändert, als dass einige schwerwiegende Folgen der Interaktion zwischen unserem Planeten und dessen dominanter Spezies deutlicher geworden sind. Die Kluft zwischen den Erkenntnissen der Wissenschaft und dem, was die Öffentlichkeit über die Natur weiß, ist immer groß gewesen, und am wenigsten verstand man zwangsläufig vom Meer. Rachel Carsons Bücher über das Meer machten in den Fünfzigerjahren einer breiteren Öffentlichkeit bewusst, dass das Tun des Menschen sogar einer so gewaltigen Wassermasse wie den Ozeanen schaden kann. Doch erst seit den Siebzigerjahren beginnen die meisten gebildeten Laien zu begreifen, dass im Meer tatsächlich irreversible Schäden angerichtet werden (wie die Zerstörung von Korallenriffen) und dass ganze Populationen von Lebewesen zusammenbrechen können (man denke an die Neufundlandbank).

Die Einstellung des Westens dem Meer gegenüber hat sich verbunden mit einer generell einfühlsameren Haltung gegenüber der Natur, die man mittlerweile sogar schützen will. Ehrfurcht und Angst sind tiefer Sorge darüber gewichen, dass es zu katastrophalen Verlusten kommen könnte. Allen wissenschaftlichen Fortschritten zum Trotz sind die Ozeanografen die Ersten, die einräumen, dass unser Wissen vom Meer in vielerlei Hinsicht noch immer rudimentär ist. Angesichts der unvorstellbar riesigen Masse der Weltmeere ist es nur zu offensichtlich, dass sich das Meer nicht mit technischen Mitteln »reparieren« lässt. Ein weiterer Aspekt unserer veränderten Einstellung dem Meer gegenüber, der zum bereits Gesagten im Gegensatz zu stehen scheint, ist sehr viel banaler: Immer mehr gerät das Meer zum Vergnügungspark.

Der Strand ist längst nicht mehr ein Ort des Müßiggangs. Zumindest eines der albernen Spiele, welche die Viktorianer sich ausgedacht haben, ist heute olympische Disziplin: Beachvolleyball. Wassersportarten sind populär. Überall auf der Welt sind Taucher, Surfer, Wassermotorradfahrer und Windsurfer am Tauchen und Sausen, am Gleiten und Reiten. All das erfordert Können und Hightech-Ausrüstungen, jede dieser Sportarten hat ihr eigenes überliefertes Wissen, ihren eigenen Wortschatz und ihre spezifische Art, das Meer zu sehen. Man muss sich nur Wellenfotografien anschauen, um festzustellen, wie viele dieser Bilder von Menschen gemacht werden, die selbst Surfer sind. Ein Surfer beobachtet eine Welle auf ebenso professionelle Weise und mit ebenso großem Sinn für Details wie irgendein Seemann oder Wissenschaftler, doch er sieht etwas ganz anderes. Seine Welle hat andere Implikationen, und das zeigen seine Fotos.

Aus diesem Grund haben die Menschen der Gegenwart eine andere Beziehung zum Meer: Sie machen sich seinetwegen Sorgen, gleichzeitig ist es ihnen allzu vertraut. Das ist etwas ganz anderes als die traditionelle Ehrfurcht, die Seeleute vor ihm hatten und die von dem empörend ungleichen Kräfteverhältnis zwischen einem einzelnen Menschen und einer Naturgewalt herrührte. Statt als Sterbliche angesichts des Erhabenen demütig unsere Unwichtigkeit und Vergänglichkeit zu empfinden, betrachten wir den Ozean heute vielmehr als etwas, das seinerseits gefährdet ist. Wir bringen eine solche Ansammlung an kulturellem Ballast mit uns, assoziieren das Meer mit Urlaub, Sex, Reisen und Sport, dass wir möglicherweise der Illusion erliegen, wir hätten es gezähmt. Doch dem ist nicht so, und das wissen wir. Wir müssen nur von einer außergewöhnlich hohen Welle hören, einer Ölkatastrophe oder der Zerstörung eines Riffs, und schon bewegt und verfolgt uns das Meer als etwas gleichzeitig Vertrautes und hartnäckig Distanziertes, etwas, wofür niemand verantwortlich ist, doch wofür wir uns mittlerweile verantwortlich fühlen.

Das führt zu einer neuen Ästhetik des Ozeans. Diese beruht nicht nur darauf, dass wir als Menschen des 21. Jahrhunderts beim Betrachten des Meers besser verstehen, inwiefern es trotz seiner Riesenhaftigkeit und seiner Macht gleichzeitig ein sensibler und verwundbarer

Organismus ist. Uns ist auch eher klar, wie sehr das Überleben unserer Gattung vom Meer abhängig ist. Zum ersten Mal in der Geschichte hat diese Abhängigkeit weder mit Reisen noch mit der Fischerei zu tun. Wir wissen vielmehr, dass ein direkter und lebenswichtiger Zusammenhang besteht zwischen der Gesundheit des Meers und der Luft, die wir atmen, dass die Ozeane sowohl die Temperaturen als auch das Wetter auf der Welt entscheidend beeinflussen. Als John Ruskin über J. M. W. Turners *The Slave Ship (Das Sklavenschiff)* schrieb (das er für dessen bedeutendstes Gemälde hielt), sprach er vom »erhabensten aller Gegenstände und Eindrücke (...), der Macht, Majestät und Tödlichkeit des offenen, tiefen, grenzenlosen Meers«. Diese Sicht des Meers wird nie aus der Mode kommen, wie im Jahr 2000 die Verfilmung von Sebastian Jungers Buch *The Perfect Storm (Der Sturm)* gezeigt hat. Gemälde und Fotografien des Meers beschäftigen sich zwangsläufig mit dessen wandelbarer Oberfläche, doch immer mehr Beispiele aus jüngerer Zeit zeugen von den neuen wissenschaftlichen Erkenntnissen über dessen Tiefen. Diese Erkenntnisse verändern die Sicht auf subtile Weise, so wie die Anatomiekenntnisse, die sich die Renaissance-Maler beim Skizzieren sezierter Leichen erwarben, zu einer neuen Sichtweise der Gesichter, der Haut und des Körperbaus ihrer lebenden Modelle führten. Wir sind uns heute der Knochen des Meers bewusst. Betrachten wir von der Reling eines Schiffs aus das hypnotische Auf und Ab des Wassers bis zum Horizont und verlieren wir uns in der Endlosigkeit der Schaumkämme, können wir mit gutem Grund das Gefühl haben, unser Körper habe mit dieser allumfassenden Lebendigkeit etwas gemein. Es wird immer klarer, dass die Ozeane den Kreislauf unseres Planeten in Gang halten und damit auch den unseren. Dadurch, dass die Bewohner der westlichen Welt in den letzten zwei Jahrhunderten ihre Körper freiwillig und immer häufiger ins Meer getaucht haben, aus welchen Gründen auch immer, ist das Meer selbst körperhaft geworden. Dank der darwinschen Evolutionstheorie betrachten die meisten von uns das Meer mittlerweile eher als Stammsitz des

Lebens denn als biblische Bedrohung. Und weil die Fliegerei mittlerweile so verbreitet ist, dass kaum mehr jemand Seereisen unternehmen muss, ist die automatische Assoziation von Reisen mit tödlichen Gefahren praktisch aus dem kollektiven Gedächtnis verschwunden. Infolgedessen haben wir das Meer seither etwas verklärt, als Hort des Guten, ähnlich wie die Mitglieder einer seit Langem verstreuten Diaspora dies mit dem Mutterland tun. All das hat die Art, wie zeitgenössische Künstler, Schriftsteller und Fotografen das Meer sehen, subtil verändert, sodass deren Publikum nun etwas noch nie Gesehenes erkennt. Und ich möchte wetten, dass man in hundert Jahren die Dinge noch einmal ganz anders sehen wird.

Müll

Als ich in Ägypten lebte, amüsierte ich mich über die in allerlei Pharaonenmonumente gekratzten griechischen Graffiti, die von Touristen aus Herodots Zeiten hinterlassen worden waren und nun von Gelehrten katalogisiert wurden. Der Vandale in mir verspürt klammheimlich immer Freude, wenn er die Initialen von modernen Besuchern in angeblich sakrosankte Monumente wie Stonehenge gekratzt sieht, und ich frage mich, ob in zweitausend Jahren ebenfalls Gelehrte aufgeboten werden, um sie als Artefakte zu behandeln. Auf eine Art hat er etwas Rührendes, dieser instinktive Drang der Menschen, sich der Langlebigkeit eines berühmten Monuments zu bedienen, um die eigene, flüchtige Existenz auf etwas festzuhalten, das haltbarer ist als Papier und Mikrochips.

Moderne Touristen dagegen, die statt ihrer Namen immer mehr Müll hinterlassen, gehören in eine andere Kategorie, denn sie tragen mit zur Zerstörung ebenjener unberührten Wildnis bei, um derentwillen sie hergekommen sind. Die Botschaft der Sauerstoffflaschen, Filmschachteln und Nahrungsmittelverpackungen, welche die Hänge des Mount Everest verschandeln, und der Bierdosen und zerbrochenen Bierflaschen, die im atemberaubenden Outback Australiens überall zu finden sind, lautet: »Et in Arcadia ego, ego, ego«, oder: »Auch ich habe diese Wildnis konsumiert.« Wenn die betreffende Wildnis ohnehin als bodenlose Mülltonne empfunden wird, wie zum Beispiel der Ozean, dann verhalten sich die Leute erst recht ungeniert. Es ist bekannt, dass die Erde von ungeheuren Mengen Schrott umkreist wird, in der Größenordnung von winzigen Schräubchen bis hin zu riesigen Bruchstücken von Raketen. Weil diese Objekte eine ernste Gefährdung für Astronauten und Ausrüstungsgegenstände darstellen, die viele Millionen kosten, gibt es zunehmend Bemühungen, den Weltraum sauber zu halten. Der Müll im Meer hingegen stellt leider keine dramatische Bedrohung für heroische menschliche Unternehmen dar. Seine schädlichen, oft tödlichen Auswirkungen auf Lebewesen werden von der großen Mehrheit der Ozeanfahrer weder gesehen noch zur Kenntnis genommen.

Zu Beginn des 21. Jahrhunderts wurde endlich auch darüber berichtet, dass der Flugverkehr die Atmosphäre durch CO_2 verschmutzt. Angesichts der Tatsache, dass auf jedem Quadratkilometer Ozean geschätzte 18 000 Stücke Plastikmüll schwimmen, deren biologische Abbauzeit in den meisten Fällen zwei Jahrhunderte überschreitet, sollte das Meer ebenso sehr als Opfer des modernen Verkehrs betrachtet werden wie die Atmosphäre. Ein Großteil dieses Mülls wird von der ständig expandierenden Kreuzfahrtindustrie produziert.

2001 gab es weltweit um die 240 Schiffe, die nichts anderes als Kreuzfahrten machten, 144 davon stammten aus den USA. Auf den größten dieser Schiffe haben mehr als fünftausend Passagiere und Mannschaftsmitglieder Platz, es sind somit fahrende Städte. Schon kleine Dörfer haben Probleme mit der Abfallbeseitigung, weshalb es nicht weiter erstaunt, dass Vergnügungsschiffe oft regelrechte Müllmonster sind. Im Laufe einer Woche produziert ein durchschnittliches Vergnügungsschiff rund acht Tonnen komprimierten Abfalls, fünf Millionen Liter »graues Wasser« (Abwasser von Duschen, Kombüsen und Wäschereien), mehr als eine Million Liter »schwarzes Wasser« (Abwasser von Toiletten, Urinalen und Waschbecken der Krankenabteilung), 125 000 Liter ölverschmutztes Wasser (zum Beispiel Leckwasser aus der Bilge) sowie verschiedene Arten schädlicher Abfälle aus anderen Abteilungen des Schiffs wie dem Fotolabor und der chemischen Reinigung.

Was mit dem Großteil dieser Abfälle passiert, ist entweder ungenügend oder überhaupt nicht geregelt. Die meisten Länder haben eine

Art Gewässerschutzgesetz, das es verbietet Schadstoffe in Binnengewässer abzulassen; das Ablassen von Abwässern und grauem Wasser durch Schiffe ist davon oft ausgenommen. Schon graues Wasser enthält in der Regel Detergenzien, Öl, Reinigungsprodukte und Pestizide. Das schwarze Wasser, das auf größeren Schiffen in an Bord befindlichen Kläranlagen aufbereitet werden soll, wird gern an diesen Anlagen, deren Wirksamkeit oft ohnehin gleich null ist, vorbeigeleitet. Im Juli 1999 mussten die Besitzer einer großen Flotte, der Royal Caribbean Cruises (RCC), achtzehn Millionen Dollar Strafe zahlen, »weil die ganze Flotte sich verschworen hatte, die Wasserwege unserer Nation als Müllkippe zu benutzen«, wie das Gericht sich ausdrückte. Die Firma hatte zugegeben, dass regelmäßig Altöl und gefährliche Chemikalien abgelassen worden waren. Untersuchungen ergaben, dass Schiffe der RCC »mit geheimen Leitungsrohren ausgestattet waren, welche gezielt an den Anlagen zum Abbau umweltbelastender Stoffe vorbeiführten«. Die RCC behauptet, sich seither gebessert zu haben, votiert jedoch nach wie vor für »eine Mischung von Selbstregulierung und Regulierung durch die Behörden«. Die Vergnügungsschiffindustrie der USA hat versprochen, innerhalb der Zwölf-Meilen-Zone kein graues Wasser mehr abzulassen, doch die meisten Schiffe haben nach wie vor gar keinen Tank, in den dieses Wasser fließen könnte.

Und was ist mit all den anderen Vergnügungsschiffen dieser Welt, einer Flotte, die jährlich um acht Prozent wächst? Glauben wir, dass auf allen Schiffen die gleichen Regeln gelten und man sich gleich verantwortungsvoll verhält, auch in den Gewässern armer Länder, die nach reichen Kreuzfahrttouristen geradezu schreien? Sollen wir wirklich glauben, dass sie nie, auch nicht in finsterer Nacht weit draußen auf offener See, ihren Müll direkt in die geräumige Senkgrube dieses Planeten spülen? Ganz abgesehen von den fünftausend Passagieren, die ihren Privatmüll lässig über die Reling werfen: Zigarettenpackungen, Sonnencremeflaschen, die Sixpack-Plastikringe, in denen Vögel und Seeotter ersticken, die Plastiktüten, die dicht unter der

Meeresoberfläche treiben und von Schildkröten für Quallen gehalten und gefressen werden. Wer je mitten auf dem Ozean auf einem Schiff gewesen ist, hat all das vorbeischwimmen sehen, egal wie weit vom Land entfernt er war. Dies sind die unpersönlichen Graffiti moderner Touristen, das Gegenstück zu den Duftmarken, die Hunde hinterlassen, mit der Botschaft: Dieses Revier gehört uns, uns, uns.

Wracks und Archäologie

Im November 2000 fand in Stuttgart eine Auktion statt, die großes Aufsehen erregte. Dabei wurden Tausende von Posten chinesischen Porzellans an die Meistbietenden verkauft. Sie gehörten zur kurz zuvor geborgenen Ladung der chinesischen Dschunke *Tek Sing,* die 1822 vor der Küste Indonesiens untergegangen war, wobei 1600 Menschen (mehr als auf der *Titanic*) ertrunken waren. Diese Versteigerung, von den Auktionatoren bescheiden als »größte aller Zeiten« angekündigt, war vielleicht nicht die erste ihrer Art, gewiss aber nicht die letzte, denn das Geschäft mit geborgenen »Schätzen« liegt im Trend.

Wie auf den meisten Gebieten sind auch im Bereich der Unterwasserbergung die technischen Möglichkeiten der Gesetzgebung, die sie regeln soll, weit voraus. Nicht alle Staaten haben gesetzliche Bestimmungen betreffend die Wracks von historischer Bedeutung in ihren Territorialgewässern, und die Wracks in internationalen Gewässern sind praktisch ungeschützt. Freilich sind sie nicht nur von Bergungsunternehmen und Schatzsuchern bedroht. Sie können auch durch die Suche nach und den Abbau von Bodenschätzen zerstört werden oder durch Schleppnetze. Manchen Schätzungen zufolge sind mit den neuesten technischen Mitteln weltweit achtundneunzig Prozent des Meeresgrunds zugänglich, und die Zahl der Teams und Konsortien, die einzig aus finanziellen Gründen auf Tiefseewracks aus sind, wächst ständig. In der Regel sind diese allerdings schlau genug, bei Anfragen von Journalisten zu betonen, wie viel Wert sie dem archäologischen Aspekt der Wracks beimessen. Doch insgeheim läuft es ihnen bei den Worten »kulturelles Erbe« kalt über den Rücken, denn diese Art von öffentlichem Interesse ist ihnen bei ihren knapp budgetierten Unternehmen nur hinderlich.

Auch dies ist natürlich eines jener Themen, anhand deren die Leute ihre untadelige Gesinnung unter Beweis stellen können. Archäologie wird automatisch als moralisch hochstehend eingestuft, während »Schatzsuche« als Ausdruck rücksichtsloser Gier verdammt wird, obschon beides den gleichen hohen Aufwand an Forschung, Finanzierungsbemühungen, technischen Mitteln und Wagemut erfordert. Einzig die Motive sind verschieden, doch in der Arena der öffentlichen Verlautbarungen sind Motive entscheidend. Was mich interessiert, ist, warum öffentlich so viel Getue um das ständig wachsende Wissen über die Vergangenheit gemacht wird, wo dies tatsächlich so wenige kümmert. Oft denke ich, es ist reiner Neid. Die Leute kämpfen dann für die heilige Sache »gemeinsamen Erbes«, wenn es aussieht, als werde jemand anderes als sie eine Menge Geld mit einem Wrack verdienen, dessen Vorhandensein längst vergessen war. Auch die Archäologie selbst ist ein vergleichsweise neues Phänomen und noch keineswegs in aller Welt selbstverständlich. Anders gesagt: Sind nicht viele Jahrtausende lang alle möglichen Gesellschaften bestens zurechtgekommen, ohne zu wissen – oder auch nur wissen zu wollen –, wie ihre Vorfahren gelebt haben?

Wenn ich in Südostasien bin, fällt mir jedenfalls auf, dass die Einheimischen (genau wie in Italien) kein bisschen neugierig auf die von der Archäologie enthüllte Vergangenheit sind. Das Einzige, was sie interessiert, ist verborgene Schätze zu finden. Sonst aber ist »alt« für sie gleichbedeutend mit »heruntergekommen«. Nie habe ich vergessen, wie mitleidig sie reagierten, als sie erfuhren, dass mein Haus in Italien mindestens zweihundert Jahre alt sei. »Mach dir nichts draus, James«, sagten sie, »du kriegst bestimmt bald ein neues.« In die Toskana zurückgekehrt, hörte ich von einem Bauern, der vor einigen Jahren beim Pflügen seines Felds auf ein etruskisches Hypogäum gestoßen war. Nachdem er sich davon überzeugt hatte, dass nichts von offensichtlichem Wert wie Goldmünzen oder Statuetten darin war, hatte er sich einen Bulldozer geliehen und das Grab und den leeren Sarkophag darin systematisch zertrümmert, ohne jemandem außerhalb seiner Familie etwas davon zu sagen. Seine Überlegung war einfach. Wäre die Existenz des Grabs den Behörden zu Ohren gekommen, wäre sein Feld beschlagnahmt und sein Land von Experten und Touristen überrannt worden. Da war es doch gescheiter, so ein altes unterirdisches Gewölbe, das eh keiner vermissen würde, klammheimlich zu beseitigen.

So wie er haben viele gedacht. Kein Ägypter hat sich je einen Deut um Ägyptologie geschert, bis im 18. und 19. Jahrhundert ein paar durchgeknallte Europäer in der Gegend rumzustochern begannen. Keine fünfzig Jahre nachdem im Tal der Könige die Bestatteten mit furchterregenden Zaubersprüchen und hinter raffiniertesten Geheimgängen geschützt worden waren, hatten die alten Ägypter schon die meisten Grabkammern leer geplündert. Und es waren nicht Türken – und schon gar keine Griechen –, sondern es war Herr Schliemann, der 1870 Troja ausgrub. Und so weiter.

Es fällt mir schwer, Menschen zu verdammen, die Wracks ihres versteigerbaren Werts wegen bergen. Ich bin nicht davon überzeugt, dass es neunundneunzig Prozent aller Menschen tatsächlich etwas bedeutet, zu wissen, wie die Welt war, bevor ihre eigenen Eltern geboren wurden. Das Interesse der meisten Menschen gilt ganz klar der Gegenwart oder dann – mittels Horoskopen, Wahrsagerei, Prophezeiungen und andere Methoden – der Zukunft. Das übrige eine Prozent stellt die Milliarden Dollar schwere Geschichts-und-kulturelles-Erbe-Industrie – mit ihren wachsenden Bergen von Büchern, Thesen und Theorien, zu denen an Tausenden von Universitäten in aller Welt immer Neues beigetragen wird. Auch ihren Standpunkt kann ich gut verstehen. Doch am meisten Mitleid habe ich mit den Schulkindern, die jahraus, jahrein zu historischen Wracks wie der *Vasa* und der *Mary Rose* geschleift werden, diesen tyrannischen Zeugen der Vergangenheit.

Piraten

Piraterie wurde für mich erstmals Ende der Siebzigerjahre Wirklichkeit, als ich die Insel Palawan besuchte, die zu den Philippinen gehört. Vietnamesische Flüchtlinge, sogenannte *Boatpeople,* versuchten sich damals aus dem ehemaligen Südvietnam abzusetzen, nachdem das von den US-Amerikanern gestützte Regime 1975 durch die Kommunisten abgelöst worden war. Sie stachen mit allen möglichen einigermaßen schwimmfähigen Vehikeln in See und nahmen an Wertsachen mit, was sie tragen konnten. Hunderte verschwanden; ganze Boote voller Toter wurden ans Ufer gespült, deren Insassen waren elendiglich verhungert und verdurstet. Viele segelten in die offenen Arme von Piraten, oft Thais, die gut bewaffnet waren und über schnelle Boote verfügten. Systematisch raubten sie die Wertsachen der Boatpeople, mordeten und vergewaltigten nach Belieben und setzten die Überlebenden auf offener See wieder aus.

In der Nähe meiner Hütte auf Palawan hatte die Regierung ein Auffanglager für Boatpeople eingerichtet, die es geschafft hatten, die Küsten der Philippinen zu erreichen. Ich freundete mich mit einem Überlebenden an und besuchte das Lager von da an regelmäßig. Eines Tages sah ich, wie ein Marinekutter eine neue Gruppe an Land brachte. Es waren chinesische Vietnamesen: abgerissen, sonnenverbrannt und halb verhungert. Sie wankten über den Sand, in ihrer Mitte ein alter Mann in ausgebeulten Shorts, der nur noch aus Haut und Knochen bestand. Man stützte ihn fürsorglich, bis er plötzlich einen leisen Verzweiflungsschrei ausstieß und torkelte. Vielleicht war ich der einzige Zuschauer, der eine goldene Wurst in den Korallensand zu seinen Füßen fallen sah, gefolgt von Blut. Eine Hand griff hastig nach dem Barren, und ein Gesicht blickte besorgt zurück zu den Seeleuten, die untätig zuschauten.

Später erfuhr ich, der alte Mann sei gestorben, nachdem er sich eines zweiten Goldbarrens entledigt hatte. Seit sie zweiundvierzig Tage zuvor aus Cholon, dem Chinesenviertel von Saigon, aufgebrochen waren, hatte er bei drohender Gefahr beide immer in seinem Rektum versteckt. So hatte er sein Gold sowohl vor zwei Piratenbanden verborgen als auch vor den philippinischen Seeleuten, die ihn gerettet hatten, und es erst freigegeben, als er sich endlich sicher unter Freunden wusste. Er gehörte zu der Gruppe, auf welche die Piraten am schärfsten waren: wohlhabende Chinesen, die mit den verschiedensten Tricks versuchten, ihre Reichtümer unentdeckt mitzunehmen. Manche hängten sie an langen Klaviersaiten weit unter die Kiele ihrer Fahrzeuge. Andere gossen sie in Bauteile wie Bullaugenrahmen, Relings und selbst Reserveanker, strichen sie passend zum restlichen Anstrich und vertrauten auf ihr Glück. Niemand wird je erfahren, wie viel die Piraten stahlen und wie viele Boatpeople sie umbrachten. Der Anblick der von Kugeln durchsiebten Wracks in den Buchten der Umgebung überzeugte mich, dass meine bis dato romantische Sicht der Piraten dringend der Aktualisierung bedurfte.

Es ist anzunehmen, dass es Piraten gegeben hat, seit es Boote gibt, so wie es Straßenräuber und Wegelagerer gegeben hat, sobald es Straßen gab. Von Piraterie ist sogar schon in dreitausend Jahre alten Quellen die Rede. Mit dem Aufstieg des Römischen Reichs ging ein Aufstieg der Piraterie einher, weil auf den Handelsrouten im Mittelmeer und darüber hinaus mehr Güter und Wertgegenstände befördert wurden. Die Römer hatten sogar ein Pirateriegesetz, das aber lange Zeit kaum angewandt wurde, weil die verantwortlichen römischen Senatoren von der Piraterie profitierten. Die Piraten sorgten zuverlässig für Nachschub an billigen Sklaven, und ihre Störungen des Seehandels trieben die Preise, die die Senatoren für die Erzeugnisse ihrer riesigen Landgüter in Italien verlangen konnten, in die Höhe. Manchmal zahlt es sich aus, sich ausrauben zu lassen.

Auch Julius Cäsar fiel einmal Piraten in die Hände, als er mit fünfundzwanzig Jahren nach Rhodos unterwegs war. Er verblüffte seine Entführer, indem er sich über ihre Lösegeldforderung lustig machte und behauptete, er sei das Doppelte wert. Er beschimpfte und verprügelte sie, weil sie seine Lyrik nicht zu schätzen wussten und ihn mit ihren Besäufnissen vom Schlafen abhielten. Er drohte ihnen sogar, wenn sie ihn freiließen, würde er zurückkommen und ihre ganze Bande umbringen. Sie hielten ihn für ein harmloses Großmaul und ließen ihn unklugerweise laufen. Nach wenigen Wochen kehrte er zurück, ließ die ganze Bande zusammentreiben und kreuzigen, wobei Plutarch anmerkt, er habe ihnen vorher die Kehlen durchschneiden lassen, was zu jener Zeit als Gnade galt.

Piraterie florierte, wo immer es genug Reichtum auf See gab, der ihre Existenz rechtfertigte. Zu Zeiten des norwegischen Königreichs wurde die Nordsee von den Piratenschiffen der Wikinger beherrscht. Nur ein, zwei Jahrhunderte später begünstigten die Kreuzzüge mit ihren militärischen Nachschubtransporten und unermesslichen Schätzen eine islamische Piraterie, die sich infolge der muslimischen Vormacht in Nordafrika und an den Ostküsten des Mittelmeers halten konnte. Diese »maurische Piraten« genannten islamischen Korsaren konnten erst Mitte des 19. Jahrhunderts bezwungen werden, in einem langen Feldzug, der gemeinsamer Anstrengungen von Amerikanern, Engländern und Franzosen bedurfte. Das größte Hindernis beim Kampf gegen die Piraterie war seit jeher die Gesetzlosigkeit des Meers. Rechtssicherheit konnte auf den Weltmeeren erst einkehren, als es internationale Vereinbarungen und Abkommen gab; diese konnten erst unterzeichnet werden, als sich Nationalstaaten herausbildeten und mit ihnen nationale Kriegsflotten, die deren Küsten und Schifffahrtsinteressen verteidigen konnten. An diesem Punkt zeigt sich eine gewisse Ambivalenz im Verhältnis zur Piraterie, eine Ambivalenz, die zur bis heute anhaltenden romantischen Sicht auf »das goldene Zeitalter der Piraterie« führte.

Dieses »goldene Zeitalter der Piraterie« bezieht sich in der Regel auf die kurze Zeitspanne eines halben Jahrhunderts (etwa 1680–1730) und auf den Raum vornehmlich der Karibik und des Westatlantiks. In dieser Periode trieben die meisten berühmten angelsächsischen Piraten ihr Unwesen: Edward Teach (»Blackbeard«), John Avery (»Long Ben«), Captain Kidd, Sir Henry Morgan, und wie sie alle hießen. Ihre ambivalente Einschätzung durch die Zeitgenossen war durch die historischen Umstände bedingt. Es sollte noch Jahrhunderte dauern, ehe die meisten Nationen gute, mit ausgebildeten Truppen bemannte Kriegsflotten bauen konnten, deren Größe ihrer Handelsmacht entsprach. Großbritannien beispielsweise musste seine maritimen Interessen oft verteidigen, indem es seine Handelsschiffe dafür bezahlte, auf Kaperfahrt zu gehen. Damit wurden normale zivile Schiffe quasi zu Piraten von Amts wegen, durch königlichen Kaperbrief befugt, sich zu bewaffnen, Schiffe feindlicher Nationen aufzubringen und ihre Fracht zu beschlagnahmen. Diese Freibeuter waren im sogenannten goldenen Zeitalter der Piraterie im Allgemeinen als »Bukanier« bekannt – ein Wort, das sich zunächst auf englische, französische und niederländische Freibeuter bezog, die in der Karibik vor allem Schiffe der spanischen Flotte überfielen. Das Treiben der Bukanier, die in einer Grauzone zwischen offener Piraterie und Freibeuterei segelten, hatte denkbar einfache politische Hintergründe. Spanien kontrollierte den Reichtum seiner Besitzungen in der Karibik sowie in Mexiko, Mittel- und Südamerika. England, Frankreich und die Niederlande wollten diesen Reichtum für sich. Daher ist in den Geschichten und Seemannsliedern jener Zeit ständig von der *Spanish Main* als Schauplatz die Rede, womit die von Spanien kontrollierten Seehandelsrouten gemeint sind.

Die Legendenbildung begann schon früh mit einem Buch von John Esquemeling, *The Buccaneers of America,* das 1678 im holländischen Original erschien und rasch ins Spanische und Englische übersetzt wurde. Dieses ungeheuer erfolgreiche Buch schuf auf einen Schlag einen Großteil der romantischen Vorstellungen von verwegenen Piraten, die die Totenkopfflagge hissten, spanische Schiffe und Kolonien überfielen und ihre Dublonen stahlen, die sie dann zur Sicherheit in Schatzkisten auf verlassenen Atollen vergruben. Das Buch gab sich als Bericht eines Augenzeugen aus, der die abtrünnigen, Rum saufenden Kapitäne aus nächster Nähe kennengelernt hatte. Es ist von Anfang an (und wahrscheinlich fälschlicherweise) als Hauptquelle für Informationen über Piraterie in der Karibik gehandelt worden. Damals jedenfalls wurde es weithin für bare Münze genommen und verhalf besonders Captain Morgan, der in England schnell Heldenstatus erlangte, zu seinem Ruf. Henry Morgans Leben stand von Anfang an unter einem romantischen Stern: Er war als Kind entführt und nach Barbados verschleppt worden, wo er sich den Bukaniern anschloss. (Zehnjährige Kinder, aber auch jüngere waren an Bord der Bukanierschiffe keine Seltenheit.) Später befehligte er zwischen den Westindischen Inseln und Mittelamerika zahllose Angriffe gegen Spanier und Niederländer und nahm 1671 Panama ein. Zwischen England und Spanien herrschte damals ein kurzer Waffenstillstand, und um die Spanier zu beschwichtigen, wurde Morgan verhaftet und nach London gebracht. Kurz darauf brachen die Feindseligkeiten wieder aus, und prompt wurde er zum Ritter geschlagen. 1688 starb er als wohlhabender Pflanzer und Vizegouverneur von Jamaika.

Morgans Karriere ist ein schönes Beispiel dafür, wie sehr das Schicksal der Bukanier vom Zufall und von wechselnden politischen Allianzen abhing. Viele hatten weniger Glück als er. Morgans Zeitgenosse, der schottische Captain William Kidd, kämpfte als Freibeuter gegen die Franzosen, um im Neunjährigen Krieg der Augsburger Allianz gegen Frankreich (1688–97) die angelsächsischen Handelsrouten zu den Westindischen Inseln zu sichern. 1695 ging er nach London zurück, wo er seiner Erfolge wegen bejubelt wurde und den Auftrag bekam, im Indischen Ozean gegen Piraten vorzugehen. 1697 segelte er nach Madagaskar und fing an, statt der Piraten Handelsschiffe zu überfallen. Nach seiner Rückkehr auf die Westindischen Inseln erfuhr er, dass er offiziell als Pirat gesucht wurde, segelte nach

Boston und stellte sich, um eine Begnadigung zu erwirken. Das war nicht besonders klug, denn man legte ihn in Ketten, brachte ihn nach London und hängte ihn im Jahr 1701.

Auch Edward Teach, der berüchtigte »Blackbeard«, war ein englischer Kapitän, der als Freibeuter gegen die Spanier begann und dann ein gefürchteter Pirat wurde. Mit den vierzig Kanonen seines Kriegsschiffs *Queen Anne's Revenge* als Trumpfkarte traf er eine Abmachung mit dem Gouverneur von North Carolina sowie dem Obersten Steuerbeamten, denen er einen Teil seiner Beute abgab, wofür sie ihm den Rücken freihielten. Blackbeard riegelte Häfen ab, raubte die Schiffe aus, die seine Blockaden zu durchbrechen versuchten, und tyrannisierte die Pflanzer an der Küste Carolinas. 1718 wurde er erschossen, und man sägte ihm den Kopf ab.

Wieder war es ein Buch, das diese jüngere Generation von Piratenkapitänen wie Kidd und Teach berühmt machte: Captain Charles Johnsons *A General History of the Robberies and Murders of the Most Notorious Pyrates,* das 1726 in London erschien. Auch dieser Text wurde zu einer wichtigen Quelle für die Geschichte jener Epoche, und praktisch all die romantischen Versatzstücke, die wir bis heute mit der Piraterie verbinden, gehen auf die Bücher von Esquemeling und Johnson zurück. Von Anfang an bedienten sich andere Autoren bei ihnen, darunter Lord Byron für sein Gedicht *The Corsair* (1814), Walter Scott für *The Pirate* (1822), Robert Louis Stevenson für *Treasure Island* (*Die Schatzinsel,* 1883) und J. M. Barrie für sein Theaterstück *Peter Pan* (1904). So wurde extreme Brutalität allmählich weich gespült und für Nostalgie und Weihnachtsspiele aufbereitet.

Heute gehört *Pirates of the Caribbean (Fluch der Karibik)* zu den beliebtesten Dauerattraktionen von Disneyland und hat bisher drei Filme nach sich gezogen. Gemeinsam mit Hollywood hat Walt Disney im Verlauf des letzten Jahrhunderts mehr als jeder Europäer dafür getan, das idiotische Klischee der »Johoho« rufenden, verwegenen Piraten zu verfestigen. Wenn man bedenkt, dass die Piraten des »goldenen Zeitalters« fast vollständig der heutigen Definition von

Terroristen entsprechen, stellt sich die Frage, warum die Geschichte ihnen gegenüber bloß amüsierte Milde walten lässt. Man sollte nicht vergessen, dass diese Männer in erster Linie Gewalttäter waren. Ein Pirat wie François l'Olonnais, der einem Gefangenen angeblich das Herz aus dem Leibe schnitt und es roh verzehrte und der seinerseits von Darién-Indios in Stücke gerissen und verspeist wurde, führte sich wahrscheinlich nicht schlimmer auf als andere. Warum also werden solche Gestalten idealisiert und Kindern als Unterhaltung zugemutet?

Natürlich haben Outlaws von Robin Hood bis hin zu Filmgangstern wie Bonnie und Clyde schon immer einen romantischen Reiz an sich gehabt. Nachsichtig belächeln wir ihr stilisiertes Blutvergießen. Neuere Forschungen deuten zudem darauf hin, dass Piratenmannschaften sich oft auf überraschend radikale Weise organisierten. Der Historiker Paul Gilbert stellt die folgende These auf: »Fast hundert Jahre vor den Revolutionen in Amerika und Frankreich wurden auf Hunderten von Piratenschiffen Experimente in demokratischem Egalitarismus durchgeführt.« Historischen Dokumenten zufolge war es in der Tat gang und gäbe, dass die Mannschaften ihre Kapitäne wählten und Entscheidungen nach dem Mehrheitsprinzip trafen. Gilbert führt diese Tatsache darauf zurück, dass die Überfälle englischer Freibeuter auf spanische Schiffe auch eine religiöse Komponente hatten: Protestantismus gegen Katholizismus. Im englischen Bürgerkrieg Mitte des 17. Jahrhunderts wurde der Protestantismus zum Calvinismus zugespitzt, sodass Briten und Niederländer sich wie von selbst gegen Frankreich und Spanien verbündeten. Der radikale Egalitarismus, der so sehr zu Cromwells Roundheads gehörte, überdauerte diesen nach Gilberts Ansicht und überlebte primär an Bord karibischer Piratenschiffe.

Wenn das moderne Amerika die Piraten jener Zeit ins Herz geschlossen hat, steht das zweifellos in engem Zusammenhang mit der Geschichte der Vereinigten Staaten. Ein Pirat wie Jean Lafitte (1780–1826) wird heute als »Schmuggler, Pirat und Patriot aus New Orleans«

beschrieben, obwohl er gebürtiger Franzose war. Sein Piratennest lag in der Barataria Bay im Golf von Mexiko südlich von New Orleans. 1813 setzte der Gouverneur von Louisiana ein Kopfgeld von fünfhundert Dollar auf seine Ergreifung aus, worauf Lafitte mit einer an Julius Cäsar gemahnenden Geste reagierte und tausendfünfhundert Dollar für den Kopf des Gouverneurs bot. Im Jahr darauf offerierten die Engländer im britisch-amerikanischen Krieg Lafitte dreißigtausend Pfund, eine Begnadigung und den Rang eines Kapitäns in der britischen Marine, wenn er sich am Angriff auf New Orleans beteilige. Er lehnte ab und bot die Dienste seiner Männer stattdessen den USA an. Nach der Schlacht um New Orleans im Jahr 1815 wurde Lafitte von Präsident Madison begnadigt. Im Anschluss daran nahmen die Amerikaner sein Piratennest in Barataria in Beschlag, und Lafitte verschwand. Heute lebt sein Name in einem Barataria-Themenpark fort, auf Statuen und an Massagesalons in New Orleans.

Für die heutige Geschlechterforschung waren die Piraten des »goldenen Zeitalters« nicht nur politisch, sondern auch sexuell Radikale. Eine These lautet: Da es in Westindien damals so wenige Frauen gegeben habe (eine Situation, die sich durch die Deportation männlicher Krimineller in die Karibik noch verschärfte), seien die Piraten weitgehend zu Homosexualität genötigt gewesen. Es leuchtet ja auch ein, dass nach Wochen auf See, wenn jedermann an Bord, bis hin zur Schiffskatze, sturzbetrunken war, selbst zehnjährige Schiffsjungen wohl als Freiwild angesehen wurden. Das lässt sich historisch zwar nicht belegen, darf vernünftigerweise aber angenommen werden. Eine Annahme übrigens, die Disneyland mit seiner bekannten Liebe zum historischen Detail nicht gerade mit Leidenschaft vertritt. Jedenfalls blüht und gedeiht die vage, aber mächtige Vorstellung, das reale Verhalten der Piraten des »goldenen Zeitalters« könne dadurch entschuldigt werden, dass sie eigentlich Protodemokraten gewesen seien, die die amerikanische Geschichte mitgestaltet hätten. Mit zum Reiz dieser Fantasie beigetragen hat bestimmt die simple Vorstellung von Freibeutertum als Musterbeispiel für kapitalistischen Unternehmergeist, der zum Schluss mit einer Kiste vergrabener Schätze belohnt wird. Auf Fantasien gründet das Vermögen der Walt Disneys dieser Welt.

Heute lebt die Piraterie noch immer und ist weltweit sogar im Wachsen begriffen. Doch sie hat nichts auch nur vage Romantisches an sich. Gegenwärtig konzentriert sie sich auf die Gewässer vor der Somali-Halbinsel sowie auf Südostasien und dort wiederum auf die Malakka-Straße zwischen Malaysia und Sumatra, die ökonomische Lebensader der Region. Diese Meerenge passieren täglich Frachten, die zu den wertvollsten der Welt gehören. Es ist die billigste Route für die größten Tanker, die regelmäßig zwischen den Ölhäfen des Nahen und des Fernen Ostens verkehren.

Kein Schiff, egal wie groß, ist vor modernen Piraten sicher. Die großen Öltanker, die Very Large Crude Oil Carriers (VLCCs), haben relativ kleine Mannschaften, im Schnitt um die zwanzig Mann, und alle Reeder instruieren ihre Kapitäne inzwischen, keinen Widerstand gegen schwer bewaffnete (und oft unter Drogen stehende) Piraten, die an Bord kommen, zu leisten. Oft übernimmt ein Mannschaftsmitglied die Rolle eines »Maulwurfs«, oder die Piraten wissen schon genau, wo eine bestimmte Fracht, ein Safe oder andere Wertsachen zu suchen sind.

Schon lange warnen Kapitäne und Schiffseigner die Regierungen, dass die Piraterie eines Tages eine Umweltkatastrophe auslösen könnte, die selbst die Kastastrophe der *Exxon Valdez* in den Schatten stellt, aber erst seit dem 11. September 2001 werden solche Warnungen ernst genommen. Anders als beim Flugverkehr wird aber trotzdem bis heute kein Mannschaftsmitglied durchleuchtet, bevor es an Bord geht. Dabei weiß man, dass der Heroinhandel ein Bindeglied zwischen al-Qaida und den asiatischen Verbrechersyndikaten ist, die den Piraten oft Anweisungen geben, welche Schiffe zu kapern seien. Zu den aktuellen Schreckensvorstellungen gehört die, dass jemand einen voll betankten VLCC aufbringen, mit Brandsätzen versehen und dann in einen Hafen wie Singapur rasen lassen könnte. Doch die

Bemühungen von Ländern wie Malaysia, Indonesien und den Philippinen, etwas gegen Piraterie zu unternehmen, sind aussichtslos angesichts der Größe des Problems und der Hightech-Ausrüstung moderner Piraten. Die staatlichen Anstrengungen werden auch von lokalen Allianzen zunichtegemacht, von Korruption, bestochenen Küstenwachen, »Geisterschiffen«, deren Identität sich über Nacht ändern kann, und von diversen anderen Tricks, die den zynischen Senatoren des alten Rom ein anerkennendes Lächeln entlockt hätten.

Den Pazifik sehen

Kapitän Cooks drei große Reisen zwischen 1768 und 1779 waren eindeutig aus dem Geist der Aufklärung geboren worden. Die schlechten alten Zeiten von Cortes und Pizarro, als Europäer die »Neue Welt« auf der Suche nach reicher Beute verwüstet hatten, hatte man ganz bewusst hinter sich gelassen. Auf seiner ersten Reise mit der *Endeavour* hatte Cook schriftlich formulierte Tipps von Lord Morton dabei, dem Präsidenten der Royal Geographical Society, welche die Expedition finanzierte. Darin stand unter anderem:

> Lassen Sie nicht außer Acht, dass das Blut dieser Völker zu vergießen, ein Verbrechen der schlimmsten Art darstellt: Es sind Menschenwesen, das Werk desselben allmächtigen Schöpfers, die ebenso unter seinem Schutz stehen wie der kultivierteste Europäer. (...) Wenn diese Menschen sich also einer Landung auf feindselige Weise widersetzen, ja selbst, wenn dabei einige Ihrer Leute getötet würden, so berechtigt Sie dies doch nicht, auf sie zu schießen, bevor nicht sämtliche friedlichen Mittel erschöpft sind.

Dass Cook elf Jahre später bei einem Gefecht umkommen sollte, als britische Seeleute in eine Menge von Hawaiianern schossen, entbehrte also nicht einer gewissen Ironie, dies umso mehr, als Cooks Tod in den Akademien Europas endgültig zu seiner Verklärung führte. Zu diesem Zeitpunkt war allgemein anerkannt, dass er mit seinen Reisen Gewaltiges erreicht und Europas Sicht der Welt grundlegend verändert hatte. Dies war ganz wörtlich zu nehmen: Die Bilddokumente, die Cook mitbrachte, wurden zum Vorbild für alle späteren Darstellungen der nicht europäischen Welt.

Um Cooks drei Reisen grob zu charakterisieren, könnte man sagen, sie seien botanischer, meteorologischer und ethnografischer Art gewesen. Sie hatten eindeutig wissenschaftliche Zwecke, aber auch andere; und der wichtigste davon war, Flagge zu zeigen für die europäische Zivilisation und zu den einheimischen Bewohnern der Südsee Kontakte zu knüpfen, die zu freundlichen Handelsbeziehungen führen könnten. Wir Menschen des postimperialistischen Zeitalters, die wir geradezu schäumen vor Reue und politischer Korrektheit, müssen uns davor hüten, zu glauben, wir hätten den Durchblick und durchschauten, dass das nur ein hinterlistiger Trick zum Schönreden und zur Bemäntelung von Ausbeutung gewesen sei.

Als Cook in See stach, hatten sich die modernen Rassentheorien noch nicht herausgebildet. Auch wenn man es in der Praxis oft alles andere als genau nahm, waren in der Theorie alle Menschen Mitglieder der einen großen Familie und somit von natürlichem Adel. Was nun den Handel betraf, so erschien im Jahr 1776, als Cook zu seiner letzten und verhängnisvollen Reise aufbrach, Adam Smiths *The Wealth of Nations (Untersuchung über die Natur und die Ursachen des Nationalreichtums)*. Cook, der die Wohltaten und Vorteile des zivilisierten Europa verbreiten sollte, fiel es zu, fast ein Drittel der Welt für das Konzept friedlichen Freihandels zu erschließen. Theoretisch zumindest.

Eine der klügsten und folgenreichsten Entscheidungen der Royal Society war diejenige, dass auf jeder Reise ausgebildete Künstler mit von der Partie sein sollten, welche wichtige Funde, Landschaften und Menschen für die Wissenschaft im Bild festhalten sollten. Heute, da die Kamera das menschliche Auge (und oft auch die Intelligenz) weitgehend ersetzt zu haben scheint, kommt uns das nicht sonderlich bemerkenswert vor. Tatsächlich waren dies, nach Jahrhunderten von Forschungsreisen, die ersten Expeditionen, deren Ergebnisse gründlich im Bild festgehalten werden sollten. Das hatte weniger damit zu tun, dass es den Menschen vorher gleichgültig gewesen wäre, als dass es bis zu diesem Zeitpunkt keine geeignete künstlerische Tradition gegeben hatte.

Heute besteht Einigkeit darüber, dass das Denken dem Sehen vorausgeht: Man muss etwas begriffen oder sich vorgestellt haben, damit man es sieht. In der dominierenden Tradition des klassischen Naturalismus hatte sich keine Methode dafür herausgebildet, wie man fremdartige Landschaften und Menschen mit jener Objektivität darstellen könnte, welche die neuen Wissenschaften erforderten. Das galt ganz besonders für Menschen: Man vermochte Stereotype darzustellen – Mohren, Sklaven, die drei Weisen –, aber keine echten Individuen innerhalb eines ethnischen Typus. Noch war man nicht so weit wie dann nach Darwin, als der empirische Naturalismus aufkam und man »Eingeborene« oft sehr affenartig darstellte, womit wieder einmal klar wurde, dass Objektivität zwangsläufig relativ ist. Cooks Künstler sahen sich vor eine schwierige Aufgabe gestellt: mittels der damals bestehenden europäischen Malerei und Ikonografie nicht europäische Völker, Landschaften und Ansichten vom Meer darzustellen.

Sie lösten sie, indem sie praktisch eine neue, kraftvolle Ästhetik erfanden. In seinem Buch *Imagining the Pacific* (Yale University Press, 1992) stellt Bernard Smith die These auf, die auf Cooks Reisen entstandenen Bilder, die bisher von den Kunsthistorikern weitgehend ignoriert worden seien, stünden am Anfang einer grundlegenden Veränderung der malerischen Tradition Europas. Sie hätten nicht nur die Art, wie man die Südsee betrachtet habe, tief beeinflusst (ihre verlockende Darstellung habe denn auch Paradiessucher wie Stevenson, Melville, Loti und Gauguin angezogen), sondern auch die Einstellung anderen Rassen gegenüber und damit Ethnografie und Anthropologie.

Das Buch von Bernard Smith ist voller erstaunlicher und schöner Illustrationen, die einen Querschnitt durch die auf diesen folgenreichen Reisen entstandenen Bilder darstellen. Besonders deutlich zeigt es den sonderbaren Übergangsmoment, in dem die alte Tradition der neuen weicht, als Mitte des 18. Jahrhunderts Entwicklungssprünge in den Naturwissenschaften, aber auch in der Navigation, der Kartografie und der militärischen Topografie »die geordnete Hierarchie der akademischen Kunst herausforderten und schließlich zerstörten«, wie Smith schreibt. Der offizielle Künstler auf der zweiten Reise an Bord der *Resolution* war William Hodges, ein Landschaftsmaler, der bei Richard Wilson in die Lehre gegangen war. Hodges nahm eindeutig den Naturalismus von Constable und Turner vorweg, vor allem in seinen Freiluft-Ölskizzen, denen eine experimentelle Energie eigen ist. Die Aufmerksamkeit, die er tropischen Himmeln widmet, seine sorgfältige Beobachtung von Wolken, Schatten und den Auswirkungen von Wind und Licht auf die Meeresoberfläche nehmen, in ihrem Streben nach meteorologischer Präzision, Constable vorweg. Ja, die Technik, die er erfand, um Glanzlichter auf Blättern darzustellen, wurde fünfzig Jahre später als *Constable's snow* bekannt. Er fand auch Farben in Schatten, eine Entdeckung, die man normalerweise Turner und den Impressionisten zuschreibt.

Ebenfalls an Bord der *Resolution* auf Cooks zweiter Reise waren der deutsche Wissenschaftler Johann Forster und dessen noch nicht zwanzig Jahre alter Sohn Georg, der die Aufgabe hatte, typische Exemplare von Pflanzen und Tieren zu zeichnen. Damit übernahm er die Rolle des mittlerweile verstorbenen Sydney Parkinson, der auf der ersten Reise der *Endeavour* so großartig als wissenschaftlicher Zeichner für Sir Joseph Banks gearbeitet hatte. Forster schuf bemerkenswerte Bilder von Phänomenen wie dem Eisblink (dem Widerschein am Himmel von Eisfeldern, die hinter dem Horizont liegen) sowie fein detaillierte Skizzen von Vögeln, wie zum Beispiel dem Wanderalbatros.

Mehr als zweihundert Jahre nachdem sie gemalt wurden, kann man von diesen Bildern, die auf Cooks Reisen entstanden, die intellektuelle Begeisterung von Künstlern ablesen, die sich dessen bewusst waren, dass jeder ihrer Pinselstriche die Art, wie die Welt künftig wahrgenommen würde, veränderte. Kaum jemand, der diese bemerkenswerten Bilder betrachtet, wird behaupten, Hodges sei als Künstler ebenso bedeutend wie Constable gewesen; doch lassen wir die Kunstgeschichte einmal Kunstgeschichte sein, so wird man finden, dass Hodges zuweilen einfach interessanter ist. Constables Gemälde *Dedham Vale (Blick von East Bergholt zum Flatforder Weg)* ist schön und gut, aber das Morgengrauen über einer tropischen Küste (das auch heute noch die wenigsten Europäer je gesehen haben) ist ein visuelles Erlebnis ganz anderer Art: Es ist weder besser noch schlechter, bietet aber Feinheiten von Farbtönen und Subtilitäten atmosphärischer Art, die sich Constable nie hätte vorstellen können. Bis vor Kurzem haben europäische Kunsthistoriker und das Museumspublikum sich kaum für Bilder nicht europäischer Landschaften begeistern können. Man wagte sich bis zum Nahen Osten, in der sicheren Begleitung von Künstlern wie David Roberts und Edward Lear, und nicht weiter. Diese ersten Gemälde des Pazifiks und der Südsee sind deshalb weitgehend unbekannt geblieben. Doch auch wenn man die Männer, die sie gemalt haben, mehr oder weniger vergessen hat: Ihre Bilder sind untrennbar mit der Art verbunden, wie wir heute Orte, Wesen und Meeresphänomene betrachten, die wir noch immer als exotisch empfinden.

Schöne Grüße
vom Sonnenuntergang

Jedes Jahr machen Millionen Menschen Millionen Fotos von Sonnenuntergängen. Dies tun sie besonders gern, wenn sie im Urlaub sind, vielleicht, um zu beweisen, dass die Sonne auch auf der anderen Seite der Welt untergeht. Und jedes Jahr bedrängen mich, wenn ich nicht aufpasse, Menschen und zeigen mir gefühlte Millionen Bilder von Sonnenuntergängen, die sie aufgenommen haben. Ich verstehe nicht genug von Technik, um über Pixel und Brennweiten reden zu können, weshalb ich nur ein unverbindliches »Hm, sehr malerisch« über die Lippen bringe. Und auch wenn ich solch erzwungenen Diaabenden zu entgehen vermag, erhalte ich im Laufe des Jahres Postkarten mit Sonnenuntergängen aus fernen Ländern. Sollte nun jemand glauben, ich übertreibe mit meiner Schilderung dieser Obsession, rate ich, einfach einmal ins Internet zu gehen: Da werden Sie entdecken, wie viele Firmen davon leben, Kunstwerke, die Sonnenuntergänge darstellen, zu reproduzieren.

Was hat es denn nun mit Sonnenuntergängen auf sich? Sie sind – neben Kätzchen und Alpenszenerien – ein besonders populäres Sujet, das zeitlos und allgemeingültig wirkt. Merkwürdigerweise jedoch, zumindest der europäischen Kunst nach zu schließen, scheint man sie erst seit relativ kurzer Zeit überhaupt wahrzunehmen. Vor zwei Jahrhunderten war ein Sonnenuntergang nicht mehr als ein Zeichen dafür, dass der Arbeitstag zu Ende ging, ein willkommenes alltägliches Ereignis, das nicht wichtig genug war, um von Malern festgehalten zu werden.

Natürlich gab es schon vor dem Ende des 18. Jahrhunderts da und dort einen Sonnenuntergang auf einem Gemälde, bei flämischen und holländischen Meistern wie Ruisdael beispielsweise, doch die waren eher nebensächlich, hatten bestenfalls allegorische Bedeutung als Hintergrund. Nie galt ihnen das Hauptinteresse. Doch mit der Romantik wurde die Natur in ihrer Pracht und Vielfalt zum Anlass für tiefste Empfindungen. Von 1780 an schätzte man Sonnenuntergänge zusammen mit Ehrfurcht gebietenden Sujets wie Bergen, Gletschern, Wüsten und wilden Küsten zunehmend dafür, dass sie ein Gefühl der Erhabenheit evozierten. Es ist kein Zufall, dass zur selben Zeit der Pantheismus Mode wurde. Infolge der Aufklärung und des Aufkommens der Naturwissenschaften waren die in heiligen Schriften festgehaltenen religiösen Gewissheiten ins Hintertreffen geraten. Dank dem Pantheismus konnte man nicht nur die Menschheit, sondern die Natur überhaupt als Gottes Werk betrachten. Damit wurde die unschuldige Natur erstmals in der abendländischen Kultur Objekt aller möglichen menschlichen Sehnsüchte.

Schlagartig wurden Sonnenuntergänge zum Inbegriff des Malerischen schlechthin, und die großen romantischen Landschaftsmaler ließen ihrem Gefühlsüberschwang freien Lauf. In Deutschland malte Caspar David Friedrich zahlreiche stimmungsvolle Sonnenuntergangsszenen, den Hafen von Greifswald zum Beispiel oder eine Küstenlandschaft mit Fischern im Abendlicht. Auf dem Gemälde *Der Träumer* von 1835 sitzt ein einsamer Mann auf dem Sims des gotischen Fensters der Ruine des Klosters Oybin, hinter ihm leuchtet ein Sonnenuntergang. Des Mannes Haltung verrät Nachdenklichkeit, und der Sonnenuntergang scheint eine Reflexion seiner melancholischen Gedanken zu sein. Nur ein, zwei Jahre zuvor hatte John Constable in England Sonnenuntergänge gemalt. Meteorologie faszinierte ihn, seine Himmel und Wasseroberflächen sind immer genauestens beobachtet, die Effekte und Farben extrem präzise. Seinem Zeitgenossen William Turner dagegen ging es darum, Stimmungen zu vermitteln durch eine geradezu theatralische Wahl der Farben und durch fantastische Effekte. Seine Sonnenuntergänge hatten oft etwas Überschwängliches und müssen Impressionisten wie Monet inspiriert haben, dessen rot flammende Bilder von der venezianischen Lagune im Abendlicht die Betrachter genauso beeindrucken wie die von Turner selbst. In den USA malte zur selben Zeit der Deutschamerikaner Albert Bierstadt riesige Bilder von Landschaften des amerikanischen Westens. Mit seinen romantischen Lichteffekten war er ein Vertreter des Luminismus. Geradezu unverschämt in seiner Dramatik ist Bierstadts *Sonnenuntergang im Yosemite-Tal* von 1868. Solche Bilder waren höchst populär und wurden in Massen reproduziert. Schon bald fühlten sich Tausende von Sonntagsmalern dazu inspiriert, es ebenfalls mit Sonnenuntergängen zu versuchen. Diese Bilder vermittelten meist eine ruhige, nachdenkliche Stimmung und ein gewisses Maß an viktorianischer Religiosität. Doch eine andere Art von Bildern wurde immer häufiger: handkolorierte Postkarten mit Sonnenuntergängen an exotischen Schauplätzen und fernen Küsten. Sie waren darauf angelegt, den Empfänger mit einer dramatischen Farbenpracht zu verblüffen, die Europäer aufgrund von Reiseberichten für typisch in solchen Breiten hielten. Die heutigen Postkarten haben diese Tendenz bloß verstärkt: Da sacken riesige Sonnen wie zusammenschrumpfende orange Wasserbälle in tropische Meere, immer von Palmen gerahmt, damit niemand auf die Idee kommt, es könnte der Genfer See sein.

Lange vor den ersten Filmen waren romantische Sonnenuntergänge bereits zu visuellen und literarischen Klischees geworden. Das schrie nach einer satirischen Gegenreaktion. Und so ließ der bissige englische Autor Evelyn Waugh denn seine malerische Beschreibung eines Sonnenuntergangs hinter dem Ätna mit den Worten enden: »Weder in der Natur noch in der Kunst habe ich je etwas so Widerliches gesehen.« Lange zuvor waren Sonnenuntergänge in der Literatur zum bevorzugten Hintergrund für Liebesszenen geworden, besonders solche am Meeresstrand. Der Humorist P. G. Wodehouse ließ einen seiner unverhohlen prosaisch denkenden jungen Männer seine Chancen auf Heirat mit einer romantischen jungen Dame folgendermaßen verpatzen: Auf ihre Frage, wie ihm der farbenprächtige Sonnenuntergang gefalle, den beide gerade sahen, meinte der junge Mann, er erinnere ihn an eine Tranche perfekt blutig gebratenen Roastbeefs.

Wir können verfolgen, wie Sonnenuntergänge im populären Bildervorrat immer wichtiger wurden; warum sie dies jedoch taten und was sie bedeuten könnten, ist etwas schwieriger zu erklären. Man müsste sie entschlüsseln, ähnlich wie Roland Barthes dies in seinen *Mythologies (Mythen des Alltags)* tat. Nun bin ich kein Semiotiker und beschränke mich deshalb auf ein paar Gedankengänge. So lässt sich wohl mit Fug und Recht sagen: Je weiter wir uns durch unseren immer urbaneren Lebensstil von der Natur entfernen, desto größer wird unser – sentimental angehauchtes – Interesse an Naturphänomenen, die für unsere Vorfahren etwas Alltägliches waren. In den heutigen Städten und Großstädten haben die wenigsten Leute einen freien Blick auf Sonnenaufgänge oder Sonnenuntergänge, ebenso wenig wie sie nachts der künstlichen Beleuchtung wegen die Sterne sehen können. Für nächtliche Spaziergänge sind wir nicht mehr auf Mondlicht angewiesen; allenthalben regieren Uhren unsere Arbeitszeit, und geweckt werden wir von elektronischen Hahnenschreien. Wenn wir schon keine Sonnenuntergänge beobachten können, können wir immerhin Bilder davon sammeln: Der unnatürlichen Abschottung durch unsere Städte zum Trotz erinnern sie uns daran, dass wir nicht mehr als sterbliche Durchreisende auf einem Planeten sind, der sich majestätisch um eine Sonne dreht, die jeden Tag gratis Schauspiele von atemberaubender Schönheit bietet.

Wobei »sterblich« das entscheidende Wort ist. Es gibt in der Ikonografie der Sonnenuntergänge einen Strang, der mit dem Tod zu tun hat. Dies mag banal klingen und war für die Maler des 19. Jahrhunderts etwas Offensichtliches; es geht aber leicht unter in der jährlichen Flut von Urlaubsfotos und Postkarten. Ich bin mit dem Ausdruck »going west« für »sterben« aufgewachsen, der im Ersten Weltkrieg ein bei englischen und amerikanischen Soldaten verbreiteter

Euphemismus war. In seinem glänzenden Buch *The Great War and Modern Memory* von 1975 weist der amerikanische Gelehrte Paul Fussell darauf hin, dass Sonnenauf- und -untergänge für Soldaten in der statischen Hölle des Grabenkriegs von tödlicher Bedeutung sein konnten: Wenn sie in den Gräben steckten, gab es wenig anderes anzuschauen als den Himmel. Im Morgengrauen und in der Abenddämmerung aber kam das Ritual des Postenbeziehens. Dann blickte man über das Niemandsland zum Feind hinüber, als überlegte man, was zu tun wäre, wenn dieser angriffe. Da herrschte beiderseits erhöhte Anspannung. Im Morgengrauen waren die Briten im Vorteil: Dann hoben sich die Silhouetten deutscher Patrouillen, die verspätet zu ihren Gräben zurückkehrten, gegen die aufgehende Sonne ab. Am Abend war es umgekehrt: Dann wurde ein unvorsichtiger Alliierter im Licht der untergehenden Sonne leicht zu einem Kandidaten für eine Reise westwärts.

Diese Verbindung von Sonnenuntergang und Tod hat eine lange Geschichte. Die alten Ägypter sahen den Tod als eine Reise nach Westen, der untergehenden Sonne entgegen, die dabei »starb«, um ein paar Stunden später im Osten wiedergeboren zu werden; und als Odysseus den Hades besuchte, segelte auch er westwärts. In den Mythen vieler Stämme überall auf der Welt lebt diese Vorstellung fort. Wir glauben, bei uns sei es anders, schließlich sind wir weltgewandt und wissen, dass ein langer Flug Richtung Westen nicht mehr bewirkt als einen Jetlag. Doch es ist kein Zufall, dass »sunset« im Englischen als Adjektiv für etwas verwendet wird, das im Sterben liegt, wie beispielsweise in »sunset industries« für »veraltete Unternehmen«, nicht zu reden von »sunset homes« für alte Menschen ... Ja, mittlerweile gibt es sogar ein amerikanisches Verb »to sunset«, was so viel bedeutet wie »abschaffen, schließen, verschrotten«.

Ohne Frage haben Sonnenuntergänge etwas mit Abschied zu tun. Es ist unmöglich, stumm zuzuschauen, wie die Sonne sinkt, zu einem roten Fingernagel schrumpft und dann blitzend hinter dem Horizont im Meer verschwindet, ohne dass in uns unversehens etwas nachdenklich wird. Zu erleben, dass die Sonne ausgelöscht wird, ist unbestreitbar faszinierend, auch wenn wir wissen, dass wir nur rasch hundert Meter hochfahren müssten, um das Schauspiel noch einmal beobachten zu können. Da gibt es eine sonderbare Parallele zum modernen medizinischen Problem der Feststellung des genauen Zeitpunkts des Todes: alles eine Sache der Definition und des Standpunkts. Dennoch kommt immer der Moment, wo es unzweifelhaft Nacht geworden ist. Eine Freundin, die möglichst jeden Sonnenuntergang zu betrachten versucht, sagt, die Farben und die Unterschiede des Lichts seien ihr wichtig, fügt dann aber hinzu: »Was allerdings den genauen Moment betrifft, in dem die Sonne verschwindet – der hat für mich mit dem Schwarz-Weiß-Fernseher zu tun, den wir in meiner Kindheit hatten: Wenn du den abgeschaltet hast, wurde der Bildschirm schwarz – bis auf einen weißen Punkt in der Mitte, der langsam verblasste und dann verschwand. Ein bisschen, wie wenn die Sonne hinter einem Berg untergeht. Meine Mutter hat mich jeweils dazu ermuntert, mich vor den Bildschirm zu stellen und den Punkt ›auszupusten‹, und ich konnte erst schlafen gehen, wenn der völlig verschwunden war. Wenn die Sonne untergeht, ist das für mich ebenfalls ein wichtiger und besonderer Moment im Tageslauf, etwas, das man nicht einfach ignorieren sollte.«

Dass Sonnenuntergänge etwas Besonderes an sich haben, ist angesichts ihrer offensichtlichen Beliebtheit eine Plattitüde. Dennoch herrscht nicht wirklich Einigkeit darüber, wie man auf sie zu reagieren habe. Neulich stieß ich auf den verwunderten Bericht eines Australiers, der auf eine Klippe gestiegen war und sich zu amerikanischen Wanderern gesellt hatte, um den Sonnenuntergang zu betrachten. Als die Sonne hinter dem Horizont im Meer verschwunden war, brachen die Amerikaner in Beifall aus; das war dem Australier so fremd, dass er ebenso verständnislos reagierte, wie ich dies getan hätte. Die stille und aufmerksame Stimmung durch einen kollektiven Ausbruch zu zerstören, ist schon sonderbar. Wollten sie vielleicht Gott für eine be-

sonders spektakuläre Darbietung applaudieren – und hätten sie ge-
buht, wenn diese in letzter Minute durch aufziehende Wolken ver-
dorben worden wäre? Verwechselten sie das Schauspiel mit einem
Leinwandspektakel, oder hatte es für sie mehr von einem Konzert
an sich? Möglicherweise applaudierten sie nur Sonnenuntergängen,
vielleicht gab es bei ihnen aber auch Ovationen für beeindruckende
Blitze oder bemerkenswerte Brecher.

Wie auch immer: Sonnenuntergänge scheinen die erstaunlichsten
Leute unter den erstaunlichsten Umständen in ihren Bann zu ziehen,
wenn man der Behauptung Glauben schenken darf, dass überall auf
der Welt Leute, die das Videospiel *Grand Theft Auto: San Andreas* mit
Schauplatz Kalifornien spielen, inmitten von Chaos und Zerstörung
oft eine Pause einlegen und auf dem Bildschirm an den Strand »fahren«, um von dort aus den Sonnenuntergang über dem Meer zu sehen. Was bedeutet es, wenn Leute immer wieder Fotos machen oder
Postkarten schicken, mit Sujets, die jeder schon tausendmal gesehen
hat – Kätzchen in einem Korb, Michelangelos David oder dem Eif-
felturm?

Warum mögen so viele Menschen am liebsten Niedliches und In-
fantiles, Hündchen, Kindchen oder Teddybären? Ich will damit nicht
ihren Geschmack kritisieren, sondern bloß feststellen, dass dies ein
Phänomen ist, das der Erklärung bedarf. Außerdem sind Sonnenuntergänge ja gar nicht niedlich. Ihrem Farbenüberschwang zum
Trotz wirken sie eher majestätisch und somit ernüchternd. Aber ich
wage jetzt einmal eine Vermutung: Menschen, die gewohnheitsmä-
ßig Sonnenuntergänge fotografieren oder Postkarten davon verschi-
cken, wollen damit eigentlich sagen: »Hier habt ihr den Beweis! Ich
bin ein Mensch, der ein tiefes Empfinden für Natur und die ästhetischen Qualitäten von Naturereignissen hat. Ich habe den Blick eines Malers, denn kein Sonnenuntergang ist dem anderen gleich, ihre
Wirkungen verändern sich vielmehr in einem fort. Ich bin aber auch
ein nachdenklicher Mensch, denn Bilder von Sonnenuntergängen

haben etwas Ruhiges, ja eine spirituelle Qualität. Und was diese Post-karte angeht, die ich euch schicke: Ihr habt bestimmt bemerkt, dass die aus Thailand/Palau/dem südlichen Pazifik stammt – wie schon die Palmen zeigen! –, was bedeutet, dass ich genug Geld und Muße habe, um für zwei Wochen um die halbe Welt zu gondeln, und au-ßerdem so viel Feingefühl, dass ich euch eben nicht eine Juxkarte mit einer anzüglichen Bildunterschrift schicke oder eine mit Eingebore-nenmädchen, die Baströcke tragen und irgendeinen *National Geo-graphic*-Tanz vollführen. Mit anderen Worten: Ich bin ein weit ge-reister, nachdenklicher, sensibler Mensch mit gutem Geschmack.«

Doch in Anbetracht dessen, dass zurzeit vor allem kompetitiver Materialismus angesagt ist, wollen sie vielleicht tatsächlich sagen: »Zieh dir mal das Bild rein, Freundchen: So was kriegst du nur mit CMOS-Sensor und 21,1 Megapixeln hin. Du verstehst schon: High End. Siehst du diese grünen Tupfer? Die nimmt das menschliche Auge gar nicht wahr, aber diesem Ding hier entgehen sie nicht.«

Nicht beabsichtigt dürfte die Botschaft sein: »Ich dachte, es scha-det dir nicht, daran erinnert zu werden, dass das menschliche Dasein etwas mit Sonnenuntergängen zu tun hat und dass wir uns mit jedem Tag ein Stückchen weiter westwärts bewegen. Drum rate ich dir: Be-wahre jeden Sonnenuntergang in deinem Herzen, denn du hast im-mer weniger Gelegenheiten, noch einen zu erleben. Doch damit wir nicht nur an solche Dinge denken: Hier sind noch ein paar niedliche Kätzchen …«

Das Meer und seine Farben

»Warum ist das Meer blau?« ist eine jener Fragen, denen nicht wissenschaftlich ausgebildete Eltern gern ausweichen, obschon sie die Antwort darauf wahrscheinlich vor zwei Jahrzehnten einmal in der Schule gehört haben. Doch falls das wissbegierige Kind schon einmal gesehen hat, wie Licht durch ein Glasprisma in die Spektralfarben aufgespalten wird – oder von Regentropfen zu einem Regenbogen –, dann ist die Erklärung keine große Sache. Das Licht der Sonne besteht aus Licht in allen Farben, deren jede einer anderen Wellenlänge entspricht. Fällt Licht auf Wasser, werden die längeren Wellenlängen – die vom roten Ende des Spektrums – zuerst absorbiert. Je tiefer das Licht vordringt, desto blauer wird es, da die anderen Farben unterwegs alle herausgefiltert werden. An einem sonnigen Tag kommen aus tiefem klarem Wasser deshalb nur blaue und violette Strahlen zurück, weshalb es einem Betrachter, der oben auf einem Kliff steht, dunkelblau erscheint. Beim Schnorcheln oder Tauchen erlebt man dies etwas anders, besonders wenn man einem Abhang folgt. Das allmähliche Herausfiltern des Spektrums macht nicht etwa alles blauer, sondern laugt vielmehr alle Farben außer Blau aus. Dadurch tendiert alles bald zu verschiedenen Schattierungen von Grau oder Grüngrau, während das Rotbraun mancher Tangarten schnell schwarz wirkt. Blickt der Betrachter, oben auf dem Kliff, hingegen hinab auf seichtes Wasser über hellem Sand, reflektiert der Boden weißes und grünes Licht, was zu dem typischen azurgrünen Heiligenschein aus der Luft betrachteter Inseln und Atolle führt. Ist das Wetter bedeckt, spiegelt das Meer die Wolkenuntergrenze wider und wirkt schiefergrau.

Neben der fortschreitenden Absorption bestimmter Wellenlängen ist aber auch noch ein anderer Prozess von Belang: die Streuung. Das aus dem Meer zurückkommende Licht ist nämlich auch der unregelmäßigen Reflexion durch allerlei im Wasser schwebende Partikel unterworfen. Mikroskopisch kleine schwebende Pflanzen, das sogenannte Phytoplankton, sind allüberall. Sie enthalten Chlorophyll, welches blaues Licht absorbiert, sodass das zurückkommende Licht grüner aussieht. Tatsächlich ist der Grünanteil der Meeresfarbe in der Regel ein guter Indikator des Phytoplanktonvorkommens, und Flug- oder Satellitenaufnahmen können die jahreszeitlichen oder lokalen Fluktuationen genau zeigen. »Warum ist das Meer auf Bildern immer blau, wo es in Wirklichkeit doch eher grün aussieht?« wäre eine berechtigte Frage angesichts des nährstoffreichen, kalten Wassers vor den Küsten Nordeuropas.

»Wo ist das Meer am blauesten?« ist gern die nächste Frage, welche die Eltern in Bedrängnis bringt. Darauf gibt es zum Glück eine einfache Antwort: In der Sargasso-See im nordwestlichen Atlantik. In diesem Gebiet ist die See notorisch ruhig und windstill, und es liegt eine große Menge warmen Wassers auf einer Schicht viel kälteren Wassers, weshalb wenig nährstoffreiches Wasser aufsteigt. Infolgedessen ist die Planktonproduktion niedrig. Weil die Verschmutzung und das Phytoplanktonvorkommen hier geringer sind als irgendwo sonst auf der Welt und weil sie fünf Kilometer tief ist, strahlt die Sargasso-See ein außergewöhnlich reiches und reines Blau aus.

Auf das menschliche Auge wirken solche Farben bezaubernd. Doch für die Bewohner des Meers sind die besonderen Eigenschaften von Licht in Wasser eine Sache von Leben und Tod: Wen ich fressen kann oder von wem ich gefressen werde, hat entscheidend damit zu tun, wie gut man mich sieht. Die Färbung von Meerestieren ist in der Regel ein klarer Hinweis darauf, in welcher Tiefe sie leben. In seichtem Wasser, wo das Sonnenlicht noch fast seine ganze Bandbreite hat, weisen Fische und andere Tiere ein breites Spektrum von Farben auf, sodass sie zu Felsen, Sand oder Pflanzen passen. Manche,

Kopffüßer und verschiedene kleine Fischarten, können ihre Färbung verändern und sich so verschiedenen Hintergründen anpassen. Tiere auf offener See hingegen finden nirgends Unterschlupf und brauchen deshalb raffiniertere Methoden, um sich vor einem uniformen Hintergrund unsichtbar zu machen. Diese reichen von Durchsichtigkeit wie bei vielen Quallen bis zu Silbrigkeit wie beim Silberbeilfisch. Dieser kleine Fisch hat sich in einen regelrechten Spiegel verwandelt: Er ist vertikal zu einer Klinge abgeflacht und über und über mit Plättchen aus Guanin (einem der vier Grundbestandteile der DNS) bedeckt, die Licht reflektieren. Von vorn oder hinten ist ein Silberbeilfisch zu dünn, um rasch entdeckt zu werden, und von der Seite wirkt er unsichtbar, weil er den ihn umgebenden Ozean widerspiegelt.

Fische, die vor allem an der Oberfläche leben, sind bedroht durch Raubvögel, wie zum Beispiel Tölpel oder Kormorane, weshalb sie oft silbrig blau sind; wohingegen viele Fische, die auf offener See in der Nähe der Oberfläche leben, wie zum Beispiel Fliegende Fische, Makrelen oder Thun, auf dem Rücken tiefultramarin und auf dem Bauch hellblau oder silbrig sind. (Das gleiche Camouflageprinzip wurde im Zweiten Weltkrieg bei Kampfflugzeugen angewandt: Ihre Oberseite wurde in der Regel so bemalt, dass sie zum überflogenen Terrain passte, während die Unterseite meist hellblau oder weiß war.) In Tiefen unterhalb der von der Sonne beleuchteten oberen Schichten verwenden die Lebewesen andere Mittel, um in den Überresten des Tageslichts nicht sichtbar zu sein. Fische, Krabben und Garnelen, die unterhalb von siebenhundert Metern auf den Hängen des Kontinentalsockels leben, sind oft rot. Da Rottöne den Wellenlängen entsprechen, die das Wasser am schnellsten absorbiert, werden rot gefärbte Tiere unterhalb einer gewissen Tiefe unsichtbar oder wirken schwarz.

Darunter liegt das Reich der Biolumineszenz, eine Welt von großer Subtilität und Komplexität, voller Köder, Fallen und für die Fortpflanzung wichtiger Signale. Doch an diesem Punkt schlagen nicht wissenschaftlich ausgebildete Eltern zur Abwehr weiterer Fragen listigerweise am besten einen Gang in die Eisdiele vor.

Der grüne Blitz

Meteorologische Ereignisse und Himmelserscheinungen haben Menschen immer schon seltsam fasziniert. Je seltener das Phänomen, desto größer die Faszination. Noch heute sind auch viele Nichtwissenschaftler dazu bereit, Kontinente zu durchqueren, um eine totale Sonnenfinsternis zu beobachten; was sie anzieht, ist wohl nicht nur die Aussicht auf ein einmaliges Erlebnis, sondern, wie ich vermute, auch der Überrest alter abergläubischer Vorstellungen, nach denen solche Dinge eine ganz besondere Bedeutung haben. Die Natur ist zu so weiten Teilen gezähmt und entmystifiziert worden, dass wir einen regelrechten Drang haben, die Ehrfurcht vor ihr von der Müllkippe zurückzuholen, auf die wir sie geschmissen hatten. Daher rührt auch unser wiedererwachtes Interesse am »grünen Blitz«.

Der grüne Blitz (manchmal auch »grüner Strahl« genannt) ist etwas, das sich gelegentlich bei Sonnenuntergängen ereignet und bestenfalls ein paar Sekunden anhält, weshalb es nicht sehr häufig beobachtet wird. Er kann in dem Moment auftreten, da die Sonne hinter dem Horizont verschwindet, besonders auf dem Meer. In der Regel zeigt sich ein smaragdgrüner heller Fleck über dem letzten Fitzelchen Sonne und hält sich dort ein, zwei Sekunden nach deren Verschwinden. In seltenen Fällen blitzt vom Ort ihres Verschwindens ein grüner Strahl auf. Ich hatte zweimal das Glück, den grünen Blitz zu sehen. Das erste Mal 1979, als ich allein auf einer Landspitze an der Westküste der philippinischen Insel Palawan saß. Ich hatte damals noch nie von diesem Phänomen gehört. Da ich mir nicht sicher war, was ich gesehen hatte, erwähnte ich es nicht, denn ich befürchtete, man könnte mich auslachen und sagen, ich hätte wohl zu viel

San-Miguel-Bier getrunken. Das zweite Mal war viele Jahre später an Bord eines schottischen Trawlers in der Nordsee, als ich für einen Artikel zum Thema Überfischung recherchierte. Auch diesmal sagte ich nichts, da die ganze Mannschaft auf Deck mit dem Fang beschäftigt war und jeden, der die Muße hatte, Sonnenuntergänge zu betrachten, mit gnadenlos bissigen Sprüchen eingedeckt hätte.

Mittlerweile hat der grüne Blitz sogar Eingang in die Populärkultur gefunden. Er kommt in *Pirates of the Caribbean: At World's End (Fluch der Karibik 3: Am Ende der Welt)* vor, wo er als Zeichen dafür gilt, dass eine Seele ins Leben zurückgekehrt ist, was in diesem Fall heißt, dass Johnny Depp als Captain Sparrow aus Davy Jones' Spind herausgefunden hat. Schon 1986 gab es Éric Rohmers Film *Le rayon vert (Das grüne Leuchten)*, dessen Heldin in Liebesnöten ist und als Zeichen auf den grünen Blitz hofft, von dem sie aus dem 1882 erschienenen gleichnamigen Roman von Jules Verne weiß. Dass Verne um dieses Phänomen herum einen ganzen Roman schrieb, spiegelt das wissenschaftliche Interesse des 19. Jahrhunderts wider: Man suchte eine Erklärung für etwas, das die Menschen seit Jahrhunderten verwunderte und das bereits die alten Ägypter bemerkt hatten. Verne beschreibt die Bemühungen seiner Heldin Helena Campbell, den seltenen grünen Blitz in Schottland zu erhaschen. Doch ihr Blick auf den Sonnenuntergang wird immer wieder durch Wolken oder Segelschiffe gestört, und als es tatsächlich zu einem grünen Blitz kommt, verpasst sie ihn, weil sie genau in diesem Moment in die Augen ihres Geliebten blickt. Verne erwähnt in seinem Roman eine Legende, die besagt, dass, wer den grünen Blitz gesehen hat, in der Liebe nie die falsche Wahl trifft. (Diese Legende hat es natürlich auch Rohmers Heldin angetan.) Ich kann dazu nur sagen: Obschon ich den grünen Blitz gleich zweimal gesehen habe, habe ich in Liebesdingen mein Leben lang katastrophal danebengegriffen. Aber das sagt über Legenden nichts anderes, als was ich bereits gewusst habe.

Wissenschaftlich lässt sich der grüne Blitz erklären mit der Brechung des Lichts der untergehenden Sonne und Eigenheiten des menschlichen Sehvermögens. Die Atmosphäre funktioniert wie ein Prisma, welches das Sonnenlicht in seine Spektralfarben aufspaltet, die alle in verschiedenen Winkeln gebrochen werden. Längere Wellenlängen wie Rot werden weniger, kürzere wie Blau und Gelb dagegen viel stärker gebrochen. Sinkt die Sonne dem Horizont entgegen und dringen ihre Strahlen durch die immer dichtere Atmosphäre zum Betrachter, verschwindet das Blau durch die Streuwirkung der Luftmoleküle. Bei geeigneten atmosphärischen Bedingungen verschwinden größtenteils auch Gelb und Orange, die nicht zerstreut, sondern von Ozon- und Sauerstoffmolekülen sowie von Wasserdampf absorbiert werden. Wenn die Sonne hinter dem Horizont versinkt, sind nur noch Rot und Grün übrig. Weil das menschliche Auge vom grellen Rot überwältigt wird, kann es die grüne Komponente zunächst nicht als gesonderte Farbe wahrnehmen.

Tatsächlich zeigen Spezialfotografien Folgendes: Wenn die Sonne zur Hälfte hinter dem Horizont versunken ist, hat ihr oberer Saum eine deutlich grüne Färbung. Sowie die rote Scheibe verschwindet, schrumpft dieser grüne Saum und konzentriert sich: Je mehr er sich zu einem bloßen Punkt zusammenzieht, desto heller wird er. Das Grün wird für das menschliche Auge erst im letzten Moment sichtbar, wenn das rote Licht verschwunden ist. Dann zeigt sich plötzlich ein grellgrüner Fleck, und wir nehmen einen grünen Blitz wahr. Nun kann man sich fragen, warum das nicht jedes Mal zu beobachten ist, wenn die Sonne bei klarem Himmel untergeht. Es ist leider so: Die atmosphärischen Bedingungen müssen genau richtig sein. Der Effekt geht verloren, wenn die gelben und orangen Wellenlängen nicht gründlich genug absorbiert werden; aber auch ein Containerschiff am falschen Ort oder der Blick in die Augen eines geliebten Wesens können alles zunichtemachen. Einen grünen Blitz zu erhaschen, kommt deshalb seltener vor, als in Europa beispielsweise das Nordlicht *(Aurora borealis)* zu beobachten, weshalb der grüne Blitz, seiner prosaischen Erklärung zum Trotz, von einer Aura des Mystischen umgeben ist.

Falls jemand bezweifeln sollte, dass die Atmosphäre wie ein Prisma funktioniert: Derselbe Effekt ist auch die Erklärung dafür, dass die Sonnenscheibe immer stärker verzerrt wird, wenn sie kurz auf dem Horizont zu stehen scheint und dann dahinter versinkt. Das Licht ihrer Unterkante wird stärker gebrochen als dasjenige der Oberkante. Dadurch scheint ihr unterer Teil etwas weiter oben zu sein, als er sein sollte, was das bekannte Zusammensacken und Breiterwerden zur Folge hat. Ebenfalls der Brechung wegen sehen wir die Sonne noch ein Weilchen, nachdem sie bereits hinter dem Horizont versunken ist: Ihre Strahlen biegen sich dann gleichsam über der Erdkrümmung. Der grüne Blitz ist somit ein Gespenst der untergegangenen Sonne.

Wie erwähnt, ist an diesem unwichtigen, aber auffälligen Phänomen nichts Mystisches dran. Das anhaltend breite Interesse hat aber bestimmt mit archaischen Gefühlen zu tun, die sich leicht einstellen, wenn wir den Himmel betrachten. Sogar in unserem weltlichen Zeitalter kann man noch immer den schwachen Abglanz einer Urangst verspüren, wenn sich die unheimliche, stille Dämmerung einer totalen Sonnenfinsternis schnell über die uns umgebende Landschaft ausbreitet. Eines Nachts vor einem Dutzend Jahren erlebte ich auf den Philippinen ein anderes sonderbares Himmelsereignis, eines, das viel seltener als ein grüner Blitz sein dürfte und mich noch tiefer beeindruckte.

Ich war beim Speerfischen mit einem Freund aus dem Dorf. Wir schwammen jenseits der Korallenriffe, vielleicht einen halben Kilometer von der Küste entfernt, und verwendeten zum Anlocken von Sepien Taschenlampen, die wir selbst wasserdicht gemacht hatten. Es war nach Mitternacht, die pechschwarze Dunkelheit, die dieser Art des Fischens so förderlich ist, wurde bereits aufgehellt von einem Vollmond, der tief über dem Land hinter unserem Dorf stand. Seeauswärts fiel Regen, dessen Ausläufer bis zu uns reichten. Plötzlich sahen wir beide am Himmel einen riesigen grauen Bogen, einen perfekten hundertachtzig Grad umfassenden Halbkreis aus Nebel, der aus sich deutlich voneinander abhebenden Bändern helleren und dunkleren Graus bestand. Ich brauchte ein Weilchen, bis mir dämmerte, dass dies ein »Mondregenbogen« sein musste: das genaue Gegenstück eines Regenbogens, allerdings schwarz-weiß. Obschon ich noch nie von so etwas gehört hatte, war offensichtlich, was es war, und ebenso offensichtlich war, dass mit den entsprechenden optischen Hilfsmitteln die für unsere Augen zu schwachen Spektralfarben feststellbar gewesen wären.

Es war ein dermaßen unerwartetes und »persönliches« Erlebnis (da zwangsläufig jeder Mensch »seinen eigenen« Regenbogen sieht), dass ich mich heute noch an den wohligen Schauer, dem allerdings auch so etwas wie Ehrfurcht und Angst beigemischt war, erinnere. Mag sein, dass er auch von meiner Einsicht rührte, dass ich dergleichen aller Wahrscheinlichkeit nach nie mehr sehen würde. Kalt, majestätisch und ätherisch wirkte der Bogen und schickte durch das tropisch warme Wasser einen Schauer, der bei mir Gänsehaut von Kopf bis Fuß bewirkte. Erst als der Anblick zu verblassen begann, nahm ich wahr, wie sehr er meinem Begleiter zu schaffen machte. Dieser war völlig fertig mit den Nerven, und ich tat, was ich konnte, um ihm zu erklären, dass das nichts als die nächtliche Version eines gewöhnlichen Regenbogens gewesen sei. Das konnte er zwar akzeptieren, doch die Seltenheit des Ereignisses war für ihn beängstigend: Das musste doch etwas zu bedeuten haben. Er war überzeugt, dass dies ein Vorzeichen dafür sei, dass ein Unglück das Dorf oder, Gott behüte, seine Familie treffen werde. Nachdem der Mondregenbogen vom Himmel verschwunden war, hörten wir auf zu fischen und schwammen rasch an Land. Doch nicht einmal der Anblick seiner friedlich schlafenden Familie vermochte die Befürchtungen meines Freundes zu beschwichtigen, und nie hat er den dramatischen rauchigen Bogen vergessen, der sich mitten in der Nacht über den Himmel spannte. Er hat mir auch nie zustimmen können, dass es ein auf gespenstische Weise schöner Anblick war.

Nach Europa zurückgekehrt, schickte ich der in London erscheinenden Zeitschrift *New Scientist* einen Brief mit einer kurzen Beschreibung des Ereignisses. Dieser hatte Briefe verschiedener Leute aus aller Welt zur Folge, die ebenfalls einen Mondregenbogen gesehen hatten, und viele erwähnten die Ehrfurcht, die sie dabei empfunden hatten. Bald folgten auch die wissenschaftlichen Erklärungen dafür. Damit ein Mondregenbogen entstehen kann, muss der Mond voll oder beinahe voll sein, sonst ist es nicht hell genug. Er muss tief an einem dunklen Himmel stehen, und auf der vom Betrachter aus gesehen gegenüberliegenden Seite muss es regnen. Nur wenn der Betrachter genau am richtigen Ort ist und auch alle anderen Bedingungen stimmen, lässt sich das Phänomen beobachten, weshalb es so viel seltener ist als ein gewöhnlicher Tagesregenbogen.

Die Reaktion meines philippinischen Freundes rief mir in Erinnerung, dass der Mensch den Himmel immer schon nach Zeichen und Omen abgesucht hat, die große politische oder persönliche Veränderungen ankündigen sollten. Und zweifelsohne tun dies Millionen Menschen, insbesondere Astrologen, bis heute. So sind beispielsweise Kometen seit Jahrtausenden mit Katastrophen in Verbindung gebracht worden (das Wort »Desaster« ist vom lateinischen *astrum* abgeleitet und bedeutet »Unstern«). Man sah sie als Vorzeichen für den Tod eines großen Mannes oder den Untergang einer wichtigen Stadt. Darüber kann man lachen; doch ist nicht zu leugnen, dass wir auch in heutigen, durch und durch weltlichen Gesellschaften noch ähnlich angstvoll den Himmel absuchen. Die Wissenschaft interessiert sich für Sonnenflecke, Sonnenzyklen und anderes, was unsere Atmosphäre und das Wetter beeinflusst; von all diesen Phänomenen versuchen wir eifrig abzulesen, was sie über die Erderwärmung aussagen, jene drohende Katastrophe, die fast jedem Angst macht, der genug weiß, um Angst zu haben. Vor diesem düsteren Hintergrund wirkt der grüne Blitz, als von schlimmen Bedeutungen unbelastetes Ereignis, erst recht bezaubernd.

Meerestiefen

Stimmen hören

Meerestiefen

Zur Philosophie des Tauchens

Eine Menge Anderswo

Stimmen hören

Vor Jahren flocht auf der anderen Seite der Welt ein mit mir befreundeter Fischer einen großen Korb aus Kupferdraht, um darin seinen Fang aufzubewahren. Der Draht war aus dem Elektrizitätswerk gestohlen, wo des Fischers Sohn arbeitete. Das Ganze war eine Spielerei – ein wenig, um sich vor den anderen hervorzutun, aber auch um seine handwerklichen Fähigkeiten zu erproben. Zuvor hatte er den Fang, wie seine Fischerkollegen, einfach im kühlen Leckwasser unten in seinem Boot liegen lassen. Doch nun paddelte er jeweils mit dem hinten angeschnallten Korb in der Abenddämmerung los, während in einem Erdnussbutterglas am Bug die gewohnte Petrolflamme flackerte. Ein bis zwei Kilometer vor der Küste saßen er und seine Kollegen dann in ihren Booten, eine lose Gemeinschaft winziger, in der samtigen Dunkelheit tanzender Flämmchen, oft genügend nahe beieinander für Tratsch und Klatsch in den langsam verstreichenden Nachtstunden.

Doch dann begannen sie Geschichten von anderen Stimmen draußen auf dem Meer zu erzählen. Immer schon hatte man hier an *mumu* geglaubt, boshafte Geister, die in Bäumen und Bächen lebten und die man besänftigen musste. Ich hatte auch Geschichten von einer Untergattung gehört, einem Meeres-*mumu*. So hatte man auf offener See oft deutlich ein Baby weinen hören, wo es schlicht kein Baby gab. Jetzt kehrten die Fischer mit Geschichten von geisterhaften Gesängen, Geigen und Gelächter und von Gesprächen zwischen Unsichtbaren zurück, und sie alle schienen vom Boot meines Freundes zu kommen. Seine abergläubischen Freunde begannen, ihn zu meiden. Deprimiert erkundigte er sich beim Dorfpriester, ob er von einem bösen Geist besessen sei, der von einem Exorzisten fachmännisch ausgetrieben werden müsse.

Zufälligerweise hatte ich kurz vorher mit einem amerikanischen Segler gesprochen, der mir erzählt hatte, zuweilen höre er mitten auf dem Meer Stimmen aus dem Stahlmast seiner Jacht. Der Mast funktionierte dabei als eine Art Wandler und Antenne, die Funksignale auffing und leise hörbar machte. Dazu fiel mir ein, dass ich von einer unglücklichen Frau gehört hatte, die mit ihren Zahnfüllungen BBC-Sendungen empfing. Da ich mir dachte, dass der Kupferkorb meines fischenden Freundes etwas Ähnliches bewirken könnte, überredete ich ihn, den Korb vom Boot zu entfernen. Schlagartig verschwanden die Stimmen. Merkwürdigerweise blieb der Korb am Ufer stumm, musste also wohl von Wasser umgeben sein, um als Wandler zu wirken. Mein Freund jedenfalls gewann seine Fröhlichkeit und Beliebtheit wieder und benutzte das verhexte Objekt hinfort als Langustenkorb.

Ich habe neulich eine Erklärung für ein verwandtes Phänomen gelesen: dass Beobachter nämlich ein sonderbares Zischen, Rauschen und Stöhnen vernommen haben, wenn in nördlichen Breiten das Nordlicht sichtbar wurde oder wenn ein Komet am Himmel vorbeisauste. Nun ist es offensichtlich unmöglich, dass ein Meteor, der in fünfzig Kilometern Höhe fliegt, gleichzeitig durch normale Schallwellen unten auf der Erde zu hören ist. Man hat diese Geräusche mittlerweile aber überzeugend einer VLF (Very Low Frequency)-Induktion zwischen zehn Hertz und dreißig Kilohertz zugeschrieben, die durch elektromagnetische Strahlung entsteht. In solchen Fällen können so verschiedene Dinge wie das Brillengestell oder das Kraushaar eines Beobachters, nahe Telefondrähte oder gar Tannennadeln als Wandler wirken.

Oft macht uns erst ein sonderbarer Zufall bewusst, wie viel auf allen Wellenlängen um uns herum los ist; das meiste davon bekommen wir schlicht nicht mit. Vor Kurzem hat nun ein russischer Seismologe behauptet, die Resonanzfrequenz der Erde festgestellt zu haben: Sie sei ein so tiefes Grollen, dass zwischen einer Welle und der nächsten mehrere Minuten vergingen. Ich glaube, der musikalische Ton, dem sie theoretisch entspräche, ist ein B, das aber viel zu tief ist für die Ohren Sterblicher. Vielleicht könnte dadurch Pythagoras' schöne und für die westliche Musik und Kultur so folgenreiche Theorie von der Sphärenmusik neu belebt werden: Obschon die Physik uns sagt, dass Schallwellen sich in einem Vakuum nicht fortpflanzen können, erzeugen Planeten und andere Himmelskörper beim Kreisen auf ihren grandiosen, aber schwindenden Umlaufbahnen vielleicht eben doch Klänge. Aristoteles meinte, diese Klänge seien deshalb unhörbar, weil sie unsere Ohren vom Moment unserer Geburt an erfüllten. Dass wir wie Fabrikarbeiter an ein vertrautes Geräusch so gewöhnt seien, dass wir es gar nicht mehr wahrnähmen.

Doch sogar ein vertrautes Geräusch kann seltsame Auswirkungen haben. Auch ich habe auf dem Meer schon Stimmen gehört. Manchmal höre ich im Halbschlaf aus dem gleichbleibenden Schnurren eines Motors Stimmen heraus: keine eigentlichen Wörter, sondern eher ein undeutliches Gespräch, knapp unterhalb der Verständlichkeitsgrenze. Ich sage mir dann, dass dies etwas vollkommen anderes sei als die Stimmen, die ein Schizophrener hört, oder als – wo wir gerade dabei sind – die Stimme Gottes, die vernommen zu haben ein Bischof berichten kann, ohne dass er gleich als Lügner oder Verrückter abgetan wird. Ich sehe es lieber als etwas Ähnliches wie die Gesichter, die man an müßigen Sommertagen in Wolken erkennen kann, oder die bewegten Gestalten in den glühenden Kohlen eines winterlichen Feuers. Diese Erscheinungen haben bestimmt etwas mit der Wahrnehmungsarchitektur des Hirns zu tun, dem fest verdrahteten Zwang, ganz offensichtlich sinnlosen Sinneseindrücken eine Bedeutung abtrotzen zu müssen.

Vielleicht. Wenn ich jedoch aus einem Boot auf die vorbeirauschenden Luftblasen blicke, rückt etwas Inneres in den Brennpunkt, auch wenn Augen und Ohren von fröhlicher Weiße erfüllt sind. Aus dem tiefen Stottern des Motors, aus den Drähten über mir, durch das schmatzende Pochen des Vorderstevens, der Wasserkissen zu Flaum zerstäubt, steigen Stimmen auf und mischen sich. Sie sind mir so vertraut wie meine Hände, sie gehören zum Geräusch, das mein Leben macht, während es dahinlebt. Sie sind das, was ich zum ersten Mal als Kind gehört habe, als ich in Cornwall an der Küste stand, und erneut, als ich mit meinem Vater den Pool of London besuchte. Wie das warme Surren, das ein elektrischer Apparat von sich gibt, wenn Strom durch ihn fließt, sagen sie mir, dass mir Horizonte, Einsamkeit und ferne Länder noch immer keine Ruhe lassen.

Meerestiefen

Die Ozeane bedecken einundsiebzig Prozent der Erdoberfläche, ihre Durchschnittstiefe beträgt um die 4000 Meter. Das gibt uns eine Ahnung davon, wie viel tiefes Wasser es da draußen gibt. Bis heute haben wir weniger als ein Hundertmillionstel des gesamten Meeresbodens untersucht. Wir wissen nach wie vor sehr wenig über die allernächsten Meerestiere und praktisch nichts über jene, die tiefer unten leben, über ihre Verbreitung, ihr Verhalten und ihren Stellenwert innerhalb des Ökosystems. Nach hundertfünfzig Jahren Ozeanografie müssen wir uns eingestehen, dass der größte Lebensraum der Erde noch immer *Terra incognita* für uns ist. Doch so viel ist gewiss: dass die Ozeane nicht nur die Wiege des Lebens waren, sondern auch entscheidend sind für dessen Fortbestehen auf diesem Planeten. Es entbehrt nicht einer gewissen Ironie, dass Astronauten auf dem Mond herumspaziert sind, bevor Wissenschaftler den Mittelatlantischen Rücken, die größte Bergkette der Erde, erforschten und eine elektrisierende Entdeckung machten, die uns die Entwicklung von Leben neu überdenken hieß.

Die Gegenüberstellung von Meeres- und Raumforschung ist von Belang. Es ist beinahe so schwierig, zu einem Tiefseeboden vorzudringen, wie ins All zu fliegen. Nicht nur sind sich manche der dazu notwendigen technischen Mittel bemerkenswert ähnlich, sondern auch die Kosten. Tiefsee wie All sind für Menschen ausgesprochen gefährlich. Es schreibt sich leicht, dass die Durchschnittstiefe aller Ozeane der Welt um die 4000 Meter beträgt. Weniger leicht fällt es, sich vorzustellen, was das für menschliche Besucher dieser Regionen bedeutet: Könnten sie in dieser Tiefe auf dem Meeresboden stehen, trügen sie auf Kopf und Schultern das Gewicht einer vier Kilometer hohen Wassersäule und empfänden diesen Druck auf jedem Quadratzentimeter ihres Körpers. Nimmt man jetzt noch die bittere Kälte und die pechschwarze Finsternis hinzu, dann erhält man ein Bild von einer lebensfeindlichen Umgebung, das vielleicht veranschaulicht, warum das Meer das letzte unerforschte Terrain unseres Planeten geblieben ist.

Dieses rein physische Hindernis wirkte sich auch auf das Denken aus. Bis vor Kurzem war unsere Einstellung dem Meer gegenüber mehr abergläubisch als wissenschaftlich bedingt. Selbst Wissenschaftler ließen sich zu der anthropozentrischen Fehlüberlegung verleiten, dass unterhalb einer gewissen Tiefe Kälte, Dunkelheit und der zermalmende Druck jegliches Leben unmöglich machen würden. Ungefähr bis Mitte des 19. Jahrhunderts glaubten die meisten Experten, die Tiefsee sei »azoisch«, ohne Leben. Doch dann wurde 1860 in der Nähe von Sardinien ein Telegrafenkabel zu Reparaturzwecken heraufgeholt, das drei Jahre in einer Wassertiefe von 2000 Metern gelegen hatte. Wie sich herausstellte, war es von Meerestieren überkrustet. Die Zeit war günstig, denn nach Darwins im Vorjahr erschienener Evolutionstheorie befand sich die Naturwissenschaft gerade in ihrer entscheidenden Umbruchphase. Die Wissenschaftler mussten also akzeptieren, dass sich eine Spezies im Laufe eines genügend großen Zeitraums erstaunlicherweise noch an die unwirtlichste Umgebung anpassen kann, selbst an eine scheinbar so öde wie die Tiefsee.

Heute sehen wir ein, dass kein Meeresabgrund so tief ist, dass es dort kein Leben gäbe. Der tiefste bekannte Punkt der Ozeane ist die Challenger-Tiefe im Marianengraben im Pazifik, östlich der Philippinen. Das ist ein Gebiet, das man in der Geologie als Subduktionszone bezeichnet, das heißt, dass dort eine der Platten, aus denen die Gesteinshülle der Erde besteht, unter eine andere geschoben wird. 1984 maß das japanische Vermessungsschiff *Takuyo* vermittels eines Mehrstrahlen-Echolots eine maximale Tiefe von 10 924 Metern.

Das dürfte die bisher präziseste Zahl sein. Aber die Messtechniken variieren, es gibt andere Gräben im Pazifik, und vielleicht findet sich eines Tages eine kleine Stelle, die noch zehn, zwanzig, dreißig Meter tiefer ist. So oder so: Eine Tiefe von fast elf Kilometern, das ist ungefähr so weit unter dem Meeresspiegel, wie weit ein Passagierdüsenflugzeug über dem Erdboden ist, wenn es Kondensstreifen hinterlässt.

Und wie tief hinab ist der Mensch bisher vorgedrungen? Bis ganz nach unten. 1960 tauchte der Schweizer Pionier Jacques Piccard zusammen mit dem Amerikaner Don Walsh in seinem Bathyskaphen *Trieste* in die Challenger-Tiefe und erreichte den Meeresboden in einer Tiefe von 10 915 Metern. Piccards Bathyskaph war im Grunde die Unterwasserversion der Stratosphärenballone, mit denen sein Vater Rekordhöhen erreicht hatte: eine kugelförmige Stahlgondel, die an einem riesigen mit Benzin gefüllten Tragkörper hing. Benzin ist leichter als Wasser, und sie brauchten eine Menge Ballast, um den Bathyskaphen zum Sinken zu bringen. Sie verbrachten zwanzig Minuten auf dem Meeresgrund und sahen im Licht der einzigen Außenlampe durch die winzige Sichtluke einen kleinen Plattfisch. Dann ließen sie den Ballast ab, und die *Trieste* stieg wieder an die Oberfläche.

Diese heroische Tauchfahrt ist nie wiederholt worden. Ihr größter wissenschaftlicher Wert dürfte der bescheidene kleine Plattfisch gewesen sein, der bewies, dass auch am tiefsten Punkt der Erde Wirbeltiere und nicht nur primitive Würmer leben. Als Forschungsinstrument war die *Trieste* nur von begrenztem Nutzen. Sie konnte praktisch nicht manövrieren und schon gar keine Proben aus ihrer Umgebung entnehmen. Doch sie war die unmittelbare Inspiration für eine ganze Generation autarker Tauchboote – in der Regel für zwei Piloten und einen Wissenschaftler –, ausgestattet mit Steuerpropellern, Sichtluken, Halogen-Außenlampen, beweglichen Armen zum Einsammeln von Proben und mit Sensoren verschiedener Art. Keines dieser Tauchboote hatte aber die Nenntiefe der *Trieste*. Die Mannschaft quetscht sich auch heute noch in eine Titankugel, deren Innendurchmesser aus physikalischen Gründen kaum mehr als zwei Meter beträgt; doch mittlerweile hängt sie an einem Tragkörper, der in der Regel eher wie der Rumpf eines Helikopters aussieht. Diese Konstruktion ist das Resultat einer Reihe von Güterabwägungen betreffend das Gewicht der Kugel, die Überlebenseinrichtungen für die Mannschaft, die Batterien, welche die Motoren speisen, die mitgeführten wissenschaftlichen Instrumente und – wie immer – die Kosten. Die Tiefseeforschungstechnik ist fürchterlich teuer, und ein paar Hundert Meter zusätzliche Tiefe führen zu exponentiellen Kostensteigerungen.

Weltweit gibt es zurzeit wahrscheinlich nur sechs bemannte Tauchboote, die tiefer als 4000 Meter getaucht sind; allerdings könnte sich die Zahl schon bald ändern. Das älteste ist das amerikanische Tauchboot *Alvin* mit einer Nenntiefe von 4500 Metern, das seit 1964 das wichtigste Tiefseeforschungswerkzeug der Woods Hole Oceanographic Institution ist. (Mit *Alvin* entdeckte Robert Ballard 1986 das Wrack der *Titanic*.) Dann kamen die französische *Nautile*, die *Sea Cliff* der US Navy (mittlerweile in *DSV-4* umbenannt) und die beiden russischen MIRs, die alle eine Nenntiefe von 6000 Metern haben. Und schließlich gibt es die japanische *Shinkai 6500*, die, wie der Name ahnen lässt, eine Nenntiefe von 6500 Metern hat. Obschon diese angesehenen Fahrzeuge ständig benutzt werden, sind wissenschaftliche Institutionen, die stärker aufs Geld achten, zu dem Schluss gekommen, dass sich, wie bei der Raumforschung, die meisten Fahrten ebenso gut, wenn nicht besser, mit unbemannten Fahrzeugen durchführen lassen; außerdem wird dabei kein Leben aufs Spiel gesetzt. Viele ozeanografische Arbeiten werden heute mit solchen Tauchfahrzeugen von verschiedener Größe gemacht, die mit Scheinwerfern, Videokameras und einer Anzahl wissenschaftlicher Geräte ausgerüstet sind. Die sogenannten ROVs (Remotely Operated Vehicles) sind durch ein Kabel mit dem Mutterschiff verbunden, von wo aus sie ferngesteuert werden. Das beeindruckendste dürfte das japanische ROV *Kaiko* gewesen sein, das 1995 zum einzigen Fahrzeug neben der *Trieste* wurde, das den Boden der Challenger-Tiefe erreicht hat. Im Unterschied zur *Trieste* vermochte es dort, richtige wissenschaftliche Arbeit zu leisten, indem es dank mit Ködern versehenen Fallen Exemplare von Amphipoden (garnelenartigen Krustentieren) sammelte. Im Jahr 2003 ging *Kaiko* leider verloren, doch zurzeit wird eine neue Generation hybrider ROVs entwickelt. Diese AUVs (Autonomous Underwater Vehicles) sollen ohne Verbindungskabel funktionieren und so programmierbar sein, dass sie wochenlang einer Aufgabe nachgehen können, ohne auftauchen zu müssen.

Da das Sporttauchen immer populärer wird, wird oft die Frage gestellt, wie tief Menschen eigentlich tauchen können. Wie man sich denken kann, hängt viel davon ab, wie gut sie geschützt sind, gegen die Kälte und den Druck, der pro zehn Meter Tiefe um ein Pascal zunimmt. In den Köpfen existiert immer noch das Bild von Tauchern in mit Gummi beschichteten Segeltuchanzügen, mit Kupferhelmen und Bleisohlenstiefeln, und diese oder modernere Versionen aus Neopren gibt es auch nach wie vor. Sie bieten dem Taucher aber wenig Schutz und eignen sich nur für Arbeiten in relativ seichtem Wasser. Großer Druck erfordert dagegen eine Art starren Taucheranzug, ADS (Atmospheric Diving Suit) genannt. Weil die Luft nicht mit so viel Druck hineingepumpt werden muss, dass sie dem Wasserdruck standhalten und den Anzug aufgepumpt halten kann, kann ein ADS-Taucher normale Luft mit dem gleichen Druck atmen, wie wenn er an der Oberfläche wäre, weshalb er nach einem Tauchgang auch nicht dekomprimieren muss. Die neueste ADS-Ausrüstung hat eine Nenntiefe von 700 Metern. Der Anzug sieht ein bisschen aus wie Astronautenanzüge in Science-Fiction-Filmen der Fünfzigerjahre: Er ist aus Titan, hat kugelige Gelenke und einen riesigen, insektenartigen Kopf. Die wenigen beweglichen Gelenke erlauben nur eingeschränkte Bewegungen, die meisten Anzüge haben aber eingebaute Schubdüsen zur Erhöhung der Mobilität. Statt Händen haben sie Manipulatoren oder Zangen, dank denen sie beispielsweise

Schweißarbeiten ausführen können. Der Schwachpunkt der Anzüge sind natürlich die Gelenke, und egal welche technischen Fortschritte noch gemacht werden: Nach 700 Metern ist irgendwann ein Punkt erreicht, wo es weniger gefährlich und einfacher ist, ein ROV einzusetzen.

ADS-Anzüge werden praktisch nur von Berufstauchern zu militärischen oder Rettungszwecken eingesetzt. Was heute die Gemüter bewegt, sind Extremtaucher, die nur eine minimale oder gar keine Ausrüstung brauchen; und am »saubersten« sind die freien Taucher. Sie tauchen nur mit der Luft in ihren Lungen, weshalb sie auch nicht dekomprimieren müssen. Freie Taucher, die beschwerte Schlitten verwenden, kommen gegenwärtig bis 150 Meter tief. Der Weltrekord im Sporttauchen mit gewöhnlicher Pressluft liegt zurzeit bei 330 Metern, erreicht wurde er 2005 von Pascal Barnabé vor der Küste von Korsika. Dieser brauchte zehn Minuten, bis er unten war, aber 8 Stunden, 49 Minuten, um aufzusteigen und gleichzeitig zu dekomprimieren. (»Dekomprimieren« bedeutet hier etwas anderes als »Nase zuhalten und pusten«, was man beim Tauchen in geringe Tiefen automatisch tut. Unter Druck wird Stickstoff, der 78 Prozent unserer normalen Luft ausmacht, im Blut gelöst. Hat sich ein Taucher in großer Tiefe aufgehalten und steigt er zu schnell auf, bildet der Stickstoff winzige Bläschen, die sich vor allem in Gelenken ansammeln und sehr schmerzhaft sind. Sie können ihn verkrüppeln und, falls sie sich im Hirn bilden, tödlich sein. Je länger unten und je tiefer ein Taucher war, desto langsamer muss er auftauchen, damit der Stickstoff, ohne Bläschen zu bilden, über die Lungen wieder ausgeschieden werden kann.)

Unterhalb der für Sporttaucher mit gewöhnlicher Pressluft erreichbaren Tiefe wird Sauerstoff äußerst giftig, und Berufstaucher, die beheizte Neoprenanzüge tragen, die aber nicht unter Druck stehen, müssen eine exotische Mischung aus Helium, Sauerstoff und Stickstoff atmen. Ihr absolutes Limit liegt bei 450 Metern. Experimentelles ungeschütztes Tauchen noch zehn, zwanzig, dreißig Meter tiefer ist nur einigen wenigen vorbehalten, die Unterkühlung und einen Druck von sechzig Pascal aushalten. Dabei wird ihnen durch einen Fiberglashelm Gas unter Druck zugeführt, der groß genug ist, dass ihre Lunge nicht kollabiert, und durch eine Art Nabelschnur warmes Wasser für ein Netz von Schläuchen in ihrem Anzug. Diese Form des Extremtauchens ist ein Spiel mit dem Tod. Unter anderem verändern die exotischen Gase unter Druck die chemische Zusammensetzung der zerebrospinalen Flüssigkeit. Nach einem einzigen Tauchgang kann das Dekomprimieren Tage dauern. Berufstaucher haben fast immer bleibende Gehörschäden und alle möglichen Probleme wie Kopf- und Gelenkschmerzen. Dass man nach einem kurzen Berufsleben mit großer Wahrscheinlichkeit langwierige Gesundheitsprobleme hat, erklärt, warum Taucher so gut bezahlt werden. Manche Nebenwirkungen des extrem tiefen Tauchens sind schwer vorhersehbar. Als ein Experimentaltaucher einmal beim Dekomprimieren war, explodierte einer seiner Zähne. Unter dem großen Druck war Helium in ein Loch im Zahn gedrungen, und als der Druck nachließ, dehnte sich das Helium plötzlich aus.

1995 hatte ich das außergewöhnliche Glück, in einem der beiden russischen MIRs zum atlantischen Meeresgrund westlich der Kapverdischen Inseln tauchen zu dürfen. Das war ein unglaubliches Privileg, da der einzige Nichtpilotenplatz normalerweise einem Wissenschaftler vorbehalten und heiß umkämpft ist. Man sagte mir, dass weniger Menschen in fünf Kilometern Tiefe auf dem Meeresgrund gewesen seien als im All. Die Tauchfahrt dauerte im Ganzen fünfzehn Stunden: drei bis zum Erreichen des Meeresgrunds, drei für den Aufstieg und neun, während deren wir die kahle, aber faszinierende abyssale Ebene in 5000 Metern Tiefe erkundeten.

Es war ein strahlend blauer tropischer Morgen, als das Tauchboot über die Bordwand der *Akademik Mstislaw Keldysch* hinausgeschwenkt wurde und mit einer Geschwindigkeit von dreißig Metern pro Minute zu sinken begann. Ich klebte an meiner Sichtluke, während das Tageslicht stetig schwand, zugunsten von Blau, dann Ultramarin und schließlich einem tiefen, sonderbar leuchtenden Violett. Der Pilot schaltete alle Außenlampen aus, und nur noch das schwache Leuchten der Armaturen erhellte das Innere unserer engen Kugel. Ich machte eine Menge Notizen, wollte wissen, wann alles Tageslicht verschwinden würde. In 265 Metern Tiefe fiel mir ein, dass ein Kaiserpinguin einmal in dieser Tiefe beobachtet worden war: ein Vogel, der achtzehn Minuten lang auf Fischjagd war. Nach 300 Metern war das Meer draußen ungefähr so dunkel wie Mitternacht. Nach 364 Metern zeigten mir erste, an der Sichtluke vorbei nach oben treibende Körnchen phosphoreszierenden »Schnees«, dass wir durch Plankton sanken. Nach 500 Metern war es, jedenfalls für meine Augen, draußen völlig schwarz, außer sonderbaren leuchtenden Strängen, wie mit feurigen Punkten gesprenkelter Schleim. Man ist generell der Ansicht, dass in klarsten tropischen Gewässern und bei senkrechtem Sonnenstand das letzte Tageslicht, das wahrnehmbar ist für jene Wesen, die jede Nacht aufwärtsschwimmen, um in den obersten Schichten des Meers Nahrung zu suchen, 1000 Meter tief vordringt, und auch dann nur vertikal betrachtet. Für das menschliche Auge kommt es viel weniger weit, und in kälteren Ozeanen mit trüberem Wasser verschwindet alles Licht schon nach wenigen Hundert Metern. Biologisch ist das von größter Wichtigkeit. Nicht nur sind das Vorhandensein und die Qualität des Lichts entscheidend für die visuellen, sensorischen und die Tarnfähigkeiten der verschiedenen Arten von Meerestieren, sondern sie begrenzen auch das Vorkommen von Pflanzen, deren Existenz auf Fotosynthese beruht. Deswegen ist die verbreitete Vorstellung von mit Tang bedeckten Tiefseemeeresböden das genaue Gegenteil der Wirklichkeit. Pflanzen und Algen brauchen Licht und können unterhalb von 150 Metern nicht mehr wachsen.

Schweigend sanken wir in die Dunkelheit, eine winzige von Wärme und Luft erfüllte, drei Menschen bergende Perle, die, verloren in einer Unermesslichkeit schwarzen Wassers, auf einen unbekannten Meeresboden, mehr als vier Kilometer weiter unten, zufiel. Nach 1500 Metern wurde es in der schwach erleuchteten Kabine kälter, und ich zog ein weiteres Paar Socken an, da der beengten Platzverhältnisse wegen meine Füße ständig gegen die Kapselwand gedrückt wurden. Nach zwei Kilometern hatte ich zwei weitere Paar angezogen. Außerhalb der Sichtluke waren die leuchtenden Lichtpartikel seltener geworden, dafür waren sie gelegentlich zu Sternbildern gruppiert. Da sich ihre Distanz nicht ermessen ließ, hätten sie Millionen Lichtjahre entfernte Galaxien sein können, die den äußersten Rändern des Universums entgegenglitten. Unermesslichkeitsmelancholie ergriff mich, während die beiden russischen Piloten auf ihre Instrumente blickten und nur wenig sagten. Sie kannten das schon. Ich dachte die ganze Zeit an all die Wesen da draußen, die ich nicht sehen konnte: Lebewesen, die nicht auf menschlichen Wellenlängen funktionieren, sondern sich mit Wärmesensoren, an Pheromonen und exotischen Tonfrequenzen orientieren und für die diese Welt so wenig dunkel ist wie für eine Fledermaus.

3480 Meter. Absinken in dunkelste Nacht: nirgendwo, nirgendwann, in einer Zeitzone, die man als primordial galaktisch bezeichnen könnte, wo Jahre, wie wir Menschen sie kennen, sich auflösen und verschwinden im Dunkel der Vergessenheit. 4212 Meter. Viktor schaltete die Außenlampen an, um sie zu prüfen, und aus der Schwärze draußen wurde ein milchig violetter Nebel mit einem dünnen Wirbel aufwärts»schneider« Partikel. Während wir uns in die Thermoanzüge hineinwanden, bemühten wir uns, ja nicht gegen lebenswichtige Schalter oder Hebel zu stoßen. In 4507 Metern Tiefe zeigte das Furono-Sonar noch 271 Meter bis zum Grund an. Sachte, sachte zeichnete sich unter uns eine grünlichgraue Mondlandschaft ab und kam uns entgegengeschwommen. 4828 Meter: Landung. Ebener Sedimentboden. Eine winzige Krabbe wuselte vorbei. Sonst rührte sich nichts, außer dem Herzen. Noch nie hatten die Bewohner dieses Planeten Licht gesehen, wie es unser MIR verstrahlte, das dahockte inmitten von Millionen, von Würmern aufgeworfener Sandhäufchen und vor Energie auf allen möglichen Wellenlängen nur so glühte. Überall gab es Spuren von Holothurien, Seewalzen oder Seegurken.

Ein bleicher dreißig Zentimeter langer Fisch wagte sich langsam in den von uns erzeugten Lichtfleck, ein sogenannter Rattenschwanz aus der großen Familie der *Macrouridae,* die in allen Ozeanen in allen Tiefen vorkommen. Viktor bewegte seinen Steuerknüppel, und in zügigem Schritttempo glitten wir über den Sedimentboden. Knallrote Garnelen mit juwelenartigen Augen, deren Netzhaut in unserem Licht funkelte, schwirrten auf gefiederten Rudern durch die Luft (so jedenfalls sah es aus).

Wie können solche Wesen in Druckverhältnissen leben, die uns augenblicklich umbrächten? Die Antwort hat mit der relativen Nichtkomprimierbarkeit von Wasser verglichen mit derjenigen von Luft zu tun. Wir drei im MIR hatten jeder schon darüber nachgedacht: über die katastrophalen Folgen einer Panne in dieser Tiefe. Ein Physiker hatte uns gesagt, die Implosion würde uns augenblicklich in Fleischbrühe und Hosenknöpfe verwandeln und die im MIR verbliebene Atmosphäre zu einer weiß glühenden mikroskopisch kleinen Perle komprimieren. Unter stetigem Druck kollabiert die Luft in unserem Körper: in den Lungen, im Magen, in den Eingeweiden und sogar in den fein gegliederten Knochen, wie zum Beispiel in den Stirn- und Kieferhöhlen. Da der Rest unseres Körpers im Wesentlichen aus Flüssigkeiten besteht, lässt er sich nicht stark komprimieren. Bei einer Seebestattung beispielsweise würde eine hinabsinkende beschwerte Leiche nicht implodieren, da die Luft allmählich herausgepresst und durch Wasser ersetzt würde. Wahrscheinlich würde die Leiche nie 5000 Meter tief sinken, da sie bereits unterwegs allerlei Raubgetier zum Opfer fiele. Käme sie jedoch intakt unten an, wäre sie flacher und die Gesichtszüge fielen ein, aber sonst hätte sich wenig verändert. Tiefseewesen hingegen haben keine ungebundene Luft in ihren Körpern, weshalb der Druck ihnen nichts ausmacht.

Noch eine Bemerkung dazu, was Druck bewirkt: Vor meiner Tauchfahrt befestigte ich außen am MIR ein Einkaufsnetz mit einem großen Styroporbecher, wie es sie in Automaten für warme Getränke gibt, und einem gewöhnlichen Bleistift. Als ich sie nach der

Tauchfahrt herausholte, war der Becher zu einem harten Fingerhut geschrumpft und alle Luft aus seinen Mikroporen herausgequetscht worden. Der Bleistift war ein steinharter Stummel geworden, an dessen beiden Enden mehrere Zentimeter nicht komprimierbaren Grafits herausragten.

Zu den verbreiteten Vorstellungen von der Tiefsee gehört nach wie vor, dass dort Ungeheuer von erschreckender Größe und Kraft hausten. Tatsächlich sind die meisten Lebensformen in der Abyssal genannten Tiefe (von 4000 bis 6000 Metern) oder der noch tiefer liegenden Hadal genannten Tiefe klein und schmächtig, und das hat weder etwas mit dem Druck noch der Temperatur zu tun, sondern einzig mit der Nahrung. Da hier keine Pflanzen wachsen, muss die meiste Nahrung von der Oberfläche kommen. Die Ozeane der Welt sind erfüllt von ständig herabsinkendem Nahrungsschnee. In den besonders nahrungsreichen obersten Schichten der Ozeane wachsen und sterben Millionen Tonnen winziger Lebensformen wie Plankton. Die dank ihnen fett gewordenen Fische werden ihrerseits von größeren Räubern gefressen, die sich zwischen 1000 und 2500 Metern wohlfühlen. In diesen Tiefen dürften sich die wahren Ungeheuer finden, zum Beispiel der seltene Riesentintenfisch, *Architeuthys*. Doch ein Großteil des Nahrungsschnees, darunter auch die Ausscheidungen der Fische, wird weggefuttert, bevor er den Meeresgrund erreicht. Abyssale und hadale Spezies sind deswegen vergleichsweise klein. Sie gelten als langlebig, denn sie brauchen vermutlich viel Zeit, um genug Energie für die Geschlechtsreife aufzubauen. Allein schon aus diesem Grund sollte die kommerzielle Ausbeutung von Tiefseefischen verboten werden. Niemand weiß, wie groß die Bestände sind, noch, wie schnell sie sich fortpflanzen, noch, welche Konsequenzen es hat, wenn sie aus der empfindlichen Nahrungskette herausgerissen werden.

Zu den vielen noch ungelösten Rätseln gehört folgende Frage: Wenn die Artendichte in der Tiefsee oft so gering ist, wie finden diese Wesen einander dann zu Paarungszwecken? Wie weit kommen sie herum? Wegen der Schwierigkeit, in diesen Tiefen Stichproben zu machen, haben Wissenschaftler erst vor Kurzem begonnen, die DNS der Tiere zu untersuchen, um festzustellen, wie weit auseinanderliegende Gemeinschaften derselben Spezies miteinander verwandt sind. Wann haben sich die Pazifik-Holothurien von den atlantischen abgespalten – wenn sie es denn taten –, und was könnte uns das verraten über die Schließung der Panama-Passage vor rund vier Millionen Jahren?

Nach meiner Tauchfahrt fuhr die *Keldysch* zu einer Stelle auf dem Mittelatlantischen Rücken, wo die Wissenschaftler des Forschungsschiffs zu einer Gruppe hydrothermaler Schlote hinabtauchen wollten. Solche vulkanischen Heißwasserkamine, *Black Smokers* genannt, waren 1979 erstmals gesehen worden, obschon Geologen vorher schon gesagt hatten, dass es so etwas geben könnte. Ein echter Schock war die Entdeckung, dass es Lebensformen gab, die in dieser Umgebung gediehen. Denn aus diesen Schloten kam bis zu dreihundert Grad heißes Wasser, das reich an Schwefelwasserstoff (dem nach faulen Eiern stinkenden Gas) war, der für die meisten Lebensformen giftig ist. Wovon also ernährten sich diese Schlotlebensgemeinschaften? Die bis zu diesem Zeitpunkt bekannten Organismen brauchten zum Überleben alle Sonnenlicht (entweder direkt, wie die von Fotosynthese abhängigen Pflanzen, oder indirekt, wie jene Tiefseewesen, die sich von Materie ernährten, die von der Meeresoberfläche stammte). Wie sich herausstellte, beruhte der Stoffwechsel der Schlotlebewesen aber nicht auf Fotosynthese, sondern auf Chemosynthese vermittels Bakterien, die das chemische Gebräu in nahrhafte Kohlenhydrate umwandelten. Dies war ein weiteres Beispiel dafür, wie das Meer uns immer wieder zwingt, unsere festen Vorstellungen zu revidieren; und so ergab sich eine neue Perspektive auf die Frage, wie auf unserem Planeten Leben entstanden sein könnte.

Seither sind unvorstellbar alte Bakterien entdeckt worden, die in massiven Felsenrücken unter dem Meeresboden leben. Die große Frage ist, ob sie zum Teil dieselbe DNS wie Bakterien haben, die sonst wo im Sonnensystem entdeckt werden könnten: auf dem Mars beispielsweise oder unter den Ozeanen des Jupitermonds Europa. Unsere eigenen, noch immer kaum erforschten und im Wesentlichen unbekannten Ozeane bergen zweifellos verblüffende Geheimnisse sowie Tausende – manche sagen Millionen – unvorstellbare Tier- und Pflanzenarten. Das wird unser Denken zwangsläufig verändern. 1995 erblickte ich durch die Sichtluke des MIR etwas von der tiefen, bewegenden Rätselhaftigkeit planetarischer Prozesse, und ich bin seither nicht mehr ganz derselbe.

Nachtrag

In den vergangenen dreißig Jahren haben Meeresbiologen den außerordentlichen Reichtum an mikroskopisch kleinen Lebensformen in den Ozeanen entdeckt. Wurde in den Achtzigerjahren festgestellt, dass ein einziger Milliliter Meerwasser im Durchschnitt eine Million Bakterien enthält, stellte sich in den Neunzigerjahren heraus, dass derselbe Milliliter außerdem bis zu zehn Millionen Viren enthält, wobei deren Zahl je nach Jahres- und sogar Tageszeit stark variiert. Warum? Das weiß bis jetzt niemand. Ebenso wenig versteht man die Funktion dieser unglaublichen Menge von Mikroben. Natürlich wäre es sehr wichtig, die verschiedenen Arten voneinander zu unterscheiden und festzustellen, welche Gruppe was tut, doch ist es fast unmöglich, Kulturen solch mikroskopisch kleiner Organismen in einem Labor zu züchten. In letzter Zeit haben sich Meeresbiologen deshalb mehr auf die Genetik verlegt. Bei der Entschlüsselung der Genome einer wachsenden Zahl von Organismen (unter anderem Mäuse, Taufliegen, Menschen und verschiedene Pflanzen) stellte sich heraus, dass alle bekannten Lebewesen um die fünfhundert »universale« Gene ihrer DNS miteinander gemein haben, egal wie sehr sie sich sonst in ihren »Bauplänen« unterscheiden. Eines dieser fünfhundert Gene encodiert ein Molekül namens 16S-ribosomale-RNA, das sich im Laufe der vergangenen drei bis vier Milliarden Jahre kaum verändert hat. Nach diesem Gen oder Teilen davon suchen Meeresbiologen im Meerwasser. Die mittlerweile verbreitete Labortechnik der Polymerase-Kettenreaktion wird dann angewandt, um die Fragmente auszubauen.

Das hat erstaunliche Ergebnisse gezeitigt. So wurde die Existenz einer völlig unbekannten Bakterienart offenbart, die in Plankton – also den winzigen Lebewesen und Pflanzen, die im Meer treiben – lebt. Manche dieser Bakterien leben von Licht, enthalten aber nicht das grüne Pigment Chlorophyll, das es Pflanzen ermöglicht, Sonnenlicht durch Fotosynthese in Nahrung zu verwandeln. Die sogenannten fototropischen Bakterien scheinen die Energie vielmehr direkt aus dem Licht zu beziehen, und diese Entdeckung hat all unsere bisherigen Modelle der Nahrungsketten im Meer über den Haufen geworfen. Weitere vormals unbekannte Mikroben zwingen uns, unser Wissen von Stickstoff-, Schwefel- und Kohlenstoff-Zyklen im Meer zu überdenken, und haben somit tief greifende Implikationen für Klima und Umwelt. Schlagartig ist die Beschäftigung mit Meeresmikroorganismen ein heißes und angesagtes Forschungsgebiet geworden. Diese Meereswesen mögen für das bloße Auge unsichtbar sein, bilden wahrscheinlich aber die größte Biomasse unseres Planeten. Dadurch, dass sie große Mengen Sauerstoffs liefern, sind sie von entscheidender Wichtigkeit für die Luft, die wir atmen, und indem sie als unterstes Glied der meisten Meeresnahrungsketten dienen, sind sie ebenso entscheidend für die Gesundheit der Ozeane, von der täglichen Nahrung von Millionen Menschen gar nicht zu reden.

Wir wissen mittlerweile, dass Mikroben, insbesondere Bakterien, den größten Teil der Biodiversität der Erde ausmachen. Seit fast vier Milliarden Jahren entwickeln sich Mikroben auf diesem Planeten und passen sich an, weshalb Astrowissenschaftler meinen, dass man bei zukünftigen Landungen auf dem Mars nach dem allen irdischen Mikroben gemeinsamen Gen für »16S-ribosomale-RNA« Ausschau halten solle. Zurzeit suchen Marssonden unbeholfen nach chemischen und physikalischen Anzeichen von Leben, die aber stets auch von gewöhnlichen geologischen Prozessen herrühren können. Spuren von RNA hingegen wären wohl ein eindeutiger Beweis; und die von Meeresbiologen auf der Erde angewandten Techniken dürften anderswo im Sonnensystem ebenso aufschlussreiche Resultate bringen. Unterdessen finden in den weitgehend unbekannten Meeren vor unserer Haustür Entdeckungen statt, welche die Entdeckung eines neuen Säugetiers auf dem Festland an Bedeutung bei Weitem übertreffen. Das Säugetier würde zweifellos mit Schlagzeilen und Bildern gefeiert, doch tatsächlich hängt die Zukunft des Lebens auf diesem Planeten von einer globalen Suppe aus Wesen ab, die zu klein sind, um für das bloße Auge sichtbar zu sein.

Zur Philosophie des Tauchens

Im August 1934 erreichte eine Tauchkugel bei den Bermudas die damalige Weltrekordtiefe von 923 Metern. In der einfachen Stahlkugel mit einem Durchmesser von 1,45 Metern befanden sich der berühmte US-amerikanische Forscher und Unterwasser-Pionier William Beebe und sein Mitstreiter Otis Barton. Nach mehr als drei Stunden kamen sie wieder an die Oberfläche und krochen verspannt und halb erfroren hinaus ins Sonnenlicht und an die frische Luft. Angesichts der heutigen Sicherheitsanforderungen verdienen die beiden ebenso viel Lob für ihren Wagemut wie für ihr technisches Geschick, denn ihre zweieinhalb Tonnen schwere Kapsel hatte an einem einzigen zweieinhalb Zentimeter dicken Stahlkabel gehangen. Vorkehrungen für einen Notfall gab es keine. Wäre das Kabel gerissen oder von der Winde gerutscht, wären die beiden noch einen halben Kilometer bis zum Meeresgrund gesunken und dort ein paar Stunden später langsam erstickt. Doch Beebe war die Gefahr ziemlich egal. Viel mehr zählte für ihn die faszinierende Möglichkeit festzuhalten, was für Geschöpfe, die der Wissenschaft bis dato unbekannt gewesen waren, jenseits des dicken Quarzglases der Sichtluke ihr Leben führten. Er war verliebt in die unbekannten Tiefen und voller Staunen über eine riesige Welt, von deren Geheimnissen die Menschheit noch kaum etwas enthüllt hatte.

Anfang der Zwanzigerjahre, bevor er seine Tauchkugel konzipiert hatte, war Beebe wegen des relativ geringen technischen Aufwands ein großer Verfechter des Helmtauchens gewesen. Es gibt verschiedene Unterwasserfotos von ihm, auf denen er nichts als eine Badehose, Tennisschuhe mit Gummisohlen und auf den Schultern einen selbst entwickelten Kupferhelm trägt. Auf meinem Lieblingsfoto ruht sein eines Knie auf dem Meeresboden, während er auf dem anderen eine Schreibtafel aus Zink balanciert, auf der er mit einem Bleistift etwas notiert oder skizziert. Am Übergang zwischen dem beschwerten Helm mit dem großen Sichtfenster und der Brust sprudeln ein paar Blasen hervor. Ein einziger Luftschlauch zieht sich hinauf, wo, auf dem Bild nicht sichtbar, in einem Ruderboot ein paar Meter weiter oben, jemand von Hand Luft hinabpumpt.

Beebes zugleich entspannte und aufmerksame Haltung ist diejenige eines Naturforschers beim Beobachten. Das ist Unterwasser-Feldforschung, zwanzig Jahre bevor Cousteau und andere das Tauchen mit Sauerstoffflaschen entwickelten. Da es Beebe nicht um bloße Rekorde ging, vermochte er auch beim Tiefseetauchen aufmerksame Feldforschungsarbeit zu leisten.

Von heute aus gesehen könnte man meinen, seine Tauchkugel – dieser »Augapfel an einer Schnur«, der weniger als einen Kilometer unter der Meeresoberfläche baumelte – sei zu primitiv gewesen, um von wirklich wissenschaftlichem Wert zu sein. Das Gegenteil ist der Fall. Beebe war in erster Linie ein ausgebildeter Naturforscher, und die Notizen, Skizzen und Fotografien, die er bei seinen vielen Tauchfahrten in den Dreißigerjahren machte, erschlossen damals ozeanografisches Neuland und sind bis heute von wissenschaftlichem Wert.

Am Anfang seiner anschaulich geschriebenen Darstellung dieser Tauchfahrten in *Half Mile Down* (1935) spekuliert Beebe, »binnen weniger Jahre« werde das Helmtauchen etwas Alltägliches werden, ja sogar ein Allerweltssport. Er starb 1962, und es freut mich, dass er das Zeitalter des Sporttauchens noch erlebte, denn ihm lag viel daran, dass jedermann die Wunder des Meeres erleben konnte, bis zur Tiefe von zwanzig Metern, die er mit seinem einfachen Helm erreichte:

In diesem Königreich sind die meisten Lebewesen Pflanzen, die Fische Freunde, die Farben unirdisch in ihrem Wechselspiel und ihrer Zartheit; da sind Wunder etwas Alltägliches, das man immer wieder erleben kann. Mag sein, dass es hier eine Vielzahl schrecklicher Gefahren gibt, doch bei Hunderten von Tauchfahrten sind wir ihnen nie begegnet.

Ich hatte keinerlei solche Ausrüstungsgegenstände, als ich in Südostasien zu meiner Ernährung Speerfischerei betrieb. Das bedeutete, dass ich ausgesprochen häufig mit angehaltenem Atem tauchte, und bald stellte ich fest, dass Beebes Einstellung gegenüber der Unterwasserwelt im Wesentlichen der meinen entsprach. Ich war hingerissen, wenn auch nicht so sehr, dass ich vergessen hätte, dass ich essen musste. Dieser Notwendigkeit wegen wurde ich von selbst zu einer Art Naturforscher. Ich lernte durch Beobachtung, und ab und zu durch schmerzliche Erfahrung.

Gelegentlich kam mir eine Harpune abhanden. Und da diese selbst gemacht war und ihr Verlust den Verlust mehrerer Stunden Arbeit bedeutete, tat ich mein Möglichstes, um sie zurückzubekommen. Das hatte bisweilen zur Folge, dass ich ein steil abfallendes Riff entlang tiefer hinabtauchte, als ich gewollt hatte, und manchmal so tief, dass es lebensgefährlich war. Mit angehaltenem Atem und meiner einen Flosse kam ich nie tiefer als vierundzwanzig Meter. Doch auch so wurde mir bewusst, dass der alltägliche Vorgang der Nahrungsbeschaffung, den ich bis dahin als Kunst für sich betrachtet hatte, unter der Hand und ungewollt einen neuen Charakter angenommen hatte: den einer Herausforderung. In jenen Tagen der Speerfischerei stieß ich oft an die Grenze meiner körperlichen Leistungsfähigkeit; und eine unbedachte Zeit lang wetteiferte ich mit mir selbst darum, wie tief ich käme. Die Vorstellung, mit nichts als der Luft in meinen Lungen und dem Drang, bis zum Äußersten zu gehen, so tief hinab wie möglich vorzustoßen, reizte mich in ungesundem Maße. Ich nutzte jede Gelegenheit, meinen Rekord zu verbessern, indem ich hinabtauchte, um den am weitesten entfernten glitzernden Gegenstand heraufzuholen oder den tiefsten Felsvorsprung zu berühren. Das ging an die Schmerzgrenze, dort unten, wo es dunkler und kälter wurde – da wurden mein Wille und meine von Angstvorstellungen bevölkerte Fantasie auf die Probe gestellt. Das Risiko steigerte zweifelsohne meine Eindrücke von einer Welt, in der es keine Grenzen gab – außer meinen eigenen. Das war Mitte der Achtzigerjahre, als ich noch keinen Schimmer davon hatte, wie viele Menschen weltweit von diesen Dingen geradezu besessen waren. Allerdings gab es damals auch noch nicht dieses Interesse für Extremsportarten, wie sie heute im großen Stil betrieben werden.

Eines Morgens im Jahr 1999 erfuhr ich, dass für das sogenannte Freitauchen, wie auch ich es praktiziert hatte, ein neuer Weltrekord von achtzig Metern aufgestellt worden war. Verglichen mit dieser Tiefe waren meine Versuche kläglich, allerdings stellte ich fest, dass der Rekordhalter, Umberto Pelizzari, den Vorteil richtiger Flossen gehabt hatte. Es reizte mich, mir seine Website anzusehen, wo ich seine philosophische Einführung las. Er beschrieb das tiefe Tauchen als einen »langen Sprung in die Seele (…). Man taucht nicht ohne Atemgeräte, um sich umzuschauen, sondern um in sich hineinzuschauen. (…) Das ist eine mystische Erfahrung, die ans Göttliche grenzt.« Sogar auf meinem unbedeutenden Niveau konnte ich erahnen, was er meinte, da mir dieses sonderbare Hinabgezogenwerden, das wie eine Offenbarung wirkt, vertraut war. Doch etwas stimmte nicht an Pelizzaris Worten. Bei allen extremen körperlichen Praktiken ist der Geisteszustand von entscheidender Bedeutung. Das ist die Grundlage der Yogaübungen, und wir alle haben schon Geschichten gehört von Yogis, die angeblich ihren Puls praktisch auf null verlangsamen, tagelang lebendig begraben sein können und andere sinnlose Dinge mehr. Diese außergewöhnlichen Fähigkeiten, heißt es, seien das Ergebnis tiefer spiritueller Praktiken. Somit war Pelizzari ja vielleicht Buddhist.

Doch da war eine Unstimmigkeit, die mich skeptisch machte. Ich halte ehrlich gesagt nichts von der Kombination von Spiritualität und Ehrgeiz, und der Rest von Signor Pelizzaris Website machte deutlich, dass es sich bei ihm um einen sehr ehrgeizigen Herrn handelte. Er und seine französischen und kubanischen Konkurrenten schienen unter dem Zwang zu stehen, einander andauernd zu überbieten und vor Unmengen von Fernsehkameras immer neue Rekorde aufzustellen. Das war etwas ausgesprochen Weltliches. Einem Zen-Anhänger wäre wohl gleich aufgefallen, dass die Behauptung, man tauche »nicht, um sich umzuschauen, sondern um in sich hineinzuschauen«, absurd war. Wenn es um Letzteres ging, wozu dann erst tauchen? Warum schaute er nicht vor einer Mauer sitzend in sich hinein? Oder während er auf einen Bus wartete? Der Witz an Zen-Praktiken, jedenfalls soweit ich es verstanden habe, ist doch, dass – da »die Seele« genauso eine Illusion wie alles andere ist – es keinen Sinn hat, sich in sie zu versenken. Ist nicht vielmehr diese plötzliche Transparenz das Ziel, diese besondere Art von Leere, dank der man sich beim tiefen Tauchen eben gerade »umschauen« kann, ohne den Ballast des verdammten Ichs?

Was mich an Pelizzaris prätentiöser Tauch-Philosophie störte, stört mich an ähnlichen Aussagen anderer Champions von Extremsportarten. Auf ihren Websites oder in Zeitschrifteninterviews machen sie leider nur den Eindruck von Menschen, die obsessiv mit sich selbst beschäftigt sind. Sie sind besessen von ihrem Körper, von ihrer Fitness, ihrer Ernährung, ihrem Training, ihrer Ausrüstung und – denn alle leiden unter der US-amerikanischen Seuche – vom Drang, der Menschheit mitzuteilen, »wie sie sich dabei fühlen«. Daraufhin versuchen sie dann den Kick, den ihr Sport ihnen gibt, mit vagen New-Age-Mystizismen zu verklären; dabei meinen sie nichts anderes als jenes Gefühl gesteigerter Aufmerksamkeit und Klarheit, das man seit Langem kennt aus den Berichten von Menschen über Momente äußerster Gefahr oder Erschöpfung, sei es auf dem Schlachtfeld oder an einer Felswand in den Alpen. Doch über dieses eher pathologische Vergnügen hinaus bringt solchen Menschen ihr Tun auch beträchtliche Publizität sowie Preis- und Sponsorengelder von den Herstellern ihrer Hightech-Ausrüstungsgegenstände ein. Das hat meiner Meinung nach sehr viel mit Ego und materiellem Erfolg zu tun und sehr wenig mit Spiritualität. Außerdem werden in den nächsten Jahren mit Sicherheit die ersten gentechnisch veränderten Athleten auftauchen. Signor Pelizzari wird von Tauchern übertroffen werden, deren Blut mehr Sauerstoff transportieren kann, deren Lungen effizienter sind und bei denen die chemischen Abläufe im Körper so modifiziert sind, dass sie größeren Druck aushalten. Wenn aber die Wissenschaft die Fähigkeiten des Körpers verändern kann, was tut dann der Geist? Vielleicht kann er alles immer noch ein bisschen weitertreiben, aber wohl kaum bis zu einem Punkt, der »ans Göttliche grenzt«.

Bei meinen eigenen Tauchversuchen lernte ich, wie wichtig es ist, dass man sich unter Wasser völlig wohlfühlt. Es geht nicht darum, körperlich oder geistig sich selbst oder andere übertreffen zu wollen. Noch weniger bringt es, seinen Blickwinkel auf ein einziges Ziel einzuengen und seinen Körper andauernd der Gefahr schwerer Verletzungen oder des Todes auszusetzen. Es geht vielmehr darum, alle Sinne so offen und wach wie nur möglich zu halten und entspannt und aufmerksam zu beobachten, wie es sich für einen Besucher aus einer anderen Welt gehört. Deswegen bewundere ich William Beebe dermaßen: Nicht nur tauchte er mit dem wissenschaftlich geschulten Blick des wissbegierigen Naturforschers; er hütete sich auch davor, zu viel über seine Gefühle zu sagen. Er beschrieb sich selbst diskret als einen »Staunenden« und fügte hinzu: »Der weise Taucher hält sich zurück mit schriftlichen Darstellungen seiner Erlebnisse«, denn »so, wie die Farben unter Wasser keinen Namen haben im Spektrum der Festland-Farbtöne, wird unsere Sprache dünn und vage, wenn wir versuchen, mit ihr die Bilder der Unterwasserwelt adäquat zu beschreiben«. Wer taucht, weiß, dass das stimmt.

Tatsächlich bin ich im Ozean tiefer getaucht, als Beebe dies je konnte, als ich 1995 mit einem russischen MIR-Tauchboot den atlantischen Meeresboden in einer Tiefe von fünftausend Metern erreichte. Das dürfte mein größtes Erlebnis überhaupt gewesen sein. Etwas auf Erden zu sehen, das noch kein Mensch gesehen hatte, war so überwältigend, dass es mich ganz durcheinanderbrachte. Vielleicht habe ich über diesen Tauchgang eher zu viel geschrieben, andererseits bin ich froh, dass ich Buch führte darüber, was ich während der fünfzehnstündigen Fahrt sah und erlebte: das Gefühl, dass das Ich sich auflöse, als würde es verdünnt durch die unendliche Masse schwarzen Universums jenseits der Sichtluke, aber auch den Eindruck, dass die enge Kapsel sich ausweite und ich mich allein in einem großen Raum befinde – beide gewaltigen Eindrücke hatte Beebe schon ein halbes Jahrhundert zuvor in seiner winzigen Tauchkugel festgehalten. Der Ozean stellt seltsame Dinge mit uns an. Vom Leben jenseits der Glasscheibe – der Sichtluke eines Tauchboots oder einer bloßen Tauchermaske – geht eine solche Faszination aus, dass die Aufmerksamkeit geschärft wird wie nirgends auf dem Festland. Freilich schlägt sich von jenseits unseres Gesichtskreises bisweilen eine gewisse melancholische Leere auf unserem Gemüt nieder. Das ist die See, die unsere wahre Nichtigkeit zu uns zurückspiegelt.

Eine Menge Anderswo

Betrachtet man niedere Tiere eine Zeit lang, scheinen ihre Bewegungen meist ziellos zu sein. Doch Zeitrafferaufnahmen und Pheromon-Detektoren können enthüllen, dass beispielsweise Nacktschnecken erklärbare Wege einschlagen, im Zickzack den Spuren von ihresgleichen folgen und dabei mit Erfolg Paarungswilligen begegnen und Feinden ausweichen. Ein ähnliches Phänomen stellt sich ein, wenn man seinen fünfzigsten Geburtstag hinter sich hat. Blickt man zurück, lassen sich im scheinbar zufälligen Hin und Her des bisherigen Lebens durchaus Muster erkennen. Was mich betrifft, so kann ich die Bedeutung all der unbefestigten Straßen, an denen zu leben ich mich entschieden habe, nicht mehr ignorieren. Der Asphalt bricht ab, und es folgt ein Feldweg, der in einen Wald führt, in dem sich nach zwei, drei Kilometern ein paar Wege kreuzen, deren einer zu einem Haus führt, von dem aus keine Nachbarhäuser zu erblicken sind. So war es auf einem Hügel in Italien ebenso wie in einer vergessenen Provinz im Fernen Osten. Ich muss einsehen, dass ich offenbar zumindest im oberflächlichen Sinne das Bedürfnis habe, verloren zu gehen.

Autoren von psychoanalytischen Texten ebenso wie von Reiseberichten sind sich einig, dass unfreiwillig verloren zu gehen eine beängstigende oder wenigstens unangenehme Erfahrung ist. Wer sich mit schwindenden Wasservorräten in der Wüste verirrt, hat einen vernünftigen Grund, sich zu fürchten. Meist verirrt man sich aber nicht unter lebensbedrohenden Umständen. Dennoch kommen dabei Ängste auf, die in keinem Verhältnis zu dieser vorübergehenden Unannehmlichkeit stehen. Man hat die Dinge nicht mehr unter Kontrolle, wird verwundbar … Es ist erstaunlich, wie schlecht die Leute ihr Selbstwertgefühl im Griff haben, wie leicht ihr ganzes Sein aus den Fugen geraten kann. Sie müssen täglich ganz offensichtlich sehr viel Kraft aufwenden, um dieses Sein zusammenzuhalten, und wenn sie durch eine unvertraute Umgebung verunsichert werden, kann genau diese Kraft in Panik umschlagen. All dies stelle ich mit Verwunderung fest, denn von meinem Wesen her bin ich praktisch das Gegenteil: Ich bin nicht nur zufrieden damit, in einer gewissen Isolation zu leben; es ist vielmehr so, dass ich es manchmal geradezu genieße, auf fremdes Gebiet zu geraten und den Kontakt zum Rest der Welt zu verlieren. Das scheint das einzige feste Muster zu sein, das sich aus meinen nacktschneckenartigen Irrungen und Wirrungen über den Globus erkennen lässt.

Tatsächlich ist es heutzutage alles andere als leicht geworden, so verloren zu gehen, dass niemand die Position von einem kennt oder feststellt, dass man da ist. Die Tage, da Reisende auf Expeditionen verschwinden konnten, wegen fehlerhafter Landkarten oder kaputter Kompasse, und man sich seinem Schicksal mit Pioniergeist und Gleichmut stellen musste, sind leider so ziemlich vorbei. Ein kleines GPS-Instrument, das sich leicht in einer Rucksacktasche verstauen lässt, sagt auf fünfzig Meter genau, wo auf der Oberfläche dieses Planeten man sich befindet; ein Funksignal übermittelt diese Position an einen Satelliten, der sie an Notdienste weitergibt; man kann aber auch mit einem Handy mitten aus der australischen Gibson-Wüste seine Familie anrufen und mit ihr Belanglosigkeiten austauschen. Die rasante Verbreitung von Handys und das blödsinnige Gebabbel, zu dem sie fast immer verwendet werden, zeugen von einer tief sitzenden allgemeinen Unsicherheit und der Sehnsucht, immer »in Kontakt« zu bleiben. Aus alldem wird klar, dass man nicht nur auf der materiellen Ebene wirklich verloren gehen kann.

Doch fangen wir beim materiellen Abhandenkommen an. Ich werde nie vergessen, wie aufregend ich es fand, als ich einmal zwei Stunden lang aus dem bekannten Universum verschwand, indem ich durch sämtliche technischen Sicherheitsnetze fiel und weder hätte gefunden noch gerettet werden können: Das geschah 1995 auf meiner Tauchfahrt in einem bemannten russischen Tauchboot, einem der beiden MIRs des Forschungsschiffs *Mstislaw Keldysch*. Ich nahm damals an einer Expedition teil, die den Zweck hatte, nach dem japanischen Unterseeboot *I-52* zu suchen, das 1944 vor der Küste Westafrikas versenkt worden war, als es unter anderem Rohopium und zwei Tonnen Gold von Japan aus ins besetzte Frankreich transportieren sollte, um die Deutschen im Krieg zu unterstützen. Drei Menschen in einem winzigen MIR in die lichtlose Tiefe und den mörderischen Druck fünftausend Meter unter dem Kiel des Schiffs zu schicken, erforderte sorgfältige Vorbereitungen. Wenn es um solche Tiefen geht, wo man praktisch unerreichbar ist für jegliche Hilfe, dann gibt es keine Hierarchie der Prioritäten. Alles, von mechanischen Defekten bis zur Gefahr, dass das Tauchboot sich in Wrackteilen verfing, konnte tödliche Folgen haben. Die MIRs waren auf maximale Beweglichkeit und Unabhängigkeit hin konzipiert. Sie waren weder durch Drahtseile noch Kabel mit der *Keldysch* verbunden. Sowie sie zu Wasser gelassen worden waren, waren sie vollkommen in der Hand der beiden russischen Piloten. Äußerlich glichen sie den Rümpfen kleiner Hubschrauber, wobei das »Cockpit« eine Titandruckkapsel von zwei Metern Durchmesser war, in welche die drei Insassen wie Raumfahrer der Sechzigerjahre gepackt wurden, umgeben von Armaturen, Schaltern und lebenserhaltenden Apparaturen. Der Rest des Rumpfs bestand aus *syntactic foam* (einem Verbundwerkstoff mit Hohlkugeln, weshalb er schwimmt und ein MIR-Tauchboot immer zurück an die Oberfläche bringen sollte) und Steuerungsmotoren, deren Propeller dafür sorgten, dass sich das Boot auch richtig manövrieren ließ. Dieser Unabhängigkeit wegen konnte ein MIR aber auch verloren gehen. Zu den ersten Vorbereitungen gehörte deshalb, dass das Schiff ein Netz von Transponderbojen auslegte, die es den Tauchbooten ermöglichten, in ihrer dunklen, nicht kartografierten Welt zu navigieren. Jede dieser Bojen wurde mit Roheisen beschwert, die sie in die Tiefe zogen, bis sie wie Sperrballone ungefähr hundert Meter über dem Grund hingen. Nach der Tauchfahrt wurde vom Schiff ein Signal ausgeschickt, das einen Mechanismus zum Abwerfen des Roheisen-Ballasts auslöste, worauf die Bojen zur Oberfläche stiegen und wieder eingesammelt werden konnten. Jede Boje sendete ein eigenes Signal auf einer bestimmten Frequenz aus. Solange sie in Reichweite waren, konnten die Computer an Bord der MIRs dieses Netz aus Signalen dreidimensional interpretieren und wussten so immer, wo, in Relation zu den Bojen, sie sich befanden. Theoretisch jedenfalls.

Drei Stunden und achtundvierzig Minuten nachdem die Luke unseren Blick auf einen blauen tropischen Himmel versperrt hatte, erreichte *MIR 1* das Ende seiner lautlosen Abwärtsfahrt und stieß, fünf Kilometer tief, auf eine Stelle des Planeten, die noch kein menschliches Auge je gesehen hatte. Wir hatten vor, hier unten neun Stunden lang zu suchen, danach würden wir für den Aufstieg noch einmal drei Stunden brauchen. Nachdem wir mithilfe der Transponderbojen unsere Position ermittelt hatten, machten wir uns auf den Weg zu der Stelle, wo wir, wenn das GPS der *Keldysch* richtig gerechnet hatte, das erste der Ziele finden würden, die wir untersuchen sollten.

Während die Stunden vergingen und jedes der Ziele sich bloß als frei liegende Kissenlava oder eine kleine Düne erwies, wurde unser Dahingleiten knapp über dem Meeresboden immer traumartiger und kam mir immer weniger zielstrebig und wie eine Suche vor. Gelegentlich verlor unser Navigator die Orientierung, dann setzten wir auf, um die Position neu zu kalkulieren. Manchmal führte uns unser nacktschneckenartiges Geschlängel über die eigene Spur, dann sahen wir die Abdrücke unserer Gleitkufen oder glitten durch eine Wolke rötlichen Schlicks, den wir selbst aufgewirbelt hatten. Er hatte die Farbe der Sahara, Sand, den die Winde aus Afrika westwärts über den Atlantik blasen und der oft auch in Florida abgelagert wird. Ich starrte durch den dicken Acrylpfropfen, der mein Fenster zur Urwelt da draußen war, mit einer Aufmerksamkeit, die vollkommen auf diese unbekannte Region, in die ich gefallen war, eingestellt war und kein bisschen auf das Aufspüren eines militärischen Wracks. Die enge kugelförmige Kammer, in deren eisigem Inneren ich auf dem Beobachterpolster kauerte, schien sich unerklärlicherweise auszudehnen, bis sie geräumig wurde, viel zu groß für den Augapfel, zu dem ich selbst zusammengeschnürt war. Das wachsende Gefühl majestätischer Isolation wurde durch Kommunikationsprobleme verstärkt, ganz direkt, da ich nicht viel mit meinen beiden Kameraden reden konnte, weil ich kein Russisch sprach und sie kaum Englisch. Doch wir sollten es noch mit gravierenderen Problemen zu tun bekommen. Während des Abstiegs hatten der Pilot und der Kopilot gelegentlich in Sprechkontakt mit der *Keldysch* gestanden, die Kilometer über uns in der Sonne lag. Geräusche leitet Wasser vorzüglich, Funkwellen hingegen nicht. Das Kommunikationssystem des MIR beruhte deshalb nicht auf Funk. Es wandelte normal Gesprochenes stattdessen in eine höhere Frequenz um, verstärkte es und schickte es in die Wassersäule. Weit weg empfing die *Keldysch* diese Töne, konvertierte sie in die Frequenz von normal Gesprochenem zurück und konnte so die Stimmen unserer Mannschaft hören, wie wir umgekehrt Stimmen aus dem Kontrollraum hörten. Lebewesen in der Nähe, wie Fische oder Wale, hätten unsere Gespräche als schrilles Geplapper gehört. Je tiefer wir sanken, desto schwächer und verzerrter wurden die Stimmen unserer Kameraden im Schiff. Nichts verstärkte das Gefühl, auf einem für Menschen unerreichbaren Planeten gelandet zu sein, mehr als diese Stimmen unserer Freunde, die aus einer tropischen Welt voller Licht geisterhaft zu uns herabdrangen. Ihre Bemerkungen wurden mit der Zeit unverständlich, die letzten Überreste von Silben verhallten in der grenzenlosen Tiefe, die uns umfing. Das erinnerte mich an *Kaleidoscope,* eine Erzählung von Ray Bradbury, die mich als Jugendlichen tief bewegt hatte. Sie beginnt damit, dass, nicht allzu fern von der Erde, an Bord eines Raumschiffs eine Explosion stattfindet, wodurch verschiedene Mannschaftsmitglieder in ihren Raumanzügen ins All hinausgeschleudert werden und sich jeder auf seiner eigenen Flugbahn hilflos von den anderen entfernt. Eine Zeit lang können sie sich noch über Funk miteinander unterhalten, doch ihre Stimmen kommen aus immer größerer Distanz, bis sie, eine nach der anderen, verstummen. Bevor es so weit ist, machen die einen ihrem Ärger Luft, versuchen, sich noch zu versöhnen, oder staunen einfach nur über die Erhabenheit ihres Schicksals. Einer gerät in einen Schwarm von Asteroiden und wird sich mit ihnen bis in alle Ewigkeit um die Sonne drehen. Ein anderer gerät ins Schwerefeld der Erde und weiß, dass er beim Eintritt in die Atmosphäre verglühen wird. Die Geschichte endet damit, dass ein kleiner Junge in Bradburys Heimatstaat Illinois nachts am Himmel eine Sternschnuppe erblickt. Überreste dieser Geschichte spukten auf dem Grund des Atlantiks in mir herum, als die Stimmen unserer Schiffskameraden schwächer wurden. Das MIR war in einen Komplex von Tälern geraten, die von hohen Dünen gebildet wurden. Und plötzlich unterbrach kein von außen kommendes Geräusch mehr das leise Rauschen der Lautsprecher. Gleichzeitig wurden auch die Navigationssignale der Transponder blockiert.

In diesem Moment kamen wir der Welt, der Menschheit und dem 20. Jahrhundert abhanden. Wir waren aus allen bekannten Landkarten gekippt. Wir waren so von allem abgeschnitten wie eine Raumkapsel, die sich hinter dem Mond befindet, unsere Anwesenheit konnte nur aufgrund unserer letzten bekannten Position und der vermuteten Fahrtrichtung erschlossen werden. Die beiden Russen lagen unerschütterlich da, während wir dahinsurrten; der Pilot blickte durch seine Sichtluke, der Kopilot spielte auf einem ausgeliehenen Laptop herum. Sie mampften Erdnüsse und wechselten gelegentlich Worte, die ich nicht verstand. Noch nie hatte ich mich dermaßen allein gefühlt, auf Gnade und Ungnade den Kräften der Natur ausgeliefert – und noch nie hatte ich ein solches Hochgefühl erlebt. Wie oft hatte ich in meinem Chorknabendasein auf dem fernen Planeten Erde die Worte *Justorum animae in manu dei sunt* gesungen? Ich war kein Gerechter; ich glaubte, keine Seele zu haben; ich glaubte nicht, dass es irgendwelche gnädigen Hände gab da draußen, wo ein winziges Fünkchen Licht aus unseren Halogenlampen ins Urdunkel der Schöpfung kroch. Ja, es schien vielmehr wahrscheinlich, dass die

Schöpfung noch gar nicht richtig stattgefunden hatte. Den gelegentlichen Fischen und allgegenwärtigen Anzeichen sonstiger Lebensformen zum Trotz, die hier unter einem Druck von fünfhundert Pascal existierten, kam es mir vor, als stamme die Welt außerhalb unserer Titankugel aus einer Zeit vor der Genesis. Der Garten Eden war noch nicht entstanden. Ich war ein Anachronismus, ein Zeitreisender, nicht existent. Wir waren mehr als nur verloren gegangen: Wir waren aus allen Aufzeichnungen getilgt. Doch gleichzeitig fühlte ich mich sicher.

Man muss Anna Freuds Aufsatz *About Losing and Being Lost (Über Verlieren und Verlorengehen)* nicht gelesen haben, um zu verstehen, dass dieser Zustand begrifflich nicht leicht zu fassen ist, weder psychologisch noch philosophisch. Nehmen wir ihr Beispiel eines Kindes, das in einem Warenhaus von seinen Eltern getrennt wird: Der Junge hat vielleicht ein Spielzeug entdeckt, das ihn alles andere vergessen lässt, während seine Eltern, die ihn nicht sehen, in Panik geraten und sich die schrecklichsten Dinge vorstellen, die ihrem Kind zugestoßen sein könnten. Aus seiner Sicht ist der Junge keineswegs verloren gegangen – bis ihn das Spielzeug nicht mehr ablenkt und er seine Eltern zu vermissen beginnt. Anders gesagt: Man geht erst dann verloren, wenn man sich verloren *fühlt*. Meine erste Erinnerung an diese prosaische Merkwürdigkeit geht auf das Festival of Britain im Jahr 1951 zurück. Meine Eltern hatten mich damals Neunjährigen zu der South Bank Exhibition mitgenommen, wo ich mit viel Interesse den Dome of Discovery und den Skylon betrachtete, als ich plötzlich auf eine Lautsprecherdurchsage aufmerksam wurde. In dem Moment, wo ich sie hörte, wurde mir klar, dass ich sie schon seit zehn Minuten immer wieder gehört, allerdings ihre wiederholte Botschaft ignoriert hatte. Zu dieser gehörten nämlich mein Name und genaue Anweisungen, wo ich meine Eltern wiederfinden könne. Mir war nicht nur neu, dass ich offiziell verloren gegangen war, bemerkenswert war auch, dass ich meinen Namen nicht mitbekam, wenn er in einer öffentlichen Durchsage ertönte. In öffentlichen Durchsagen kamen nur die Namen anderer Leute vor. Ich war ich, ich selbst, die Welt, ich brauchte keine öffentliche Identität. Erst von da an fühlte ich mich plötzlich allein in dem Durcheinander von Fremden, Lichtern und Lärm. Als wir uns endlich wiedergefunden hatten, war mein Vater natürlich außer sich vor Wut, was ich als ausgesprochen ungerecht empfand. Schließlich hatte er mich verloren, nicht ich ihn.

Solche Dinge fielen mir mehr als vierzig Jahre später an Bord des MIR-Tauchboots wieder ein, als wir und unser Mutterschiff einander abhandenkamen. Ich begann darüber nachzudenken, warum unsere Notsituation mir so viel Freude bereitete; warum ich mich nicht verloren fühlte, mich in meinem ganzen Leben noch nie richtig verloren gefühlt hatte, sondern höchstens orientierungslos an einem mir fremden Ort. In diesem Moment hatte ich nur keinen Kontakt, was ich als befreiend empfand. Was andere in Panik geraten ließ, empfand ich als tröstlich. Die Igelwürmer jenseits der Sichtluke waren unendlich faszinierend. Überall gab es Sandhügelchen mit einem Loch, aus dem von Zeit zu Zeit kleine Sedimentwolken ausgestoßen wurden, wie Rauchsignale, die von selbstvergessenen Lebensvorgängen kündeten, die darin stattfanden. Es war, als fiele die ganze Last meines bisherigen Lebens – Freunde, Lieben, Lüste, Interessen – wie ein Klumpen Roheisen von mir ab und als könnte ich nun in schwereloser Trance für immer frei durch diese Prä-Genesis-Landschaft schweifen. Viele Stunden später, nachdem ich an die frische Luft und ins 20. Jahrhundert zurückgebracht worden war, staunte ich darüber, dass ich mich je mit dem Gedanken getragen hatte, meine Identität aufzugeben, um für immer mit dieser dunklen und primitiven Dimension zu kommunizieren. Dennoch blieb genug von der Intensität dieses Erlebnisses zurück – und zwar bis heute –, um mich daran zu erinnern, dass ich weder halluziniert noch an Sauerstoffmangel gelitten, sondern kurz die Schwelle zu einer Welt überschritten hatte, die mich aufs Heftigste interessierte, ohne dass dies etwas mit Denken oder Begehren zu tun gehabt hätte. Nie hätte ich so etwas zuvor für möglich gehalten. Es kam einem Zustand vollkommener Befriedigung nahe, was angesichts unserer Mission im MIR und der ganzen Expedition nicht der Ironie entbehrte.

Denn eigentlich waren wir dort unten in der ewigen Kälte und Leere unergründlichen Wassers ja auf der Suche nach einem verlorenen Objekt, einem japanischen Unterseeboot, und wer sich je ein bisschen mit Freud (oder Zen-Buddhismus) beschäftigt hat, weiß, dass die Suche nach einem verlorenen Objekt immer zum Scheitern verurteilt ist, weil es gar nicht gefunden werden kann. Das verlorene Objekt ist ein Erzeugnis der Struktur des Begehrens, und zeitlebens zu begehren ist das Los aller Sterblichen. Diese Form des Verlusts kann dem Besitz erstaunlicherweise sogar vorausgehen, wie Ultraschallaufnahmen von Föten *in utero* belegen, die an ihrem Daumen saugen, als Ersatz für die Mutterbrust, der sie noch gar nicht begegnet sind. Für Erwachsene gibt es die wenn auch traurige Ersatzmöglichkeit von Wunscherfüllung in der Fantasie, indem wir im Geiste Tote zurückholen und uns vorstellen, dass wir reich sind oder erotische Erfolge feiern. Aber solche Versuche sind nicht auf die Wirklichkeit angewiesen. Bedürfnisse und Triebe können befriedigt werden, das Begehren jedoch nie. In den Wochen, die ich an Bord der *Mstislaw Keldysch* verbrachte, hatte ich viel Muße, um über diese teure Suche nach der *I-52* nachzudenken. Jedes Mal, wenn ich mich darauf zu konzentrieren versuchte, wonach wir eigentlich suchten, schien unsere vermeintliche Beute einen eleganten Haken zu schlagen. Es war, als versuchte man, sein Auge auf ein Staubkorn zu richten, das auf der Retina sitzt. Wir waren natürlich auf der Suche nach einem Unterseeboot. Und auch wieder nicht, denn eigentlich suchten wir nach den zwei Tonnen Gold, die es angeblich transportiert hatte. Andererseits will niemand Gold um seiner selbst willen, denn man kann damit ja nichts anderes machen, als es in einen Tresor zu sperren, der so dunkel ist wie derjenige, in dem es gerade lag. Man will es wegen der Dinge, für die es steht, die man damit kaufen kann. Allerdings sind die Dinge, die man damit kaufen kann, nie genau so, wie wir uns vorgestellt haben, dass sie sind; sie stehen ihrerseits nur für etwas anderes ... Und so schlingert das immer weiter, getrieben von einem Begehren, das nie wirklich befriedigt werden kann. Das, wonach Menschen sich am allerheftigsten zu sehnen glauben, trägt, wenn sie es tatsächlich bekommen, immer den Samen der Enttäuschung in sich. Sogar der Nobelpreis erweist sich als zweiter Preis. Niemand erlebt je vollkommene Erfüllung. So verwandeln sich Begehren und Verlieren in ein und dieselbe topologische Figur, die sich in den Schwanz beißt. Es gibt kein verlorenes Objekt ohne Begehren; es gibt kein Begehren ohne ein verlorenes Objekt. Es ist ein Teufelskreis. Aus dem man aber vielleicht für seltene Momente heraustreten kann – so wie ich, als ich aus der Luke der *MIR 1* in eine Welt hinausblickte, die zwar nicht verloren war (und die ich nicht fand), doch deren physikalisches Gewimmel und deren Stränge phosphoreszierender Körnchen den Dingen hier unten auf ähnliche Weise zugrunde lagen, wie die Galaxien und Nebel des Nachthimmels über dem Leben auf dem Festland hingen.

Unsere Expedition fand das japanische U-Boot nicht, aber eine spätere. *Aha,* wird man jetzt vielleicht sagen: Die anderen haben also gefunden, wonach sie suchten, das Objekt, das verloren gegangen war? Nein. Sie fanden zwar das U-Boot, doch das Gold fanden sie nicht. Keinen einzigen Barren. Nicht einmal genug, um daraus eine Feder für einen Füllfederhalter zu machen. Da Bergungen aus der Tiefsee rasant teurer werden und der Goldpreis sinkt, lohnt es sich möglicherweise nicht mehr, eine weitere Expedition zu unternehmen. Außerdem gibt es finstere Gerüchte über streng geheime Täuschungsmanöver während des Kriegs und darüber, dass das Gold deshalb beim Untergang des U-Boots vielleicht gar nicht mehr an Bord gewesen sei. Das Begehren ist noch da, doch manchmal muss man vor Ermüdung oder Entkräftung einfach aufgeben und sich ein neues Ziel vornehmen.

Knapp zwei von fünfzehn Stunden, die die Tauchfahrt der *MIR 1* insgesamt dauerte, war ich für die Welt verloren und glitt lautlos durch das Labyrinth der Dünen auf der vergeblichen Suche nach unserem dritten Ziel. Wahrscheinlich war es so, dass mindestens eine der Dünen sich auf dem Ausdruck des Sonars hinterhältigerweise als U-Boot ausgegeben hatte. Zu guter Letzt steuerte uns der Pilot die Sedimenthügel hinauf, und danach hörten wir das ferne Ping-Ping der Transponderbojen wieder. Die Welt war zu uns zurückgekehrt. Wir hatten noch ein Ziel zu untersuchen, und sowie unsere Bordnavigationsinstrumente wieder surrten, blinkten und die Koordinaten neu einstellten, kehrten wir in die Dimension der Normalität zurück. Unser nächstes Erkundungsgebiet, das ein, zwei Meilen entfernt lag, war sanft gewellt und erinnerte mich an eine ockerfarbene Version des Weidelands rund um London. Hier gab es die gleichen Igelwürmer, kleinen Krabben, Seesterne und Seegurken, doch jetzt konnte man ihnen eine Position zuordnen. Und jetzt drangen schwach auch wieder Stimmen aus den Lautsprechern. »Sie fragen, wie es dir geht«, sagte mir der Kopilot in stockendem Deutsch. Einmal mehr war mir entgangen, dass mein Name aus einem Lautsprecher kam, doch diesmal hatte ich die Entschuldigung, dass der Sprecher Russe war und dass die trübseligen Echos in der Wassersäule herumsprangen, als befänden wir uns im tiefsten Ziehbrunnen der Welt. Die Vorstellung eines Ziehbrunnens, der sich wie ein fünf Kilometer langer Faden zwischen dem Schiff und unserer Kapsel erstreckte, erinnerte mich an die Telefone, die wir als Kinder gebastelt hatten und die aus zwei leeren Büchsen und einer straff gespannten Schnur bestanden.

Was also hatte es mit dieser Welt zwischen den Dünen auf sich, in der wir eine Zeit lang wahrhaftig verloren gegangen waren? Hatte die gewaltige Wassermasse, die uns von allen Signalen und Stimmen aus der Oberwelt abgeschnitten hatte, auch das unstillbare Begehren gedämpft? Hatte es die Vorstellung von Verlieren und Verlorengehen sinnlos werden lassen? Es war mir auf jeden Fall so vorgekommen: Das war eine Dimension, die so anders geartet war, dass sie die Normen der menschlichen Psyche außer Kraft setzte. (Ergänzend dazu muss allerdings noch erwähnt werden, dass der menschliche Körper sich davon kein bisschen beeindrucken ließ: Er machte lästigerweise darauf aufmerksam, dass er pinkeln wollte, gern Erdnüsse aß und empfindlich war gegen die Kälte, die in die Kapsel drang.) Als verlorene Welt konnte man diese Welt genau genommen und ganz unjournalistisch gesprochen nur in dem Sinne bezeichnen, dass sie nie zuvor und auch jetzt noch nicht gefunden worden war. Das Faszinierende für mich dabei war, dass sie mir dennoch wie etwas Vertrautes vorkam, etwas, nach dem ich mich immer gesehnt hatte und das ich nun mit Sicherheit ins Grab mitnehmen würde.

In den drei klammen Stunden, während deren wir langsam aufstiegen wie eine Luftblase in einem Turm aus Öl, versuchte ich mir vorzustellen, wie es wohl gewesen wäre, wenn ich die Tauchfahrt allein unternommen hätte und mich, von allem abgeschnitten, allein am Meeresgrund befunden hätte. Doch diese Fantasie wurde immer wieder durch knallharte Fakten zunichtegemacht. Das ganze Erlebnis war nur möglich gewesen durch den erprobten Einsatz von moderner Technologie. Wenn ich zu keiner Zeit Angst verspürt hatte, dann vor allem deshalb, weil ich der Konstruktion der Kapsel und deren Piloten absolut vertraute – trotz aller Warnungen vor der Fahrt, trotz der Erklärung, man werde keinerlei Haftung übernehmen, und trotz der Tatsache, dass es natürlich immer zu einem technischen Defekt kommen konnte und dass wir dort eingesperrt bleiben und an Sauerstoffmangel sterben würden. Egal wie oft die *Keldysch* ihre Tauchboote schon zu Wasser gelassen hatte, nie wurde der Vorgang als bloße Routine betrachtet. Die Wurzeln des Meers zu besuchen war ein feierlicher Akt. Kein MIR tauchte je ohne zwei hoch qualifizierte, nüchterne Piloten. Ich hätte mich nur dann allein auf dem Meeresgrund wiederfinden können, wenn beide Piloten gleichzeitig von einer tödlichen Lebensmittelvergiftung oder dergleichen niedergestreckt worden wären, und in diesem Fall wäre das Verlorensein wohl meine geringste Sorge gewesen. Wollte ich die wahren Implikationen des Verlorengehens untersuchen, musste ich all jene Fälle abziehen, in denen mein Leben tatsächlich in Gefahr gewesen, Furcht also berechtigt gewesen war. Die einzige interessante Komponente des Verlorengehens war somit irrationale Angst, und von dieser wusste ich jetzt mit Bestimmtheit, dass sie vielleicht viele andere Menschen befällt, aber nicht mich.

Das Beste am Schluss unserer Tauchfahrt war, dass wir erst lange nach Mitternacht oben ankamen, sodass wir nicht von blendendem Sonnenlicht und ganzen Reihen neugieriger Gesichter begrüßt wurden. Es war eine intimere Angelegenheit. Die dafür notwendige Mannschaft und ein paar Kollegen befanden sich außerhalb der Lichtpfütze, welche die Decklampen auf den schwarzen, schaukelnden Ozean warfen. Diese Dunkelheit erleichterte den Übergang in die Alltagswelt, in der man den Rest seines Lebens würde verbringen müssen, sehr. Das MIR-Tauchboot wurde mit einer Winde hochgezogen, an Bord geschwenkt und sanft in seiner Halterung abgesetzt. Die Luke wurde geöffnet, und etwas steif kraxelten wir in die frische atlantische Brise hinaus, die wir nach so vielen Stunden konservierter und recycelter Luft freudig einsogen. Das Mutterschiff machte keine Anstalten, sein kostbares Kind dafür zu bestrafen, dass es so lange verloren gegangen war. Man gratulierte uns vielmehr zu unserer sicheren Rückkehr und bemitleidete uns dafür, dass wir das U-Boot nicht gefunden hatten. U-Boot? Ach, *das* ... Ich hatte den offiziellen Grund für unsere Tauchfahrt, die Suche nach einem verlorenen Marine-Objekt, völlig vergessen. Ja, sagte ich, das sei schon etwas enttäuschend gewesen. Doch dem war natürlich keineswegs so. Das ganze Erlebnis war so unglaublich gewesen, dass ich an die *I-52* kaum einen Gedanken verschwendet hatte.

Mit in meine Kabine brachte ich eine Flasche voller Urin und das Wissen, dass ich wirklich und wahrhaftig verloren gegangen war, doch dies nie empfunden hatte und nun wusste, warum. Zumindest wusste ich, dass es eine konstante, lebenslange Eigenheit von mir war, nie ganz verloren zu gehen, obwohl ich einen denkbar schlechten Orientierungssinn habe und lachhaft häufig absolut nicht weiß, wo ich bin. Das aber versteht man nicht unter Verlorengehen, und es erzeugt in mir selten mehr als ein leichtes Gefühl der Verärgerung und viel häufiger das angenehme Gefühl eines glücklichen Zufalls. Ob man sich seiner Identität sicher fühlt, hat schließlich nichts mit einem geografischen Aufenthaltsort zu tun. Anna Freud kam jedenfalls zu dem Schluss, die von ihr untersuchten Kinder hätten sich vor allem deshalb verloren gefühlt, weil sie nicht genug geliebt und beschützt worden seien, und sie seien verloren gegangen, um dies zu beweisen. Laut einem Bericht der Universität Maastricht über die Ängste von Grundschulkindern haben sie am meisten Angst vor Spinnen, Blut und davor, verloren zu gehen, was für mich eher nach Phobien klingt als nach etwas mit Hand und Fuß. Ein GPS kann der Psyche keine Orientierungshilfe bieten, und für Menschen, die in dieser Hinsicht empfindlich sind, gibt es auf der Welt eine Menge Anderswo. Nacktschnecken haben das Glück, nicht verloren zu gehen. Vielleicht läuft es einfach darauf hinaus: Man muss sich von seiner Umgebung so hinreißen und in den Bann ziehen lassen, dass man gar nicht merkt, ob einen jemand vermisst. Es kann nämlich gut sein, dass dies gar nicht der Fall ist.

Statt eines Nachworts – *Häfen*

Ich bin acht oder neun und mit dem Wassertaxi auf einem Familienausflug auf der Themse. Wir fahren flussaufwärts bis Teddington, dann hinab zum Westminster Pier und weiter zum Pool. Ich glaube, es ist das Jahr 1950. Das South Bank auf der Höhe der Hungerford Bridge ist jedenfalls ein Durcheinander von Kränen und Eisenträgern, weil das *Festival of Britain* Form annimmt, im Schatten des Shot Tower. Dieser Turm wird hochinteressant, als mir erklärt wird, dass man »in den alten Zeiten« Gewehrkugeln hergestellt habe, indem man oben im Turm geschmolzenes Blei durch ein Sieb goss, das sich beim Herunterfallen verfestigte und dann für die Gewehre der Armee verwendet wurde. Weniger interessant sind für mich die Royal Festival Hall und die Dome of Discovery, die bald die größte Kuppel der Welt sein wird und deren Bau schon weit fortgeschritten ist. Und vom Skylon, dem Stahlturm, der eines Tages aussehen wird, als tanze er auf Drahtseilen, ist in dem Gewirr von Gerüsten und Streben noch nichts zu sehen.

Der Kapitän des Wassertaxis ist ein unerschöpflicher Quell von Informationen über die Gebäude auf beiden Seiten der Themse. Die sind mir aber alle piepegal. Mich hat die Themse selbst gepackt. Ich bin zum ersten Mal auf diesem Fluss und bereits berauscht vom Kakigeruch seines Wassers, der dessen Farbe ganz genau entspricht. Der Geruch setzt sich zusammen aus Süßwasserschlamm, den säuerlichen Ausdünstungen des Watts, Öl und Bilgewasser. Er ist melancholisch und erfrischend zugleich. Während der Bootsführer durch sein Blechmegafon von der Mutter aller Parlamente und allerlei historischen Größen schwadroniert, bin ich außer Reichweite im Bug, mein Haar weht im schicksalhaften, von Gerüchen geschwängerten Wind, und ich betrachte die Schlepper, die ganze Ketten von Leichtern und schwer beladenen Kohlenkähnen hinter sich herziehen, flussaufwärts zu den Kraftwerken von Battersea und Fulham. Sie fahren auf beiden Seiten dicht an uns vorbei, mit Schauern von Rauch und Dampf und einem Schwall verdrängten Wassers, der unser Boot ins Schlingern bringt. »Das nennen wir *rolling butter*«, sagt unser Kapitän, und das ist dermaßen seebärig, dass mir der Ausdruck bis heute im Gedächtnis geblieben ist. Die Passagiere lächeln tapfer und machen sich auf das Schlimmste gefasst.

Was ich an diesem Morgen von der Themse mitbekam, war Geschäftigkeit. Der Fluss war stark befahren: In alle Richtungen sausten Schlepper, Kähne, Wassertaxis, Kutter der Hafenbehörde und der Trinity-House-Leuchtfeuerverwaltung, Barkassen der Flusspolizei und Frachtschiffe. Der Wind roch nach Möwen und Kohlengas. Tote Ratten in schwappenden Regenbogen vergossenen Öls stießen gegen das schleimige Holz der Kais, an denen wir vorbeifuhren. Alles war eine sonderbare Mischung von Starre und Bewegung. Es gab ausgebombte Häuser und Trümmerfelder, wo sich außer Unkraut nichts bewegte; doch dann gab es auch die nickenden Kräne und Klappen der Tower Bridge, die sich alle paar Minuten öffneten und schlossen. Die Luft schien dunkel und schweflig zu sein, gelegentlich durchzischt von weißen Dampfwolken. Schornsteinen und Schloten entquoll fettiger Qualm. Kann es sein, dass ich hier halb vergessene Erinnerungen mit Schauplätzen von Erzählungen vermische, die ich damals mochte und die ein London beschrieben, das zu diesem Zeitpunkt bereits Geschichte war? Vermischt sich Sherlock Holmes' rasante Verfolgungsjagd auf der Themse am Schluss von *The Sign of the Four (Das Zeichen der Vier)* mit den Trampdampfern des Jugendbuchautors Percy F. Westerman (1876–1959) zu einer Wolke aus Ruß, gelbem Nebel und Verwegenheit, die sich aufregender- und fälschlicherweise über einen ganz gewöhnlichen Londoner Nachkriegsmorgen legt? Vielleicht ein bisschen, doch mehr nicht. Fotos aus jener Zeit belegen, wie stark befahren die Themse damals war, besonders der Pool of London. Was eine Fotografie nicht weiß, und was ich damals nicht wusste, ist, wie viel weniger befahren der Fluss damals schon war als in der Zwischenkriegszeit. Und natürlich hatte ich auch keine Ahnung davon, dass nur zehn Jahre später alles noch einmal ganz anders aussehen würde, als die Docks stillgelegt wurden und Londons Fluss von einer der wichtigsten Handelsarterien der Welt zu einem bloßen Wasserlieferanten degradiert wurde. Und was hätte ich wohl gesagt, hätte man mir erzählt, dass all diese berüchtigten Orte, deren Namen von Verkommenheit und Gewalt nur so troffen – Wapping, Shadwell, Limehouse und die Isle of Dogs –, eines Tages jeglichen Geruch von Laskaren und Opiumhöhlen verlieren und für zukünftige Generationen zu gesuchten Adressen für Neureiche werden würden? Es wäre mir bestimmt egal gewesen; Achtjährige sind nicht nostalgisch. Für sie ist alles neu und ziemlich wertfrei. Und alles beziehen sie allein auf sich.

So jedenfalls reagierte ich auf die Docks, als unser Wassertaxi im Pool ankam. Ich weiß nicht mehr, welches wir besuchten, ob wir im West India Dock oder im Millwall Dock herumschnüffelten oder an Blackwall vorbei zum Royal Victoria Dock in Silvertown fuhren. Zweifellos wusste der Kapitän über sie und das Empire, dem sie dienten, ebenso viel zu erzählen wie über alles andere, aber ich bezweifle, dass ich hingehört habe. Mich schlugen die großen Schiffe in Bann, die ich zum ersten Mal von Nahem sah, das Wimmern der Winden und die Pfiffe der Stauer. Ebenso heftig wie die Docks ist mir die Reaktion meines Vaters darauf in Erinnerung. Bisher hatte er an diesem Tag die Rolle des Erwachsenen gespielt und, wie bei diesen üblich, öderweise so getan, als interessierten ihn die historischen Stätten, an denen wir vorbeikamen. Doch richtig lebendig wurde er erst, als wir in die Docks gelangten. Er wusste eine Menge über Schiffe und das Meer. Er war 1915 in China geboren und dann »heim«, in eine Schule in Südlondon, geschickt worden. Für ihn, ebenso wie für andere verbannte Kinder jener Zeit, waren die Schiffe, die ihn in schrecklich langen Abständen zu seiner Familie brachten und dieser entrissen, emotionell heftig mit schmerzlichen Erinnerungen verbunden, und einige der berühmtesten Häfen der Welt (Sues, Bombay, Rangun, Singapur und Schanghai) nahmen für ihn ebenso viel Bedeutung an wie die Kreuzwegstationen für einen frommen Pilger. Als Teenager hatte er Marineingenieur werden wollen. Und jetzt, als wir in welches Dock auch immer kamen, lebte er auf und war nicht mehr zu halten. »Ooooh, schau doch«, rief er, packte mich am Arm und zeigte, »die *Bengal Star*. Die habe ich das letzte Mal in Karatschi gesehen, oh, das muss 31 oder 32 gewesen sein.«

Während ich dies schreibe, liegt ein Exemplar von *Ships & Shipping* – eine Ausgabe von 1930 – vor mir, das meinem Vater gehört hat, mit seinen Listen von Schiffen der wichtigsten Flotten der Welt. Überall finden sich Anmerkungen, die er als Schüler gemacht hatte: Bleistiftsterne bei Schiffen, die er gesehen hatte, und lakonische knappe Kommentare wie »Fing Feuer und brannte aus in Amsterdam 11/32«. Dem verblichenen Umschlag und zerfledderten Zustand des Buchs nach zu schließen, muss er es immer bei sich getragen haben. Er wird es an tropischen Mittagen geöffnet haben, wenn er in Kalkutta oder Port Said über die Reling eines Ozeandampfers der Peninsular and Oriental Shipping Company lehnte und sich die anderen Schiffe im Hafen notierte. »Ach du liebes bisschen«, sagte er in unserem Wassertaxi, das sich inmitten der hoch aufragenden Frachtschiffe im Dock wie ein Zwerg ausnahm, »da ist ja die alte *Ariadne*. Offenbar hat sie also auch den Krieg überlebt. Ich kann mich noch erinnern, wie sie im Whampoa-Dock in Hongkong den Kai gerammt hat.«

Etwas im Verhalten meines Vaters an diesem Tag, mehr als irgendetwas, das er sagte, weckte in mir nicht nur romantische Empfindungen im Zusammenhang mit dem Meer, sondern ging mir durch und durch und hält wohl für immer an. Doch zunächst einmal faszinierten mich die sichtbaren Anzeichen dafür, dass sich diese Schiffe unbekümmert in der Welt herumgetrieben hatten: Ich sah die Verschmutzungen und Verkrustungen ihrer Rümpfe, die beim Entladen allmählich ins Blickfeld kamen, die tiefe Delle im Bug eines Schiffs. (Wann war das passiert? Und wo? – Ich wollte es wissen.) Und dann die olfaktorischen Anzeichen: der Geruch von Harthölzern und Pfeffer, der aus offenen Luken drang. Ich sah hinauf in gelassene Gesichter aller möglichen Farben; sie lugten oben über die Reling, und ich wollte einer von ihnen sein. (Die wohnen auf diesem Schiff!) Der Gestank von Bunkeröl, die Flecken kotzefarbenen Schaums und das Treibgut beim Heck eines Schiffs – faule Früchte, zerrissene Säcke und dazwischen auch ein Würstchen Scheiße –, alles begeisterte mich. Als wir an diesem Tag über eine kurze Landungsbrücke vorsichtig ans schwankende Festland im Schatten des Big Ben gingen, muss ich in der Themse mehr als nur den Schauplatz eines Ausflugs erblickt haben: Denn wenn ich Jahre später träumend in der Schulbank saß, sah ich mich immer von den Londoner Docks aus auf lange, große Reisen gehen. Und das war kein Irrtum von mir: Ich wusste sehr genau, dass die großen Ozeandampfer weiter flussabwärts, von Tilbury aus, losfuhren. Aber ich war eben ein Matrose der Handelsmarine, ein Abenteurer, kein gehätschelter Passagier. Mich begeisterte die Vorstellung, dass man in London ablegen und jeden Seehafen der Welt erreichen konnte, ohne je das Wasser verlassen zu müssen. Das Meer verband alle Ziele, was sie auf geheimnisvolle Weise in unmittelbare Nachbarschaft zueinander rückte.

Diese an sich banale, aber magische Entdeckung ist mir in Erinnerung geblieben. Die ebenso wahre (und nicht weniger banale) Vorstellung, dass alle Orte der Welt durch die Luft, die wir atmen, miteinander verbunden sind, hat mich vergleichsweise kaltgelassen. Bevor das Fliegen in den Siebzigerjahren zu einer Massenbeschäftigung wurde, stellten Flughäfen auch für mich Ausgangspunkte für endlos viele Möglichkeiten auf fremden Kontinenten dar, doch nie hatten sie für mich den romantischen Reiz von Seehäfen. Sie kamen mir irgendwie billig vor: Ihre Lage war mir zu beliebig, zu offensichtlich legte man sie einfach auf irgendeinem gerade zur Verfügung stehenden Feld an, das man im Laufe der Zeit mit immer mehr Beton und Terminals und all den immer gleichen anonymen Einrichtungen überzog, die es überall gibt, wo Passagiere durchgeschleust werden müssen. Man kann in einem Flughafen landen, ohne irgendwo angekommen zu sein.

Seehäfen waren nie so, und die meisten sind es bis heute nicht. Anonym sind sie schon gar nicht. Wer in Piräus oder in Surabaya anlegt, ist mitten in Griechenland oder Indonesien; in Belém wiederum wird der Rumpf des Schiffs vom Süßwasser des Amazonas begrüßt, dem Herzen eines Kontinents mit seinen dahintreibenden Baumstämmen und Goldblättchen. Die meisten Häfen gibt es seit Jahrhunderten und ein paar – vor allem im Mittelmeer – gar seit Jahrtausenden. Sie sind dort nicht einfach zufällig, sondern aus handfesten geografischen Gründen: weil sie geschützt sind, weil das Wasser tief ist, weil ein Fluss sie mit den Städten und Großstädten des Inlands verbindet. Deshalb sind Häfen oft sehr schön gelegen, am Fuß von Hügeln, geschützt von Felswänden oder umgeben von Inseln. Sie bleiben individuell; und die besondere Symbiose von Stadt und Hafenviertel scheint den Nationalcharakter oft noch zu verstärken, auch wenn die Bewohner gleichzeitig etwas von Durchreisenden an sich haben. Doch mittlerweile haben viele der größeren Handelshäfen der Welt Containerterminals, die fast so anonym wie Flughäfen sind, ebenso wie Containerschiffe ja kaum noch etwas mit richtigen Schiffen zu tun haben, sondern eher schwimmende Sattelschlepper mit Fahrern statt Kapitänen sind.

Doch egal wie automatisiert und riesig ein Hafen sein mag (und um heutigen Schiffen Platz zu bieten, sind Kais manchmal anderthalb Kilometer lang) und egal wie menschenleer, da es heute keine Schwerarbeiter mehr braucht – ein Kai ist immer noch das Ende des Festlands. Hier, vor unseren Zehenspitzen, liegt die mystische Grenze, wo das Meer beginnt, das alte anarchische Element, das immer gleich geblieben ist und nur sich selbst als Gesetz hat. Ein paar Meilen meerauswärts sorgt niemand mehr für Recht und Ordnung, schwärmen die Schiffe aus, und jedes schlägt seinen Kurs ein um die Welt und begegnet dabei anderen Schiffen, die von diesem Hafen angezogen werden wie von einem Strudel. Ihr Kielwasser wird vom Passat geglättet.

Zweifellos wirkt sich die große Zunahme des Luftverkehrs und der Luftfracht auf alles aus, was mit dem Meer zu tun hat, und ganz besonders auf die Häfen. Die heutigen Frachtschiffe erfordern kleinere Mannschaften, ebenso wie moderne Fracht – wie beispielsweise große Mengen Erdöls oder Autos – besondere Terminals und Lagerplätze erfordert, die meist etwas außerhalb des Haupthafens liegen. Ganze Wirtschaftszweige sterben ab, und mit ihnen sterben alte Häfen. Der Hafen von Glasgow ist ein Schatten dessen, was er einmal war, ebenso wie der von Chatham. Das Gleiche gilt für Lowestoft oder Hull. Und überall auf der Welt geht es ganz ähnlich zu. Häfen, die fast nur von einer einzigen Industrie abhängig sind, ob das nun Fischerei ist oder die Marine oder ob von ihnen aus Kohle oder Stahl aus der Region exportiert wird, haben die schlechtesten Überlebenschancen. Wenn sie Glück haben, können sie noch eine andere Klientel bedienen, wie Kreuzfahrtschiffe oder Wochenendsegler. Ein klares Anzeichen für solche Pseudosanierungen ist immer ein Jachthafen. Für einen alten Hafen ist ein Jachthafen etwas Ähnliches wie die Prothese für einen Amputierten. Ein historischer Allzweckhafen lebte vor allem von der Vielfalt, von Trampdampfern, wie John Masefield sie beschrieb, welche die Küste entlang von Ort zu Ort fuhren, mit einer gemischten Fracht, hier etwas Holz abholten und dort hundert Tonnen Zement abluden. So konnte auch der Verlust der Einnahmen wettgemacht werden, als die großen Passagierdampferflotten aufgelöst und keine Zwischenstationen mit klangvollen Namen mehr angelaufen wurden. Da und dort gibt es noch immer Orte, die wirtschaftlich von Küstenschifffahrt leben, doch – von Fähren abgesehen – nicht mehr in Nordeuropa. In Südostasien hingegen floriert diese Art der Wirtschaft, und dort gibt es Häfen, die so stinkend und zwielichtig sind wie eh und je.

Insgesamt bin ich dankbar, dass ich meinen Lebensunterhalt nicht doch auf hoher See zu verdienen versucht habe, insbesondere nicht bei der britischen Handelsmarine, die den Seehandel einst weltweit dominierte und im Laufe weniger Jahrzehnte zu einem Gespenst verkam. Doch einmal, in den Sechzigerjahren, habe ich mein Glück immerhin versucht: Von Hamburg aus erhielt ich eine Mitfahrgelegenheit auf dem Hapag-Lloyd-Frachtschiff *Hilde Mittmann* und verdiente meine Fahrt den Amazonas hinauf bis Manaus damit, dass ich im Maschinenraum Schotte schrubbte. Ich fürchte, so unbedarft zu reisen ist heute kaum noch möglich, angesichts der gewerkschaftlichen Regulierung der Mannschaften und der Sicherheitsvorschriften der Seetransportversicherungsgesellschaften. Auch das hat der See etwas von ihrem romantischen Glanz genommen. Ich bin so versnobt, dass ich nichts von der neuen Sorte Kreuzfahrtschiffe wissen will – schwimmende Vergnügungspaläste, die scheußlich und absolut nicht nautisch aussehen –, auch wenn sie dazu beitragen, die fotogeneren Häfen der Welt am Leben zu erhalten. Natürlich fahren sie auch nach Rio, aber sehr viel weniger oft nach Kalkutta oder nach Murmansk. Doch Kreuzfahrten sind ohnehin etwas ganz anderes als Reisen, denn Letztere haben, auch wenn der Reisende noch so verträumt sein mag, immer ein Ziel. Der Sinn von Kreuzfahrten hingegen scheint Zerstreuung zu sein: Man soll sich nicht für etwas so Alltägliches interessieren wie den Kurs, den der Kapitän eines Schiffs wählt, sondern für Bars, Restaurants, Casinos, Saunas, Fitnessstudios, Discos und andere Freuden des Großstadtlebens, sodass es letztlich keinen Grund mehr gibt, warum man dafür auf einem Schiff unterwegs sein soll.

Dass ich als Junge von fernen Meereshorizonten geträumt habe, sagt zwangsläufig etwas über mein Alter aus. Dass ich als Halbwüchsiger gerade noch (wenn auch nur ein paar Jahre lang) von der Kultur eines Inselvolks, einer Nation von Seefahrern mit einem gewaltigen Überseeimperium geprägt wurde, ist Pech und entbehrt nicht der

Ironie. Keiner von uns, die im Jahr 1950 an Bord dieses Wassertaxis im Pool of London saßen, konnte ahnen, wie tot und von der Geschichte überholt die damalige Wirklichkeit bereits war; so wenig wie wir ahnen konnten, dass 1952 eine neue elisabethanische Ära beginnen würde, die gefühlsmäßig jedoch absolut nichts zu tun hatte mit der Zeit von Elisabeth I., der Welt von Francis Drake und Walter Raleigh.

Heute noch werde ich von Häfen magisch angezogen, als lägen Pheromone in der Luft. Gern stehe ich in der Abenddämmerung am Ende eines Piers oder einer Mole und schaue hinaus auf die ersten Navigationslichter, die von den Schiffen eingeschaltet werden, die auf der Reede liegen. Vielleicht steht hinter mir irgendwo ein gedrungener Leuchtturm, spazieren ein, zwei Leute, schnüffelt ein Hund an den Köderbüchsen der üblichen Angler mit ihren ramponierten Strohhüten. Die Lichter des Hafens gehen an, werden vom sich kräuselnden Wasser zurückgeworfen, von einem blitzenden Becher in den nächsten geschöpft. Ich denke an all die Jungen und jungen Männer, die seit Jahrtausenden träumend auf Kais und an Ufern gestanden haben, während sie aufs Meer hinausgeblickt und sich eine Zukunft ausgemalt haben, die sich herrlich über den Horizont hinaus erstreckt und vor Versprechungen und Gefahren gestrotzt hat. Man möchte meinen, es gebe sie nicht mehr, jedenfalls nicht mehr an europäischen Gestaden, hinter sich gelassen als Opfer des Luftverkehrs, der Arbeitsbewilligungen und der Dezimierung der Handelsflotten; doch noch immer und überall blicken Menschen zwanghaft hinaus aufs Meer, so wie man auch gebannt in ein Feuer starrt.

Einer der Gründe, weshalb ich so gern in das Dorf am Südchinesischen Meer zurückkehre, das ich seit den Siebzigerjahren kenne, ist, dass es mir nach wie vor die Gelegenheit gibt, mir den Weg zu bahnen, auf klapprigen Fähren zwischen Inseln zu verkehren und mit Schiffen in heftig riechenden Häfen zu landen, die ein Joseph Conrad noch wiedererkennen würde. Ein anderer ist, dass dort etwas von einer früheren Ordnung nachwirkt. Das ist keine Kolonialisten-, sondern reine Meeresnostalgie. In der Abenddämmerung kann man dort nach wie vor schweigende junge Männer am Strand sitzen und gedankenverloren dem letzten bunten Fetzen eines tropischen Sonnenuntergangs nachblicken sehen. Ich muss den sehnsüchtigen Blick in ihren Augen nicht erfinden. In Alltagsgesprächen wird offensichtlich, dass sie sich die fabelhaften Möglichkeiten durch den Kopf gehen lassen, die ihrer harren, sobald sie alt genug sind und die nötige Ausbildung haben, um ihren verarmten Archipel hinter sich zu lassen und hinauszufahren in die abenteuerliche Welt der Ozeane. Als Filipinos werden sie zur größten Diaspora unter den Matrosen der Handelsmarine stoßen, insofern sind ihre Träume alles andere als Hirngespinste: Sie versprechen vielmehr geregelte Arbeit und ein geregeltes Einkommen. Sie bieten aber auch eine Fluchtmöglichkeit. Ferne Häfen ... Trotz der wohl fast fünfzig Jahre Altersunterschied weiß ich, was diese jungen Männer fühlen.

Die hier erstmals in Buchform versammelten Texte erschienen zuerst in folgenden Zeitungen und Zeitschriften: *Du, Granta, Guardian, Lettre, Das Magazin* (Schweiz), *Mare, Merian, New Republic, Outside, Der Tagesspiegel, Traveller, Wechselwirkung, Die Weltwoche*. Sie wurden vom Autor für die Buchpublikation durchgesehen, teilweise bearbeitet und aktualisiert.

SOS statt SMS: Wie alles begann

• • • ▬ ▬ ▬ • • •